Eduardo Monari

Dynamische Sensorselektion zur auftragsorientierten Objektverfolgung in Kameranetzwerken

Karlsruher Schriften zur Anthropomatik
Band 8
Herausgeber: Prof. Dr.-Ing. Jürgen Beyerer

Lehrstuhl für Interaktive Echtzeitsysteme
Karlsruher Institut für Technologie

Fraunhofer-Institut für Optronik, Systemtechnik und
Bildauswertung IOSB Karlsruhe

Eine Übersicht über alle bisher in dieser Schriftenreihe erschienenen Bände
finden Sie am Ende des Buchs.

Dynamische Sensorselektion zur auftragsorientierten Objektverfolgung in Kameranetzwerken

von
Eduardo Monari

Dissertation, Karlsruher Institut für Technologie
Fakultät für Elektrotechnik und Informationstechnik, 2011

Impressum

Karlsruher Institut für Technologie (KIT)
KIT Scientific Publishing
Straße am Forum 2
D-76131 Karlsruhe
www.ksp.kit.edu

KIT – Universität des Landes Baden-Württemberg und nationales
Forschungszentrum in der Helmholtz-Gemeinschaft

KIT Scientific Publishing 2011
Print on Demand

ISSN: 1863-6489
ISBN: 978-3-86644-729-5

Dynamische Sensorselektion zur auftragsorientierten Objektverfolgung in Kameranetzwerken

Zur Erlangung des akademischen Grades eines

DOKTOR-INGENIEURS

von der Fakultät für

Elektrotechnik und Informationstechnik

des Karlsruher Instituts für Technologie (KIT)

genehmigte

DISSERTATION

von

M. Eng. Eduardo Monari

aus Grosseto (Italien)

Tag der mündlichen Prüfung:	31. Mai 2011
Hauptreferent:	Prof. Dr.-Ing. K. Kroschel
Korreferent:	Prof. Dr.-Ing. J. Beyerer

Danksagung

Den meisten Menschen, die ich in den letzten 7 Jahren kennengelernt habe ist es sicherlich direkt oder indirekt zu verdanken, dass diese Arbeit entstanden ist. Einigen von Ihnen gebührt besonderer Dank:

Herrn Prof. Dr. Kristian Kroschel möchte ich dafür danken, dass er sich spontan dazu bereit erklärt hat mich, als Fachhochschulabsolvent, zu betreuen. Ich erinnere mich noch an die abschließenden Worte unseres ersten Gesprächs, das Herr Kroschel sinngemäß mit den Worten beendete „[...] wir haben jetzt viel Arbeit vor uns [...]". Es sollte sich später zeigen, dass er das „wir" auch so gemeint hatte.

Bei Herrn Prof. Dr. Jürgen Beyerer möchte ich mich dafür bedanken mir die Chance gegeben zu haben am Fraunhofer IOSB zu promovieren, für die vielen Anregungen und Diskussionen, sowie für die Übernahme des Korreferats.

Frau Prof. Dr. Astrid Laubenheimer danke ich dafür mich in der Cafeteria der Hochschule Karlsruhe angesprochen und gefragt zu haben, was ich nach meinem Master-Abschluss vorhabe. Dieses Gespräch ist für mich der Beweis für den berühmten Schmetterlingseffekt. Ich danke ihr aber auch dafür mich jahrelang auf Disserationskurs gehalten zu haben, sowie für ihr Vertrauen in meiner Person. Astrid, vielen vielen Dank!

Mein besonderer Dank gilt natürlich auch meinen Eltern Monika und Orlando Monari, sowie meinem Bruder Riccardo, die oft fragen mussten, wann ich denn am Wochenende mal wieder zu Besuch kommen könne. Sie haben meinem Weg nie in Frage gestellt, und stets viel Verständnis gezeigt. Danke.

Zuletzt möchte ich meiner Lebensgefährtin Julia Weis für die unendliche Geduld und ihr Verständnis danken. Ich kann nur erahnen wie anstrengend die letzten Jahren für Sie gewesen sind, insbesondere wenn ich (wie gerade jetzt) wieder mal bis tief in die Nacht am Rechner gesessen bin. Ohne ihre Unterstützung hätte es diese Arbeit, die mit diesem Satz endlich zu Ende geht, nicht gegeben.

Karlsruhe,   Eduardo Monari
den 18. September 2011

Inhaltsverzeichnis

Teil III Realisierung eines Demonstrators und abschließende Betrachtungen

Abbildungsverzeichnis

Abkürzungen, Notation und Formelzeichen

Abkürzungen

AC	Anarchic Committee
BpS	Bilder pro Sekunde
CA	Constant-Acceleration (Bewegungsmodell)
CCA	Connected Component Analysis
CCB	Connected Component of the Boundary
CCD	Charge-coupled Device
CIE	Commission Internationale de l'Éclairage
CMOS	Complementary Metal Oxide Semiconductor
CP	Constant-Position (Bewegungsmodell)
CV	Constant-Velocity (Bewegungsmodell)
DCEL	Doubly Connected Edge List
DG	DeBruijn-Graphen
DHC	Dynamic Hierarchical Cone
DSM	Dynamischer Sensor Manager
DSN	Distributed Sensor Network
EMD	Earth Mover's Distance
FoV	Field-of-View (Kamerasichtfeld)
fps	frames per second (Bildwiederholungsrate)
GUI	Graphical User-Interface (Grafische Bedienerschnittstelle)
HMI	Human-Machine-Interface (Mensch-Maschine-Schnittstelle)
IOSB	Institut für Optronik, Systemtechnik und Bildauswertung
IVP	Intelligent Vision Plattform

NEST	Network Enabled Surveillance and Tracking
OdI	Objekt des Interesses
PE	Plugin-Engine
PoP	Aufenthaltsplausibilität (Plausibility of Presence)
PRC	Processing Cluster
PT, PTZ	Pan/Tilt- bzw. Pan/Tilt/Zoom-Kameras
RGB	Rot-Grün-Blau (Farbkanäle)
ROC	Receiver Operation Characteristic
ROC-AUC	ROC-Area Under Curve
LUV	Luminanz, U- und V-Chroma (Farbkanäle)
RoI	Region of Interest

Notation

x	Variable, skalare Größe
X	Skalarer Prozess oder skalare Zufallsvariable
$\mathbf{x}$	Spaltenvektor
$\mathbf{x}^T$	Transponierte des Vektors $\mathbf{x}$
x_i	i-tes Element von $\mathbf{x}$
$\mathbf{X}$	Matrix
$\mathbf{X}^{-1}$	Inverse der Matrix $\mathbf{X}$
x_{ij}	(i,j)-tes Element der Matrix $\mathbf{X}$
$\mathcal{X}$	Menge von Elementen
$x(t)$	Zeitkontinuierliche Funktion
$x(k)$	Zeitdiskrete Funktion
$x(t_k)$	Zeitdiskrete Funktion bei nicht-periodischer Abtastung
$\lvert x \rvert$	Betrag von x
$\hat{x}$	Schätzung für x
$\hat{x}^-$	Prädiktion für den Schätzwert $\hat{x}$
$\lvert \mathcal{X} \rvert$	Kardinalität von $\mathcal{X}$
$f(x)$	Funktion von x
$f : A \rightarrow B, \mathbf{x} \mapsto \mathbf{y}$	Transformation des Vektors $\mathbf{x}$ aus Merkmalsraum A zum Vektor y im Merkmalsraum B
$\max(x, y)$	Maximum von x und y
$\min(x, y)$	Minimum von x und y

Notation für Bilder, Bildfolgen und Mehrkamera-Bildfolgen

$\mathbf{p} = (x, y)^T$	Koordinatenvektor für Bildpixel $(x, y)^T$ in einem Grauwertbild
g	Bild als Funktion über Pixelkoordinaten
$g(\mathbf{p})$	Grau- bzw. Farbwert des Pixels an der Stelle $\mathbf{p}$
$\mathbf{g}^{RGB}(\mathbf{p})$	Farbwert des Pixels an der Stelle $\mathbf{p}$ in RGB-Codierung, mit $$g^{RGB}(\mathbf{p}) = \left(g^R(\mathbf{p}), g^G(\mathbf{p}), g^B(\mathbf{p})\right)^T$$
$\mathbf{g}^{LUV}(\mathbf{p})$	Farbwert des Pixels an der Stelle $\mathbf{p}$ in LUV-Codierung mit $$g^{LUV}(\mathbf{p}) = \left(g^L(\mathbf{p}), g^U(\mathbf{p}), g^V(\mathbf{p})\right)^T$$
$g_i(t_k)$	Bild aus Kamera i, zum Zeitpunkt t_k
$g_i(\mathbf{p}, t_k)$	Grauwert oder Farbwerte des Pixels $(x, y)^T$ im Videobild g zum Zeitpunkt t_k aus Kamera i

Formelzeichen

$\emptyset$	Leere Menge
a_1	Halbe Länge der Hauptachse einer Ellipse
a_2	Halbe Länge der Nebenachse einer Ellipse
$\mathbf{A}$	Konstante Systemmatrix/Zustands-übergangmatrix des Positionsschätzers
$\mathbf{A}(\Delta t)$	Zeitvariable Systemmatrix/Zustandsübergangs-matrix des Positionsfilters als Funktion der Zeitdifferenz $\Delta t = t_k - t_{k-1}$
$A(\mathcal{L})$	*Arrangement* von Liniensegmenten, erzeugt durch $\mathcal{L}$
b	Bild oder Videoeinzelbild
b'	Bildauschnitt von b
b^{key}	Schlüsselbild für Mosaik-basierte Hintegrund-subtraktion
$b_j'^{c}$	Farbkanal c aus Bildauschnitt des Objektes O_j
$b_j''^{c}$	Farbnormalisiertes Kanal c aus Bildauschnitt des Objektes O_j
$\mathcal{B}$	Menge aller Blobs in der Blobmaske m^{blob} mit $\mathcal{B} = \{\mathcal{B}_1, \mathcal{B}_2, \ldots, \mathcal{B}_{M^{blob}}\}$

$\mathcal{B}_j$	Menge aller Pixel zu Blob j
$\mathcal{B}^+$	Menge aller Blobs in der Blobmaske m^+
bp	(Body parts) Körperregionen des Personenmodells zur Einteilung von Farbsegmenten mit $bp \in \{\text{Kopf}, \text{Oberkörper}, \text{Unterkörper}\}$
c	Farbkanal, $c \in \{\text{R}, \text{G}, \text{B}\}$ bzw. $c \in \{\text{L}, \text{U}, \text{V}\}$
d	Index der Farbsegmente im Erscheinungsdeskriptor
d^{mah}	Mahalanobis-Distanz
d^{EMD}	Earth Mover's Distance zwischen Farbdeskriptor eines Objektes und statischer Referenzsignatur
d^{EMD}_{dyn}	Earth Mover's Distance zwischen Farbdeskriptor eines Objektes und dynamische Referenzsignatur
d_{qr}	Distanz zweier Farbsignaturen (Farbabstand)
div	Divergenzfunktion zweier Normalverteilungen
D	Anzahl der Liniensegmente von Sensoren
D_i	Anzahl der Liniensegmente des Sichtbarkeitspolygons von s_i
$\mathbf{D}$	2D Drehmatrix
$\mathbf{D}^{EMD}$	Distanzmatrix zweier Farbdeskriptoren zur Berechnung der EMD
$\mathcal{D}^{app}_{i,j}$	Deskriptor der Erscheinungsmerkmale eines Objektes j in Kamera i
$\mathcal{D}^{app}_{i,j,t_k}$	Deskriptor der Erscheinungsmerkmale eines Objektes j in Kamera i zu Zeitpunkt t_k
$\mathcal{E}$	Menge der Kanten (Edges) in einem Arrangement von Liniensegmenten
$\mathcal{E}'$	Menge der Kanten (Edges) in einem Arrangement ohne aktive Sensoren
$\mathbf{e}^m$	Parametervektor für Ellipsenapproximation der Blobkombinationen $\mathcal{K}_p$, mit $\mathbf{e} = (x, y, a, b, \phi)^T$
$\mathbf{e}^h$	Parametervektor für Ellipsenhypothesen
$\mathbf{f}^{sp}_{i,j}$	Merkmalsvektor der geometrischen/räumlichen Merkmalen eines Objektes j in Kamera i
$\mathbf{f}^{app}_{i,j}$	Merkmalsvektor der Erscheinungsmerkmalen eines Objektes j in Kamera i
f_{qr}	Fluss zwischen zwei Farbsignaturen zur Bestimmung der Earth Mover's Distance

$\mathbf{F}$	Flussmatrix zwischen zwei Farbdeskriptoren zur Berechnung der EMD
$\mathcal{F}$	Vereinigungsmenge der Zellen (Faces) eines *Arrangements* mit $\mathcal{F} = \bigcup_u \mathcal{F}_u$
$\mathcal{F}'$	Vereinigungsmenge $\mathcal{F}$ ohne aktive Sensoren
$\mathcal{F}_u$	Zelle eines *Arrangements* beschrieben als Punktmenge
$\mathcal{F}^{active}$	Aktive Zelle eines *Arrangements*
$\mathcal{F}^{passive}$	Zelle eines manipulierten *Arrangements*, welche von Kanten des Gebäudes oder der passiven Sensoren begrenzt wird
G	Anzahl an Schlüsselbildern eines Referenzmosaiks
$\mathcal{G}$	Menge an Liniensegmenten des Gebäudemodells
$h(x, y)$	Normalverteilte bivariate Wahrscheinlichkeits-dichtefunktion abgeleitet aus den Ellipsen-parametern $\mathbf{e}^h$
h^{img}	Höhe eines Bildes in Pixel
$\mathbf{H}$	Homographie-Matrix oder Messmatrix des Positionsschätzers
$\mathbf{H}^{key}$	Homographie-Matrix eines Schlüsselbildes
H	Anzahl der Knoten eines *Arrangements*
I	Lichtintensität
I^{amb}	Ambientes Licht (Grundhelligkeit)
I^{diff}	Diffuser Anteil der Reflektion einer gerichteten Lichtquelle auf einer matten Oberfläche
I^{top}	Anteil von I^{diff} mit einem senkrechten Einfalls-winkel auf die Bodenebene
I^{back}	Anteil von I^{diff}, welcher als Kamera-Gegenlicht auftritt
I_c	Intensität des Lichtes im Spektralbereich $c \in \{R, G, B\}$
$\mathbf{I}$	Einheitsmatrix
i	Kameraindex $i \in \{1, 2, \ldots, N\}$
j	Index der Objekte im Sichtfeld einer Kamera mit $j \in \{1, 2, \ldots, M\}$
k	Diskreter Zeitparameter, diskreter Verarbeitungs-schritt
$\mathbf{K}$	Verstärkungsmatrix, Innovation des Positions-schätzers
$\mathbf{K}(t_k)$	Verstärkungsmatrix, Innovation des Positions-

<table>
<tr><td></td><td>schätzers zum Zeitpunkt t_k</td></tr>
<tr><td>K</td><td>Anzahl an Liniensegmenten des Gebäudemodells ohne Gegenlicht</td></tr>
<tr><td>$\mathcal{L}$</td><td>I. Allg. eine Menge an Liniensegmenten $\mathcal{L} = \{l_1, l_2, \ldots, l_D\}$ oder die Vereinigungsmenge $\mathcal{L} = \bigcup_{s_i \in \mathcal{S}} \mathcal{L}_i$</td></tr>
<tr><td>$\mathcal{L}'$</td><td>Menge an Liniensegmente, ohne aktive Sensoren</td></tr>
<tr><td>$\mathcal{L}_i$</td><td>Menge an Liniensegmenten des Sichtbarkeits-polygons einer Kamera s_i</td></tr>
<tr><td>l</td><td>Luminanzwert (LUV-Farbraum)</td></tr>
<tr><td>m</td><td>Erzeugte Binärmaske, nach Änderungsdetektion im Bild</td></tr>
<tr><td>m^{blob}</td><td>Erzeugte Blobmaske, aus m und CCA im Bild</td></tr>
<tr><td>$m^{blob}(\mathbf{p})$, oder $m^{blob}(x,y)$</td><td>Index des Blobs zu welchen der Pixel $\mathbf{p}$ bzw. $(x,y)^T$ zugeordnet wurde</td></tr>
<tr><td>m^+</td><td>Blobmaske nach Personendetektion</td></tr>
<tr><td>M</td><td>Anzahl detektierter Objekte (i. Allg.)</td></tr>
<tr><td>M_{i,t_k}</td><td>Anzahl an detektierten Objekten in Kamera i zum Zeitpunkt t_k</td></tr>
<tr><td>M^{blob}</td><td>Anzahl an detektierten Objektkandidaten in der Blobmaske m</td></tr>
<tr><td>n</td><td>Index für Ellipsenhypotheses, den zugehörigen Pixelmengen $\mathcal{B}_n$ und Blobkombinationen $\mathcal{K}_n$</td></tr>
<tr><td>$\mathcal{N}(\boldsymbol{\mu}, \boldsymbol{\Sigma})$</td><td>Multivariate normalverteilte Dichtefunktion mit Mittelwertvektor $\boldsymbol{\mu}$ und Kovarianzmatrix $\boldsymbol{\Sigma}$)</td></tr>
<tr><td>N</td><td>Anzahl der Sensoren im Sensornetzwerk</td></tr>
<tr><td>$N_m^{cluster}$</td><td>Anzahl der Sensoren in einem Sensorcluster mit $N^{cluster} \leq N$</td></tr>
<tr><td>$\mathcal{O}$</td><td>Menge an Objekten (z. B. Personen) (i. Allg.) $\mathcal{O} = \{O_1, O_2, \ldots, O_M\}$</td></tr>
<tr><td>$\mathcal{O}_i$</td><td>Menge der detektierten Objekte (z. B. Personen) in Kamera s_i, $\mathcal{O}_i = \{O_{i,1}, O_{i,2}, \ldots, O_{i,M_i}\}$</td></tr>
<tr><td>$\mathcal{O}_{i,\cdot,t_k}$</td><td>Menge der detektierten Objekte (z. B. Personen) in Kamera s_i, zum Zeitpunkt t_k mit $\mathcal{O}_{i,\cdot,t_k} = \{O_{i,1,t_k}, O_{i,2,t_k}, \ldots, O_{i,M_{i,t_k},t_k}\}$</td></tr>
<tr><td>O_0</td><td>Beschreibung des Objektes des Interesses mit $O_0 = (\mathbf{f}_0^{sp}, \mathcal{D}_0^{app})$</td></tr>
<tr><td>O_{i,j,t_k}</td><td>Beschreibung des Objektes j in Kamera i zum Zeitpunkt t_k mit $O_{i,j,t_k} = (\mathbf{f}_{i,j,t_k}^{sp}, \mathcal{D}_{i,j,t_k}^{app})$</td></tr>
<tr><td>p</td><td>Index für die drei Ellipsenhypothesen zu einem</td></tr>
</table>

	Blob mit $p \in \{kopf, torso, fuss\}$
$\mathbf{p}$	Ortsvektor eines Pixels an der Stelle $(x,y)^T$
$\mathbf{p}'$	Ortsvektor eines zu $\mathbf{p}$ korrespondierenden Pixels nach Bild-zu-Bild-Registrierung
$\mathbf{P}$	Kovarianzmatrix der Zustandsschätzung $\hat{\mathbf{x}}$
$\mathbf{P}(t_k)$	Kovarianzmatrix $\mathbf{P}$ zum Zeitpunkt t_k
$\mathbf{P}^-(t_k)$	Prädiktion der Kovarianzmatrix $\mathbf{P}$ zum Zeitpunkt t_k
q (bzw. r)	Index der Farbsegmente in einem Objekt-Erscheinungsdeskriptor
Q (bzw. R)	Anzahl an Farbsegmenten in einem Objekt-Erscheinungsdeskriptor
$\mathbf{Q}$	Konstante Kovarianzmatrix des Prozessrauschens
$\mathbf{Q}(\Delta t)$	Zeitvariable Kovarianzmatrix des Prozessrauschens als Funktion der Zeitdifferenz Δt
$\mathbf{r}$	Positionskoordinate an der Stelle $(x,y,z)^T$ im globalen Koordinatensystem
$\mathbf{r}_i^{cam}$	Position der Kamera i im globalen Koordinatensystem $(x,y,z=0)^T$
$\mathbf{r}^{start}$	Startposition eines *random walks*, in der Simulationsumgebung
$\mathbf{r}^{target}$	Zielposition eines *random walks*, in der Simulationsumgebung
$\mathbf{R}$	Messfehler-Kovarianzmatrix der Messung $\mathbf{z}$
s_i	Sensor im Sensornetzwerk
$\mathcal{S}$	Menge der Sensoren im Netzwerk mit $\mathcal{S} = \{s_1, s_2, \ldots, s_N\}$
$\mathcal{S}^{cluster}$	Menge der Sensoren, die zum Cluster gehören $\mathcal{S}^{cluster} \subseteq \mathcal{S}$
$\mathcal{S}^{active}, \mathcal{S}^{passive}$	Menge der aktiven/passiven Sensoren im Cluster
$\mathcal{S}^{com}$	Teilmenge der Clustersensoren, von welcher die Beobachtungsdaten abboniert wurden
t	Kontinuierlicher Zeitparameter
t_k	Kontinuierlicher Zeitparameter zum diskreten Verarbeitungsschritt k
$\mathcal{T}^{app}$	Statische Referenzsignatur (Erscheinungsmerkmale) für das OdI
$\mathcal{T}'^{app}$	Statische Referenzsignatur nach Farbnormalisierung
$\mathcal{T}_{dyn,i}^{app}$	Dynamische Referenzsignatur für Kamera i,

	für das OdI
$\mathcal{T}'^{lapp}_{dyn,i}$	Dynamische Referenzsignatur nach Farb-normalisierung
u	u-Chrominanzwert (LUV-Farbraum) oder Index der Zellen eines *Arrangements*
v^c	Skalierungsfaktor bei der Farbraumnormalisierung
v	v-Chrominanzwert (LUV-Farbraum)
$\mathbf{v}$	Messrauschenvektor
$\mathcal{V}$	Menge der Knoten (Vertices) eines *Arrangements*
$\mathcal{V}'$	Menge der Knoten (Vertices) eines *Arrangements* ohne aktive Sensoren
w	Flächenanteil eines Farbsegmentes bzgl. Korperregion eines Objektes
w'	Geradenfaktor für homogenisierte Koordinaten
w^{img}	Breite eines Bildes in Pixel
$\mathbf{w}$	Vektorielles Prozessrauschen
x	Skalare Messung, x-Koordinate der wahren Position
x_c	x-Koordinate des Mittelpunktes einer Ellipse
$\mathbf{x}$	Zustandsvektor der wahren Objektposition
$\hat{\mathbf{x}}$	Schätzung des Zustandsvektor (Objektposition) x
$\hat{\mathbf{x}}^-(t_k)$	Prädiktion der Zustandsschätzung $\hat{\mathbf{x}}$ für den Zeitpunkt t_k
$\mathbf{x}_0$	Initialer Zustandsvektor
y	Skalare Messung, y-Koordinate der wahren Position
y_c	y-Koordinate des Mittelpunktes einer Ellipse
z	Skalare Größe, oder z-Koordinate der wahren Position
$z(x,y)$	Bivariate Wahrscheinlichkeitsdichtefunktion, abgeleitet aus den Ellipsenparamter $\mathbf{e}^m$
$\mathbf{z}$	Messvektor, mit $\mathbf{z} = (x,y,z=0)^T$
$\mathcal{Z}_n$	Blobkombination, verknüpft zur n-ten Objekthypothese
γ^c	Mittelwert des Farbkanals $c \in \{L,U,V\}$ (Farbnormierungsparameter)
ς^c	Varianz des Farbkanals $c \in \{L,U,V\}$ (Farbnormierungsparameter)
$\varsigma^{c,pos}, \varsigma^{c,neg}$	Vorzeichenabhängige Varianz des Farbkanals $c \in \{L,U,V\}$

μ	Mittelwertbild des Hintergrundschätzers
$\mu(\mathbf{p})$, bzw. $\mu(x,y)$	Zeitlicher Grau- oder Farbmittelwert eines Pixels
$\boldsymbol{\mu}^{dir}$	Vorzugsrichtung des *random walks*, in der Simulationsumgebung
ν	Schwellwertfaktor für Vorder-/ Hintergrund-Trennung
σ	Standardabweichungsbild des Hintergrundschätzers
$\sigma(\mathbf{p})$, bzw. $\mu(x,y)$	Zeitliche Standardabweichung der Grau- oder Farbwerte eines Pixels
$\sigma^{max}(\mathbf{P})$	Maximale Positionsabweichung, als Funktion der Kovarianzmatrix $\mathbf{P}$
$\boldsymbol{\Sigma}$	Kovarianzmatrix einer bivariaten Gaussverteilung
δ	Differenzbetragsbild bei Hintergrundsubtraktion
Δ	Differenzoperator
ϕ^z	Rotationswinkel der Messellipse zur Objektdetektion im Bild
ϕ^h	Rotationswinkel der Hypothesenellipse
ψ	Plausibilitätsfaktor über den Aufenthalt eines Objektes im Sichtbarkeitspolygon einer Kamera
Φ	Rotationswinkel der Fehlerellipse bei der Positionsmessung eines Objektes
ρ	Korrelationskoeffizien zweier Variablen
ρ^{norm}	Referenzauflösung zur Auflösungs- normalisierung eines Objekt-Bildausschnittes
κ	Reflektanzkoeffizient eines Objektes (Materialeigenschaft)
κ_c	Reflektanzkoeffizient für den Spektralbereich $c \in \{R, G, B\}$
$\boldsymbol{\kappa}$	Reflektanzkoeffizientenvektor des Fußbodens mit $\boldsymbol{\kappa} = (\kappa_R, \kappa_G, \kappa_B)^T$
κ^{amb}	Reflektanzkoeffizient für ambientes Licht I^{amb}
κ^{diff}	Reflektanzkoeffizient für diffuses Licht I^{diff}
$\boldsymbol{\kappa}^{boden}$	Reflektanzkoeffizientenvektor des Fußbodens (Materialeigenschaft)
$\boldsymbol{\kappa}^{schatten}$	Reflektanzkoeffizientenvector des Fußbodens (Materialeigenschaft)
$\boldsymbol{\Lambda}_j$	Farbverteilungskoeffizienten der Farbsignatur des Objektes O_j
τ^{mah}	Schwellwert für das Positions-Gating (anhand Mahalanobis-Distanz)

τ^{motion}	Binarisierungsschwellwert für differenzbildbasierte Bewegungsdetektion
$\tau^{colorvar}$	Schwellwert der maximalen Varianzverstärkung
τ^{PoP}	Schwellwert für die Aufenthaltsplausibilität (Plausibility of Presence)
$\tau^{falsedet}$	Schwellwert für die maximale Änderungen im Bild zur Ermittlung der Sensorverfügbarkeit
τ^{ReID}	EMD-Schwellwert für *sichere Wiedererkennung*
$\tau^{similarity}$	EMD-Schwellwert für *Farbähnlichkeit*
ϑ_i	Verfügbarkeitskoeffizient für Sensor s_i

Teil I

Einleitung

1

Einführung

1.1 Motivation, Zielsetzung und Beitrag der Arbeit

Durch die rapide ansteigende Rechenleistung von Prozessoren und immer kostengünstigeren Videosensoren gewinnen große Kameranetzwerke seit Jahren immer mehr an Bedeutung. Diese Entwicklung hat unter anderem dazu geführt, dass zahlreiche Forschungsgruppen, speziell im Bereich der Bild- und Videoauswertung für Überwachungsaufgaben, in den letzten Jahren den Fokus von der Einzelkamera- auf die Multikamera-Auswertung (auch in größeren Netzwerken) verlagert haben. Daraus haben sich insbesondere zwei Forschungsgebiete etabliert.

Bei einem der beiden handelt es sich um die Erforschung von dezentralen Topologien und Selbstorganisation großer Kamerasysteme. Hier geht der Trend dahin, die Signalauswertung immer weiter zu dezentralisieren und damit die Sensorknoten immer intelligenter zu gestalten (Smart Cameras). Durch die verteilte Struktur wird eine gesteigerte Skalierbarkeit der Systeme erreicht, die bei einer zentralen Auswertung nur schwer zu realisieren ist. Bei der Verlagerung der Intelligenz in den Sensorknoten bietet es sich darüber hinaus an, nicht nur die Signalauswertung zu dezentralisieren, sondern auch die Organisation der Sensoren dem System selbst zu überlassen. Solche Sensorsysteme werden i. Allg. als selbst-organisierend bezeichnet.

Das zweite Forschungsgebiet, das sich in den letzten Jahren stark entwickelt hat, beschäftigt sich mit der Erforschung neuer leistungsfähiger Verfahren für die Multikamera-Videoanalyse. Zahlreiche Forschungsgruppen widmen sich hierbei der Entwicklung von Verfahren zur Videoauswertung und Mustererkennung auf Basis mehrerer Kameras.

Obwohl der dezentrale Ansatz durch intelligente Kameras einige Vorteile aufzeigt (primär die Skalierbarkeit und Robustheit des Systems), wurde er bisher kaum hinsichtlich der praxistauglichen Multikamera-Auswertung in großen Kameranetzwerken untersucht. Ein Grund hierfür könnte direkt im Konzept intelligenter Kameras praxistauglicher (und teilweise bereits kommerziell erhältlicher) Kamerasysteme liegen. Dieses Konzept sieht i. Allg. vor, dass die komplette Videodatenanalyse und Interpretation der extrahierten Informationen dezentral auf der jeweiligen Kameraplattform (onboard) durchgeführt wird und damit auf kameraeigene Videodaten eingeschränkt ist. Diese Rahmenbedingungen führen dazu, dass für eine Multikamera-Auswertung komplexe Kommunikationsfähigkeiten zur kollaborativen Organisation der Sensorknoten untereinander benötigt werden. Des Weiteren stellt das nicht deterministische Verhalten eines selbst-organisierenden Systems eine große Herausforderung an die dezentrale Intelligenz dar.

Eine hierarchische Verwaltung der Kameraknoten hingegen genießt in der Praxis durch die einfache Verwaltungsstruktur eine große Popularität – trotz des Trends zu Smart Cameras. Obwohl die Steigerung der Leistungsfähigkeit der intelligenten Kameras eine dezentrale Auswertung begünstigt bzw. prinzipiell ermöglicht, stößt diese Systemtopologie aufgrund der benötigten sehr komplexen Organisations- und Kommunikationsfähigkeiten der Sensorknoten auf Grenzen, die es noch zu überwinden gilt.

Zusammenfassend heißt das, dass das klassische Konzept intelligenter Kameras auf eine dezentrale, hoch-skalierbare „Einkamera-Auswertung" ausgelegt ist. Diese Sichtweise wird in der vorliegenden Arbeit als *sensororientierte Auswertung* bezeichnet.

In dieser Arbeit wird, statt nach einer optimalen zentralen bzw. dezentralen Videoauswertung zu suchen, der Versuch unternommen, ein Kameranetzwerk nicht aus der klassischen Sicht der zentralen/dezentralen Informationsauswertung zu betrachten, sondern aus einem alternativen Blickwinkel: aus der Sicht der konkreten Anwendung, die letztlich in der Formulierung eines Analyseauftrags an das Kamerasystem resultiert. Mit Analyseauftrag ist ein von den Sensoren entkoppelter Prozess gemeint, welcher für die auftragsorientierte Multisensor-Fusion in die logische Prozesstopologie eingefügt wird.

Die Grundidee ist, dass in großen Kameranetzwerken in der Regel weder die Analyse aller Sensoren noch die direkte Interpretation der Videoströme zur Erfüllung einer Analyseaufgabe notwendig ist. Oft beschränkt sich die Aufgabe auf die Auswertung von lokalen Beobachtungen, die nur eine kleine Untermenge der verfügbaren Sensoren benötigt. Somit ist es sowohl bzgl. der Ressourcen als auch der Komplexität der Kommunikationsfähigkeiten suboptimal, eine komplett dezentrale Auswertung vorzunehmen, da hier alle Sensoren kontinuierlich mit intelligenter Videoauswertung und auftragsbezogener Informationsverarbeitung betrieben werden. Letztere müssen im sensorübergreifenden Fall (z. B. wenn für eine Analyseaufgabe mehrere Sensoren benötigt werden) mit zusätzlichen Fähigkeiten zur kollaborativen Informationsauswertung ausgestattet sein. Eine rein zentrale Auswertung wäre hier zwar bzgl. Ressourcenbedarf und Komplexität optimal, ist allerdings in großen Sensornetzwerken mit dem Problem der niedrigeren Robustheit gegenüber einem Ausfall des zentralen Verarbeitungsknoten behaftet. Außerdem würde der zentrale Knoten bei der Abarbeitung mehrerer Analyseaufträge durch eine limitierte Rechenkapazität die Skalierbarkeit des Systems begrenzen.

Der *auftragsorientierte* Ansatz[1] verfolgt das Ziel, die „übergeordneten" Analyseaufgaben als semi-zentrale Prozesse für jegliche Informationsgewinnung in Form von Daten- und Informationsverarbeitung zu definieren. Die Aufgaben sollen als eigenständige Prozesse in der Prozesstopologie abgebildet werden und sowohl eine lokale Organisation der auftragsrelevanten Sensoren als auch eine auftragsorientierte Multisensor-Informationsverarbeitung übernehmen. Die *sensororientierte* Kameraauswertung auf der anderen Seite übernimmt eine reine Beobachterrolle. Die intelligenten Kameras extrahieren aus den jeweiligen Videodaten Beobachtungsinformationen, ohne eine auftragsbezogene Interpretation derselben vorzunehmen. Somit lassen sich die Beobachtungen für vielfältige Aufträge wieder verwerten, unter anderem für eine multisensorielle Weiterverarbeitung. Daraus ergibt sich eine hybride Prozesstopologie, bestehend aus dezentraler, intelligenter Videoauswertung und auftragszentrierter Multisensor-Prozessierung (Abb. 1.1).

Die soeben eingeführte *auftragsorientierte* Sichtweise lässt sich sehr plakativ anhand eines Beispiels aus der Praxis der Videoüberwachung veranschaulichen. Nehmen wir ein State-Of-The-Art Videoüberwachungssystem als Ausgangslage. Ein Sicherheitsbeamter überwacht eine Vielzahl von Monitoren. Jede Videokamera ist mit intelligenter Videoanalyse ausgestattet und in der Lage, Personen und Fahrzeuge in den jeweiligen Videoströmen zu detektieren und zu verfolgen. Das System generiert automatisch Alarmmeldun-

---

[1] Das Paradigma der Auftragsorientierung in der Videoüberwachung wurde im Forschungsprojekt NEST am Fraunhofer IOSB (ehemals IITB) im Jahr 2007 definiert und kontinuierlich weiterentwickelt. Details zu NEST und dem diesbezüglich entstandenen Test- und Demonstrationssystems sind im Kapitel 5 dargestellt.

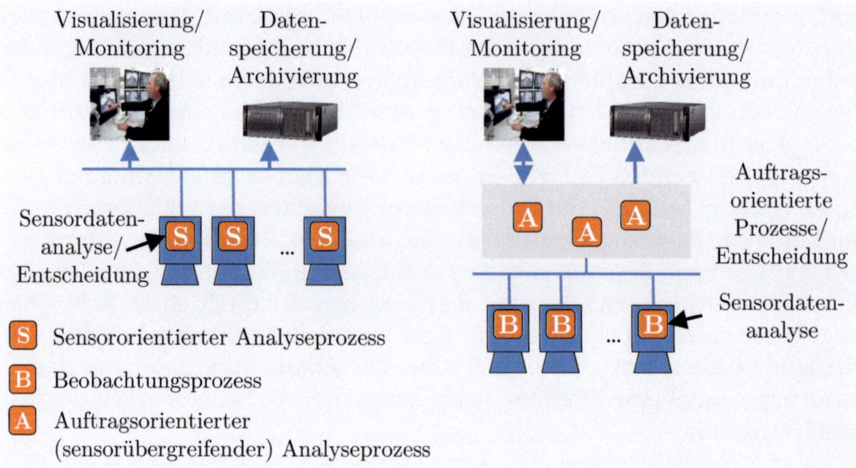

Abb. 1.1. Vereinfachte Darstellung des klassischen, sensororientierten Ansatzes (links) und der auftragsorientierten Prozessstruktur (rechts). Der Hauptunterschied ist durch die strikte Trennung der Sensordatenanalyse von der auftragsorientierten (multisensoriellen) Informationsverarbeitung erkennbar.

gen, wenn Fahrzeuge in bestimmte Bereiche eintreten (z. B. im Halteverbot parken) oder Personen atypisches Bewegungsverhalten aufzeigen. Daraus lässt sich ableiten, dass bei solchen *sensororientierten Systemen* immer versucht wird, mit den direkten Sensordaten die eigentliche Überwachungsaufgabe abzudecken. Diese Videoanalyse muss dementsprechend auf jeden Videostrom angewendet werden. Doch was ist, wenn eine zusammenhängende Überwachungsaufgabe nicht auf alle Sensoren verallgemeinert werden kann, z. B. weil unterschiedliche Informationen aus heterogenen Sensoren gewonnen werden müssen? Was, wenn es eine „übergeordnete" Überwachungsaufgabe gibt, die sich nicht direkt aus den Beobachtungen eines einzelnen Sensors lösen lässt, wenn z. B. ein bestimmtes Fahrzeug bei der Fahrt quer durch eine Stadt überwacht werden soll? Ist es dann notwendig, alle Sensoren auszuwerten? Und was, wenn sich die Überwachungsaufgabe über die Zeit und mit Abhängigkeiten zueinander ändert (z. B. zuerst die Detektion abgestellter Koffer, im Detektionsfall dann die Verfolgung des Kofferbesitzers)? Hier zeigt sich die Grenze der *sensororientierten* Informationsauswertung, wie sie heute in Systemen intelligenter Kameras zu finden ist. Vereinfacht ausgedrückt werden hierbei nur kleine Teilaufgaben für fest vordefinierte Anwendungen gelöst.

1.2 Ziele der Arbeit

Im Rahmen dieser Dissertation werden Methoden untersucht und entwickelt, die es ermöglichen, Netzwerke intelligenter Sensoren aufgabenorientiert zu organisieren und dynamisch anzupassen. Insbesondere werden Techniken erarbeitet, mit denen man Objekte anhand dynamischer Gruppierungen von mehreren Kameras multisensoriell erfassen, lokalisieren und verfolgen kann. Der Fokus dieser Arbeit liegt somit auf

- der benötigten System- bzw. Prozessarchitektur zur auftragsbasierten Auswertung,

- den benötigten Methoden und Algorithmen zur kameraübergreifenden Lokalisierung und Verfolgung von Objekten und

- der auftragsorientierten Organisation der Datenquellen (Sensoren) in dynamischen Sensornetzwerken.

Die Diskussion von Beobachtungs- und Fusionsverfahren konzentriert sich dabei auf diejenigen Aspekte, die für die Architektur und Organisation der Prozesse erforderlich sind. Hierdurch wird eine Generik in Bezug auf die verwendbaren Verfahren erreicht.

Das Anwendungsgebiet, welches im Rahmen dieser Arbeit speziell untersucht wird, ist die Objektlokalisierung und -verfolgung innerhalb eines definierten Überwachungsbereiches. Wie bereits erläutert, ist die Prozessarchitektur weitgehend anwendungsunabhängig gestaltet, während die aufgabenorientierte Sensorselektion sich an der Anwendung der Objektlokalisierung und -verfolgung orientiert.

Der typische Ansatz bei der Lokalisierung und Verfolgung von Objekten in großen Sensornetzwerken besteht darin, alle Ereignisse (möglichst sensorübergreifend) zu erfassen und für einen übergeordneten Fusionsprozess in passender Form zur Verfügung zu stellen. Die Aufgabe eines verteilten, multisensoriellen Überwachungsnetzwerkes besteht allerdings in den seltensten Fällen darin, alle Objekte zu erfassen, sondern meistens nur bestimmte lokale Ereignisse zu detektieren und auszuwerten. In einem großen System wäre demnach die Frage, inwiefern sich ein Sensornetzwerk zur Auswertung lokaler Ereignisse selbstständig organisieren kann, um ressourceneffizient die eigentliche Aufgabe zu erfüllen. Außerdem stellt sich die Frage nach den Möglichkeiten zur dynamischen Neuparametrisierung und Reorganisation des Systems in Abhängigkeit von den Ereignissen. Im Rahmen der hier vorgestellten Forschungsarbeit wird ein auftragsorientiertes System entworfen, welches in der Lage ist, auf Ereignisse zu reagieren, sich aufgabenorientiert neu zu ordnen, zu gruppieren und sich selbstständig auf neue veränderte Rahmenbedingungen zu parametrisieren.

Zusammenfassend können somit drei Themenbereiche als Gegenstand der Dissertation identifiziert werden:

- Entwurf einer Systemarchitektur zur objekt- und aufgabenorientierten Signalauswertung,

- Untersuchung und Evaluation von Methoden zur Detektion, kamera-übergreifenden Lokalisierung und Wiedererkennung von Objekten (speziell Personen) in Multi-Kamera-Systemen sowie

- Untersuchung und Evaluation von Methoden zur Ermittlung relevanter Sensoren zur multisensoriellen Auswertung (Sensorselektion). Diese Methoden ermöglichen eine dynamische Organisation von Kommunikationsverbindungen und weisen dadurch eine hohe Praxisrelevanz für die Informations- und Nachrichtentechnik auf.

1.3 Ausgangsbedingungen

Nach der Einführung des Gegenstands und des Ziels der Dissertation werden nun Ausgangsbedingungen und Definitionen formuliert, die für die vorliegende Arbeit und die Untersuchungen gelten sollen. Diese Ausgangsbedingungen sind sowohl technologisch als auch wirtschaftlich motiviert. Zum einen werden existierende Technologien berücksichtigt, um die Verfahren und Methoden auf bestehenden Netzwerken anwenden zu können. Für (noch) nicht existierende, aber bereits abzusehende Technologien werden realistische Definitionen und Annahmen getroffen (z. B. bezüglich der Rechenkapazität intelligenter Kameras). Zum anderen wurden wirtschaftliche Aspekte für praxistaugliche verteilte Kameranetzwerke (insbesondere die lückenbehaftete Sensorabdeckung) berücksichtigt.

Die Rahmenbedingungen lassen sich wie folgt formulieren:

- Ein Sensornetzwerk besteht aus einer dynamischen Menge von Sensorknoten, welche jeweils eine definierte lokale Umgebung erfassen.

- Eine lückenlose Flächenabdeckung durch die Sensoren ist nicht (zwangsläufig) gegeben.

- Die betrachteten Sensorknoten sind „intelligent", d. h. Sensoren sind in der Lage, Signalauswertung zu betreiben und die Beobachtungen an externe Verarbeitungsknoten in vorverarbeiteter Form zu übertragen.

- Die Positionen und die Erfassungsbereiche der Sensorknoten sind bekannt oder durch den Sensorknoten selbstständig ermittelbar.

- Ein Sensorknoten kennt seine benachbarten Sensorknoten nicht und kommuniziert auch nicht mit diesen. Die Kommunikation erfolgt auf Anfrage stets mit einem auftragsorientierten Koordinationsprozess.

Weitere Bedingungen leiten sich aus der hier neu eingeführten *auftragsorientierten Organisation* ab. Diese Organisation beschreibt die Fähigkeit, mit der Sensorknoten aufgrund einer zugewiesenen Aufgabe neu geordnet werden (können). Durch das Beauftragen des Systems mit Auswertungsaufgaben werden neue Koordinationsprozesse erzeugt und Kommunikationswege aufgebaut. Die physikalischen Verbindungen zwischen Sensorknoten und Koordinationsprozessen werden hierbei vorausgesetzt. Daraus leiten sich weitere Annahmen für die hier vorgestellte Arbeit ab:

- Die Kommunikationsinfrastruktur des Sensornetzwerkes wird als gegeben vorausgesetzt. Dabei ist es möglich, von beliebiger Stelle des Netzwerks aus mit einem beliebigen Sensorknoten oder Koordinationsprozess zu kommunizieren. Die Bandbreite des Netzes wird als begrenzt angenommen und es gilt als Ziel, dessen Auslastung zu minimieren.

- Die Prozessorkapazität für die Erfüllung der Aufgaben ist stets gegeben, aber auch hier gilt es als Ziel, die benötigten Bedarfe an Ressourcen zu minimieren.

- Koordinationsprozesse werden durch Instanziierung neuer Aufträge dynamisch erzeugt und erhalten in der Regel a-priori-Wissen bezüglich des aktuellen Zustands des Sensornetzwerkes bzw. der Sensorknoten sowie über die zu überwachende Liegenschaft.

- Die lokale Organisation von Sensorknoten geht vom Koordinationsprozess aus, welcher das Ziel verfolgt, die aufgetragene Aufgabe mit minimalem Aufwand/Kosten (minimaler Anzahl an Sensoren) optimal zu erfüllen. Dieser Prozess ermittelt selbstständig die benötigten Sensoren und fragt diese gezielt nach Beobachtungsinformationen ab.

- Sensorknoten haben keine Informationen über die eigentlichen Aufträge der Koordinationsprozesse, sie sind reine Beobachter.

1.4 Gliederung der Arbeit

Die vorliegende Arbeit ist in drei Teile gegliedert. Im ersten Teil, zu dem auch diese Gliederungsübersicht gehört, wird eine Einführung in die Thematik der auftragsorientierten Videoauswertung gegeben und die Motivation für diese Forschungsarbeit erläutert.

Im zweiten Teil der Arbeit wird die auftragsorientierte Videoauswertung „top-down" vorgestellt. Wie aus den in 1.2 bereits formulierten Zielen hervorgeht, steht unter anderem der Entwurf einer auftragsorientierten Prozessarchitektur im Fokus dieser Arbeit. Diese Architektur wird im Kapitel 2 vorgestellt. Als Anwendung für ein solches System wurde die Objektlokalisierung und -verfolgung innerhalb eines definierten Überwachungsbereiches definiert. In Kapitel 3 wird hierfür die Realisierung eines Verfahrens zur kameraübergreifenden Verfolgung einer vorselektierten Person beschrieben.

Anschließend wird auf die Fähigkeit eines auftragsorientierten Prozesses eingegangen, die Informationsquellen für die lokalen und kameraübergreifenden Beobachtungen des Objektes autonom zu ermitteln und dynamisch zu selektieren. Diese Fähigkeit ist essenziell für die Aufrechterhaltung des auftragsorientierten Paradigmas und die hierfür entwickelten Verfahren stellen den Kern der vorliegenden Arbeit dar. In Kapitel 4 werden diese ausführlich vorgestellt.

Die erarbeiteten Konzepte, Methoden und Algorithmen wurden in ein praxisfähiges Personenverfolgungssystem integriert. Das entsprechende System wird im dritten Teil dieser Arbeit vorgestellt. Insbesondere wird in Abschnitt 5.1 die Ankopplung des Verfahrens zur auftragsorientierten Personenverfolgung an das Videoüberwachungssystem NEST[2] des Fraunhofer-Instituts für Optronik, Systemtechnik und Bildauswertung (IOSB) erläutert. Im Abschnitt 5.2 folgt der Nachweis der Praxistauglichkeit der vorgestellten auftragsorientierten Konzepte und Methoden unter realen Bedingungen. Diese Ergebnisse werden zeigen, dass der *lokale auftragsorientierte Ansatz* eine Alternative *zur sensororientierten* Videoanalyse in verteilten Kameranetzwerken darstellt.

Mit Kapitel 6 folgen eine abschließende Gesamtbetrachtung der Arbeit und ein Ausblick.

---

[2] NEST: Network Enabled Surveillance and Tracking, ist ein Eigenforschungsprojekt des Fraunhofer IOSB.

Teil II

Systementwurf und Methoden

Von der sensor- zur auftragsorientierten Systemarchitektur

In diesem Kapitel wird der *auftragsorientierte* Ansatz in eine Prozess- bzw. Systemarchitektur für Kamera-Netzwerke überführt. Um den Übergang von den klassischen *sensororientierten* zu den *auftragsorientierten* Systemen zu verdeutlichen, wird zunächst der Stand der Forschung sowohl für allg. Sensornetzwerke als auch speziell für Multikamera-Systeme präsentiert.

Danach wird eine plakative Einführung in die *objekt- und auftragsorientierte Organisation* von Sensornetzwerken gegeben, welche den Grundgedanken für die im Folgeabschnitt entwickelte System- bzw. Prozessarchitektur widerspiegelt.

Die anschließende Beschreibung der auftragsorientierten System- bzw. Prozessarchitektur beginnt mit einer generischen Darstellung der identifizierten Sytemkomponenten und wird danach in eine konkrete Ausprägung für Multikamera-Systeme (speziell zur kameraübergreifenden Personenverfolgung) überführt.

Das Kapitel endet mit einer Schlussbetrachtung.

2.1 Stand der Forschung

2.1.1 Architekturen verteilter Multisensor-Systeme

Verteilte Sensorsysteme haben sich mit der rasanten Entwicklung von Netzwerktechnologien seit den 1980er Jahren zu einem bedeutenden Forschungsgebiet entwickelt. Wesson et al. [Wesson 81] gehörten zu den Ersten, die

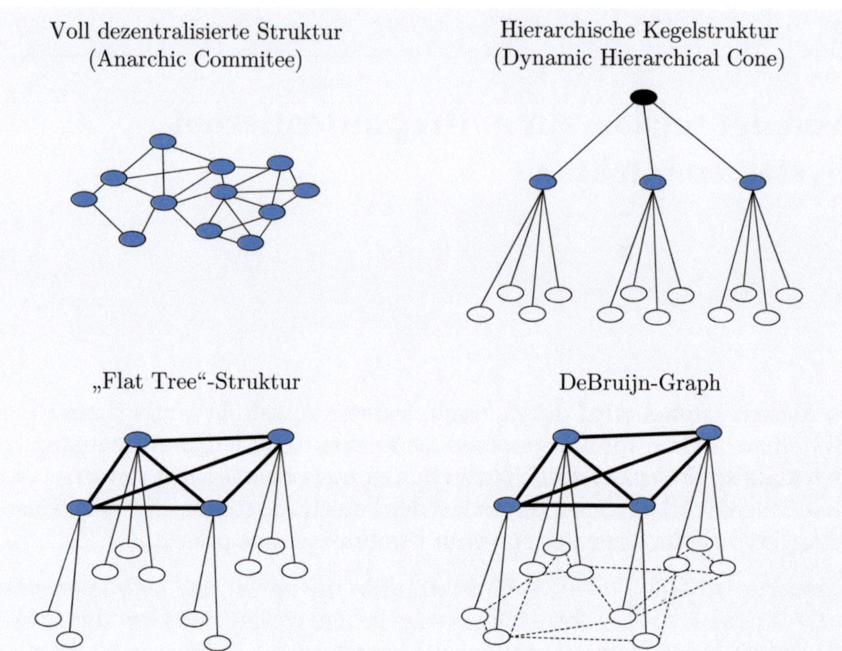

Abb. 2.1. Typische Netzwerktopologien (AC, DHC, *Flat-Tree*, *DeBruijn-Graph* (DG).

Netzwerkstrukturen, die später zur Verwendung in verteilten Sensornetzwerken eingesetzt werden konnten, vorschlugen. Die ursprünglichen Strukturen wurden daraufhin von unzähligen Forschungsgruppen aufgegriffen, stetig erweitert und verbessert [Iyengar 94, Smith 88, Fox 88]. Hier wird zunächst eine allgemeingültige Netzwerkstruktur vorgestellt und die Terminologie für die spätere Systembeschreibung erläutert.

Ein verteiltes Sensornetz (engl.: Distributed Sensor Network, kurz DSN) besteht prinzipiell aus drei Klassen von Komponenten [Iyengar 94]:

- Sensorknoten (Sensor Nodes),

- Verarbeitungsknoten (Processing Elements) und

- Kommunikationsverbindungen (Communication Network).

Ein Sensor stellt hierbei eine funktionale Komponente dar, die lediglich Datengewinnung (Messung) betreibt. Die Verarbeitungsknoten verknüpfen Daten und Messungen von Sensoren oder anderen Verarbeitungsknoten und extrahieren anwendungsspezifische Informationen. Die Kommunikationsverbindungen ermöglichen den Austausch von Daten und Informationen zwischen Sensoren und Verarbeitungsknoten. Eine funktionale Einheit, bestehend aus einem Verarbeitungsknoten und zugeordneten Sensoren, wird als *Cluster* bezeichnet.

Wesson et al. [Wesson 81] stellten in der ursprünglichen Form zwei Strukturen vor, die sogenannte *Anarchic Committee*-Struktur *(AC)* und die *Dynamic Hierarchical Cone*-Struktur *(DHC)* (Abb. 2.1). Die AC-Struktur stellt eine voll dezentralisierte Netzwerktopologie dar, welche durch redundante Kommunikationsverbindungen sehr robust gegenüber dem Ausfall von einzelnen Verarbeitungsknoten ist. Nachteile sind primär die komplexen Verwaltungsprotokolle und der hohe Aufwand zur Erweiterung des Netzes. Bei der DHC-Struktur dagegen ist die Verwaltung der Verarbeitungsknoten streng hierarchisch gelöst und demnach einfacher zu implementieren. Da jedoch zwischen Verarbeitungsknoten gleicher Hierarchieebenen keine Kommunikation stattfindet, sind die Folgen eines Knotenausfalls sehr kritisch, weil hierbei auch alle von diesem Knoten verwalteten Unterknoten vom Netzwerk getrennt werden.

Um die Vorteile der beiden Grundstrukturen in der Praxis zu vereinen, wurden hybride Topologien entwickelt, darunter die *Flat-Tree*-Struktur [Prasad 91, Jayasimha 91]. Hierbei handelt es sich um ein Netzwerk aus einer Menge von hierarchisch strukturierten Bäumen, deren Wurzeln eine flache, dezentrale Vernetzung aufweisen. Mit dieser Struktur wurde eine Topologie eingeführt, die robuster gegenüber Ausfällen des zentralen Knotens ist und gleichzeitig die Kommunikations- und Verwaltungskomplexität deutlich reduziert.

In weiteren Arbeiten wurde die *Flat-Tree*-Struktur stetig erweitert und verbessert [Iyengar 94]. Beispielsweise wurden die Sensorknoten untereinander ebenfalls mit Kommunikationsverbindungen versehen, um somit eine dezentrale Multisensor-Datenfusion (z. B. zur Steigerung der Messgenauigkeit) zu ermöglichen. Die Struktur ergibt einen *DeBruijn-Graphen (DG)*. Insbesondere seit der rapiden Entwicklung von so genannten intelligenten Sensoren (Smart Sensors) gewinnt diese Topologie immer mehr an Bedeutung, ist allerdings weiterhin Gegenstand der Forschung.

2.1.2 Architekturen intelligenter Multikamera-Systeme

In den letzten Jahren wurden Multikamera-Systeme bzgl. zweier Aspekte vorangetrieben: Zum einen wurde die Datenaufzeichnung, zum anderen die Aufmerksamkeitssteuerung des Personals optimiert. Unter einer Aufmerksamkeitssteuerung ist hierbei die automatische Detektion von relevanten Ereignissen oder Situationen in einzelnen Videoströmen (z. B. eine Personendetektion) und die optische oder akustische Hinweisgenerierung für die Systembenutzer zu verstehen. Dadurch werden das Personal entlastet und die Speicherressourcen geschont, da nur bei Detektion bzw. Erkennung von Objekten auch die zugehörigen Bilddaten archiviert werden bzw. die Aufmerksamkeit des Benutzers in Anspruch genommen wird. Die Prozessstrukturen für eine automatisierte Videoanalyse unterscheiden sich je nach Größe des Kameranetzwerkes und nach eingesetzten Kommunikationstechnologien bzw. sonstigen Komponenten. In dieser Arbeit werden ausschließlich IP-basierte Videosysteme berücksichtigt, bei denen prinzipiell angenommen werden kann, dass ein Verarbeitungsknoten von einem beliebigen Punkt des Netzwerkes aus Zugriff auf alle Videoströme des Kameranetzwerkes hat (siehe Abschnitt 1.3). Somit sind die im Folgenden erläuterten Prozessstrukturen rein logischer und nicht physikalischer Natur. Grundsätzlich findet man bei den heutigen automatisierten verteilten Kamerasystemen zwei Typen von Prozessstrukturen vor: die so genannte „zentrale" sowie die „dezentrale Auswertung", je nach Lage der Videoanalyseprozesse im System.

Die klassische Variante ist der zentrale Ansatz, welcher logisch der Klasse der DHC (Abb. 2.1) zuzuordnen ist. Hierbei werden Kameras (Sensoren) als reine Videostromlieferanten eingesetzt. Mehrere Videoströme werden zu einem Verarbeitungsknoten übermittelt, welcher die Videoanalyse betreibt und Informationen extrahiert. Eine Vielzahl von Forschungsgruppen haben ihre Systeme auf dieser Struktur aufgebaut, darunter die Systeme bzw. Projekte VSAM [Kanade 98], KNIGHT^M [Javed 03] und ADVISOR [Siebel 04].

Bei der so genannten „voll-dezentralen" Auswertung werden intelligente Kameras eingesetzt. Diese gehören zu einer recht neuen Technologie, genießen aber in der Forschung bereits eine hohe Aufmerksamkeit, da durch die stark verteilten Rechenressourcen neue Möglichkeiten eröffnet wurden. Die Videoanalyse wird beim dezentralen Ansatz auf integrierten Recheneinheiten in dem jeweiligen Kameragehäuse durchgeführt. Die Ergebnisse dieser signalnahen Analyse stehen dann nachgeschalteten Prozessen, Archivierungssystemen und Visualisierungskomponenten (z. B. Monitoren) zur Verfügung. Der voll-dezentrale Ansatz eignet sich besonders dann, wenn eine Videoanalyseaufgabe gleichermaßen von einer Vielzahl von Kameras durchgeführt werden soll und mit den Informationen einer einzelnen Kamera gelöst werden kann (z. B. Personenzählung oder Gesichtserkennung an Eingängen eines Gebäudes)[Fleck 08, Arth 06].

Müssen allerdings Informationen aus mehreren Kameras zur Lösung einer Aufgabe zusammen getragen werden, führt dies im komplett dezentralen System zu sehr komplexen Anforderungen an die intelligenten Sensoren. Diese müssen nun in der Lage sein, miteinander zu kommunizieren, Informationen auszutauschen und multisensorielle Daten auszuwerten und zu fusionieren. Darüber hinaus müssen die Sensoren ein eigenständiges Ressourcenmanagement betreiben, um zu definieren, welcher Sensor neben der Videoanalyse auch die Informationsfusion durchführen soll bzw. muss. Viele Forschungsgruppen beschäftigen sich deshalb im Zusammenhang mit intelligenten Kameras mit dem Thema der *Selbstorganisation von Sensornetzwerken* und der *agentenbasierten Multikamera-Auswertung.* [Hoffmann 08, Bramberger 06, Ukita 05]. Das Ziel dieser Arbeiten ist die Entwicklung eines Videosystems mit einer AC-Prozessstruktur, also eines komplett dezentralen und selbstorganisierenden Kameranetzwerkes.

Unabhängig von der Art der Prozessstruktur (zentral oder dezentral) haben all diese Systeme und Verfahren eines gemeinsam: Sie sind *sensororientiert,* wie bereits in Abschnitt 1.1 erwähnt. Alle Systeme sind so konzipiert, dass möglichst alle Informationen aus allen verfügbaren Kameras extrahiert und gesammelt werden können. In den meisten Forschungsarbeiten geht es darum, alle Objekte (Personen, Fahrzeuge etc.), die sich in einem beobachteten Bereich aufhalten, zu erfassen und zu analysieren. Diese Anforderung, alle Objekte im Überwachungsbereich zu detektieren und zu verfolgen, führt unweigerlich dazu, dass auch alle verfügbaren Sensoren kontinuierlich Informationsgewinnung betreiben müssen.

Der hier vorgestellte Ansatz zur auftragsorientierten Multikamera-Videoauswertung verfolgt das Ziel, Videodaten ausschließlich auftragsbezogen auszuwerten und extrahierte Informationen zu verarbeiten. Im nächsten Abschnitt folgt hierzu eine detaillierte Einführung.

Im darauf folgenden Abschnitt wird auf die im Rahmen dieser Arbeit entworfene hybride Prozesstopologie (eine modifizierte *Flat-Tree*-Struktur) eingegangen und die entwickelten Komponenten erläutert. Es wird gezeigt, dass, obwohl die Prozessstruktur mit bereits bekannten Topologien und Systemen vergleichbar ist, sich der auftragsorientierte Ansatz signifikant vom Informationsfluss in sensororientierten Systemen unterscheidet.

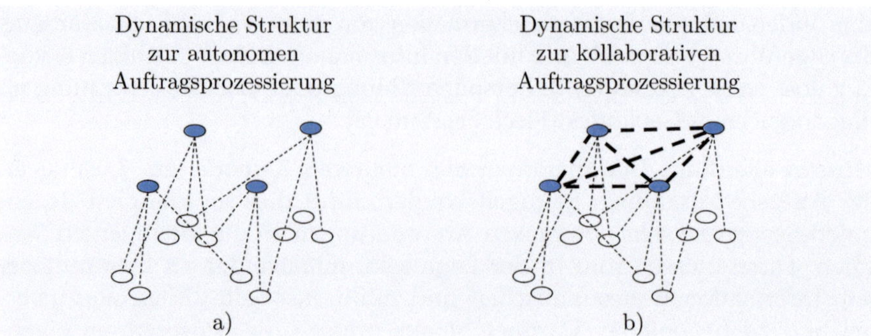

Abb. 2.2. Die auftragsorientierte Netzwerktopologie ist primär gekennzeichnet durch die dynamische Verknüpfung zwischen Sensor- und Verarbeitungsknoten. In der komplett autonomen Variante (links) ist eine Kommunikation zwischen den Auftragsprozessen (in blau) nicht vorgesehen. In der kollaborativen Variante hingegen (rechts) ist ein Informationsaustausch zwischen Auftragsprozessen möglich.

2.2 Einführung der auftragsorientierte Organisation

Die auftragsorientierte Organisation stellt ein neues logisches Paradigma dar, welches auf physikalisch bewährten Netzwerktopologien basiert. Für jedes relevante Objekt bzw. für jeden Analyseauftrag wird hierbei ein autonomer Prozess mit einer dedizierten Auswertungsaufgabe versehen und dieser dann als neuer Verarbeitungsknoten in die Netzwerkstruktur eingefügt. Daraus ergibt sich auf logischer Ebene eine dynamische Netzwerkstruktur, in welcher Objekte oder Aufträge als autonome Verarbeitungsknoten auftreten. Diese Topologie ist in Abbildung 2.2a schematisch dargestellt. 2.2b zeigt eine erweiterte kollaborative Variante der auftragsorientierten Topologie, welche als eine *Flat-Tree*-Struktur mit dynamischen Verknüpfungen beschrieben werden kann.

Jeder auftragsorientierte Verarbeitungsknoten verfolgt hierbei das Ziel, die aufgetragene Aufgabe bestmöglich zu erfüllen. Um dieses Ziel zu erreichen, agiert er komplett autonom und strebt durch Auswertung von vorhandenem a-priori-Wissen und dynamisch gewonnener, lokaler Informationen nach einer zielgerichteten lokalen Organisation zur Informationsgewinnung. Der auftragsorientierte Verarbeitungsknoten versucht dabei, selbstständig diejenigen Sensoren zu ermitteln, die für die Erfüllung der zugeordneten Aufgabe entweder notwendig sind oder sich im Falle einer Redundanz am besten hierfür eignen.

Ein weiterer Schwerpunkt bei der Konzeption der auftragsorientierten Videoauswertung in Sensornetzwerken besteht darin, die Ermittlung relevanter Sensoren stets durch eine lokale Analyse der vorhandenen Informationen durchzuführen. Dies ist insbesondere von Interesse, wenn der Ansatz in sehr großen Sensornetzwerken angewandt werden soll. Eine lokale Analyse vermeidet bei der Ermittlung von relevanten Sensoren, stets alle Sensoren im Netzwerk auf ihre Eignung oder Auftragsrelevanz zu überprüfen. Durch solch eine lokale Analyse und die Hinzunahme von a-priori-Wissen soll der Verarbeitungsknoten in die Lage versetzt werden, eine systematische Suche nach vorhandenen Sensoren und eine Schätzung über deren Relevanz für die aufgetragene Aufgabe effizient durchzuführen. Dieses Vorgehen lässt sich gut anhand eines Beispiels aus dem Alltag veranschaulichen, welches in der vorliegenden Arbeit als „dynamische Wegsuche durch eine bekannte Stadt" bezeichnet wird.

Man stelle sich folgende Situation vor: Eine Person befindet sich in einer ihr bekannten Stadt und möchte vom aktuellen Standort mit einem Fahrzeug zu einem bekannten Ziel gelangen. Ausgehend von dieser Situation stehen dem Fahrer drei Informationsquellen zur Verfügung. Erstens könnte der Fahrer eine Straßenkarte als Referenzinformation verwenden, wobei die Karte dem a-priori-Wissen über die Straßentopologie entspricht. Da die Stadt größtenteils bekannt ist und der Fahrer evtl. in jüngster Vergangenheit verschiedene Straßen oder Stadtteile besucht hat, kann zweitens die Erinnerung über den Zustand (z. B. Baustellen, Absperrungen etc.) dieser Straßen als Zusatzinformation verwendet werden, um die Route zu optimieren. Das Gedächtnis stellt hierbei dynamische Informationen zur Verfügung, die allerdings auch veraltet sein könnten. Die dritte Quelle ergibt sich aus der aktuellen lokalen Informationsgewinnung des Fahrers durch Messungen – d. h. durch Einsatz seiner perzeptiven Fähigkeiten – in unserem Beispiel also das, was der Fahrer vom aktuellen Standort (d. h. auch während der Fahrt) direkt beobachten kann. Steht der Fahrer beispielsweise an einer Kreuzung und entdeckt eine Behinderung, so kann dieser zum einen seine Route dynamisch anpassen und die Fahrt auf einem alternativen Weg fortsetzen und zum anderen sein Gedächtnis für zukünftige Vorhaben aktualisieren. Der Fahrer und das Fahrzeug repräsentieren somit eine bewegliche intelligente Sensorplattform, welche autonom durch lokale Informationsgewinnung auftragsorientiert handelt.

Bei der lokalen Organisation zur auftragsorientierten Auswertung von Sensornetzwerken verfolgt man den gleichen Ansatz. Der auftragsorientierte autonom agierende Verarbeitungsknoten wird bei der Initialisierung – wenn

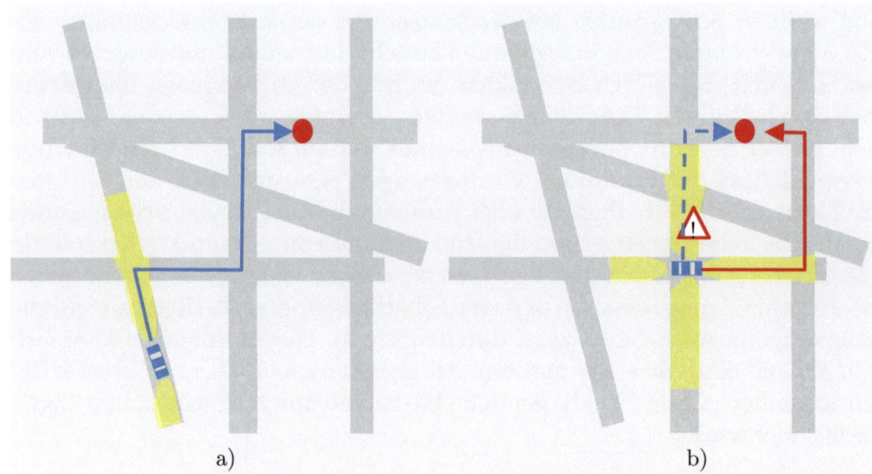

Abb. 2.3. Dynamische Wegsuche durch eine bekannte Stadt.

nötig – mit a-priori-Information ausgestattet und soll sich daraufhin selbstständig durch lokale Informationsgewinnung bzw. durch Aufbau eines Ge-
dächtnisses und auch Aktualisierung des a-priori-Wissens mit dem Ziel organisieren, die aufgetragene Aufgabe zu erfüllen.

Die objekt- und auftragsorientierte Informationsauswertung lässt sich demnach durch folgende Charakteristika zusammenfassen:

- Die auftragsorientierte Systemtopologie ist eine logische, keine physikalische Struktur.

- Verarbeitungsaufträge werden als autonome Prozesse in der logischen
  Systemtopologie dynamisch eingefügt und bauen selbstständig Verknüpfungen zu Sensorknoten auf. Dies entspricht der Organisation der Verarbeitungsknoten.

- Die Strategie bei der Organisation von Verarbeitungsgruppen, d. h. die
  Ermittlung relevanter Sensoren oder i. Allg. Informationsquellen, geschieht stets nach dem "lokalen Ansatz". Dadurch soll eine Skalierbarkeit des Systems und eine echtzeitfähige Organisation und Signalverar-
  beitung ermöglicht werden.

Im nächsten Abschnitt soll die objekt- und auftragsorientierte Selbstorganisation auf eine Architektur für verteilte Kamera-Systeme übertragen werden.
Hierbei werden die einzelnen Systemkomponenten mit entsprechenden Fä-

higkeiten ausgestattet, die das Paradigma der auftragsorientierten Auswertung und der lokalen dynamischen Organisation von Sensorclustern erfüllen.

2.3 Eine auftragsorientierte Prozessarchitektur

2.3.1 Anforderungen an die Architektur

Das Paradigma der auftragsorientierten Auswertung, wie in Abschnitt 2.2 beschrieben, impliziert bereits eine Reihe an Anforderungen. Zum einen ist durch die dedizierte Abbildung von Auswertungsaufträgen auf autonome Prozesse eine Instanz zur Initialisierung solcher Prozesse notwendig, während eine hierarchische Verwaltung durch deren Autonomie nicht erforderlich ist. Dadurch kann man die Auswertungsaufträge als dezentral agierende Prozesse verstehen. Zum anderen sollen bei der auftragsorientierten Auswertung lediglich diejenigen Sensoren ausgewertet werden, die relevant für die Erfüllung der zugeordneten Aufgabe sind oder sein könnten, wobei dies auch in sehr großen Sensornetzwerken möglich sein muss. Daraus ergeben sich weitere Anforderungen für die autonomen Auftragsprozesse, aber auch für die Sensorknoten selbst. Die autonomen Prozesse müssen in der Lage sein, selbstständig, d. h. anhand von a-priori-Wissen oder während der Laufzeit gesammelten Informationen, eine Sensorselektion durchführen zu können und dadurch dynamisch die Sensoren zu bestimmen, die für die Auswertungsaufgabe relevant sind. Des Weiteren müssen die eingesetzten Sensoren in einem großen Sensornetzwerk einen Teil der Datenanalyse übernehmen und kollaborativ mit einem oder mehreren autonomen auftragsorientierten Prozessen agieren, damit eine sinnvolle Kameraselektion durchgeführt werden kann. Aus diesen Rahmenbedingungen leiten sich für die auftragsorientierte Architektur folgende Anforderungen ab:

- Die auftragsorientierten Prozesse müssen selbstständig relevante Datenquellen (Sensorknoten) bestimmen und Informationen abrufen. Bei der Initialisierung dieser Prozesse kann optional a-priori-Information bereitgestellt werden.

- Die auftragsorientierten Prozesse müssen in der Lage sein, die angeforderten Daten auszuwerten, ggf. zu fusionieren und ihre Handlung daraus abzuleiten und zwar zielgerichtet zur Erfüllung der zugeordneten Auswertungsaufgabe.

- Die Sensorselektion und -auswertung sollten sich immer auf die relevanten Sensoren beschränken, also eine lokale Auswertung betreiben, um die allokierten Ressourcen zu minimieren und die Anwendbarkeit in großen Sensornetzwerken zu ermöglichen. Demnach muss die Architektur bzw. Kommunikationsinfrastruktur eine dynamische Adaption und Restrukturierung der Kommunikationstopologie ermöglichen bzw. zulassen.

- Zuletzt wird ein Minimum an maschineller Intelligenz in den Sensorknoten vorausgesetzt. Die Sensorknoten müssen neben der Vorverarbeitung der Sensordaten auch Informationen zum eigenen Zustand zur Verfügung stellen, welche als Entscheidungsgrundlage für die Sensorselektion der auftragsorientierten Prozesse dienen. Die dezentral verteilte Intelligenz sorgt darüber hinaus für eine Skalierbarkeit des Gesamtsystems.

Aus den hier formulierten Anforderungen wird nun eine Architektur abgeleitet, die das Paradigma der auftragsorientierten Videoauswertung für große verteilte Kameranetzwerke erfüllt.

2.3.2 Generische Systemkomponenten

Die hier vorgestellte Architektur folgt dem Leitgedanken der auftragsorientierten Daten- und Informationsauswertung, wie in Abschnitt 2.2 vorgestellt. Bei der Prozessstruktur unterscheidet man primär zwischen einer (statischen) sensororientierten Prozessebene, bestehend aus intelligenten Sensorknoten (so genannten *Intelligent Vision Platforms* oder *IVPs*), und einer (dynamischen) auftragsorientierten Ebene, bestehend aus autonomen auftragsorientierten Prozessen (*Processing Clusters* oder *PRCs*) (Abb. 2.4).

Die IVPs sind jeweils einem Sensor direkt zugeordnet und deshalb auf die Verarbeitung dieser Sensordaten spezialisiert. Um die Anforderung nach einer generischen Systemarchitektur zu erfüllen, insbesondere bzgl. der Anwendbarkeit des Systems für unterschiedliche Auswerteaufgaben, sind die IVPs als Plugin-basierte Plattformen konzipiert. Diese ermöglichen eine dynamische Aktivierung vielfältiger Analyse-Plugins (Softwaremodule), die für eine spezielle temporäre Informationsgewinnung eingesetzt werden können (z. B. Gesichtsdetektion, Bewegungsdetektion, Objektklassifikation usw.). Zur Gewährleistung der Skalierbarkeit des Systems sind die IVPs physikalisch als „intelligente Sensoren" konzipiert.

Die auftragsorientierten PRCs sind autonome Prozesse, die mit einer dedizierten Auswerteaufgabe beauftragt werden und selbstständig das Ziel ver-

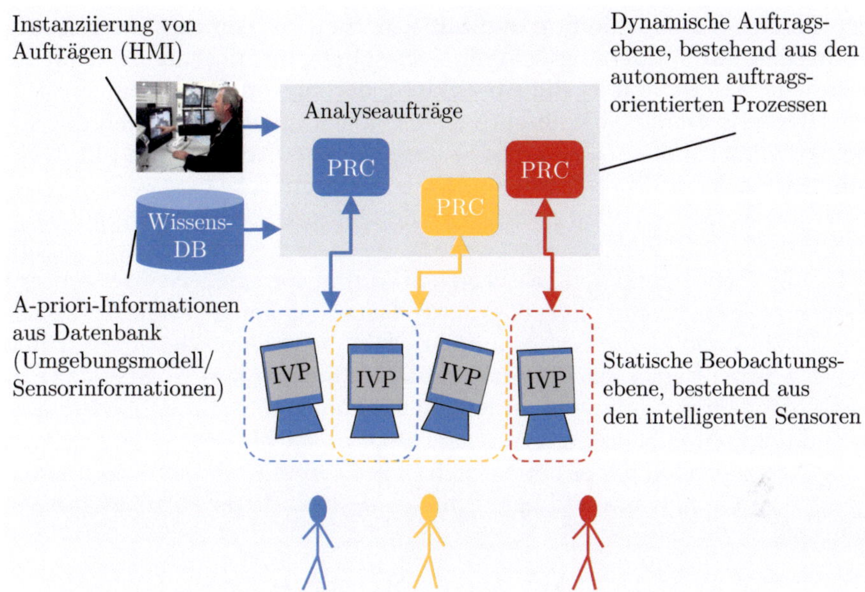

Abb. 2.4. Die auftragsorientierte Architektur besteht aus zwei logischen Ebenen: die statische Beobachtungsebene (Sensoren mit integrierten *Intelligent Vision Platforms, IVPs*) und die dynamische Auftragsebene (autonome auftragsorientierte *Processing Clusters, PRCs*).

folgen, die aufgetragene Aufgabe bestmöglich zu erfüllen. Im Gegensatz zu den IVPs sind die PRCs nicht an spezielle Sensoren gebunden, sondern prinzipiell in der Lage, multisensorielle Datenauswertung mit beliebigen Untermengen der vorhandenen Sensoren durchzuführen. Da sich die Anzahl der Aufträge über die Zeit ändern kann, z. B. wenn der Benutzer neue Analyseaufträge startet, und die Analyseaufträge in der Regel keine Daueraufträge sind, sondern eine endliche Laufzeit aufweisen, ist auch die Lebensdauer solcher PRCs begrenzt. Dies führt zu einer dynamischen Struktur der Auftragsprozessebene und Kommunikationstopologie, d. h. der Sensor-Auftrag-Zuordnung.

Die vorgestellte Architektur ist insbesondere durch die fehlende hierarchische Verwaltung der Auftragsprozesse gekennzeichnet. Während klassische Architekturen eine „oberste" Instanz sowohl zur Initialisierung und Steuerung der Auswerteprozesse als auch zur Sensor-Auftrags-Zuordnung vorsehen, ist in diesem Konzept lediglich eine Auftragsinitialisierung erforderlich. Nach der Instanziierung und Initialisierung des Auftragsprozesses (in Form eines PRCs) agiert dieser völlig selbstständig und übernimmt somit die komplette Kontrolle über die Abwicklung der zugeordneten Aufgabe und selektiert selbstständig die als auftragsrelevant ermittelten Sensoren. Die Topologie kann somit am ehesten der Klasse der *Flat-Tree*-Topologie mit dynamischer Sensor-Auftrag-Zuordnung (aus Abschnitt 2.1.1) zugeordnet werden. Eine Kommunikation zwischen Auftragsprozessen ist prinzipiell möglich, jedoch nicht zwingend notwendig, da diese komplett autonom handeln. Eine Kommunikation zwischen den Auftragsprozessen wird allerdings dann notwendig, wenn diese, eine aktive Steuerung von beweglichen Sensoren durchführen können (z. B. um ein Objekt in einem videoüberwachten Bereich durch Kameranachführung besser zu beobachten). Hierbei kann es zwischen Auftragsprozessen zu Konflikten kommen, wenn ein Sensor aufgrund der konfliktbehafteten Aufträge unterschiedlich ausgerichtet werden soll. Dieser Konflikt gilt es dann durch Inter-Prozess-Kommunikation kollaborativ zu lösen, was allerdings nicht Gegenstand dieser Forschungsarbeit sein soll.

Die Vorteile dieser Architektur sind die Skalierbarkeit sowie Robustheit im Falle von Sensorausfällen und die dynamische Rekonfigurierbarkeit von Systemkomponenten (z. B. neue Analyse-Plugins für IVPs oder Abarbeitung neuer Auftragstypen durch Hinzufügen neuer PRC-Typen). Wenn man die IVPs (Analyseplattformen) als Teil intelligenter Sensoren betrachtet, so werden lediglich zusätzliche Systemressourcen für die Auftragsebene (PRCs) benötigt. Die benötigten „zentralen" Ressourcen sind damit nicht mehr abhängig von der Größe des Sensornetzwerkes, sondern von der Anzahl der Auswerteaufträge, die zeitgleich ausgeführt werden.

Die Robustheit ist primär durch die autonome Sensorselektion eines jeden PRCs und die dynamische Rekonfiguration der Sensor-Auftrag-Zuordnung gegeben. Im Falle eines Sensorausfalls organisieren sich die autonomen PRCs selbstständig neu und versuchen, alternative Sensorknoten zur Erfüllung des Auftrags einzubinden. Ein Ausfall eines PRCs ist mit einer Terminierung eines einzelnen Auftrages verbunden, was allerdings keine Auswirkung auf andere Auftragsprozesse nach sich zieht.

Ferner sind Rekonfigurierbarkeit und Erweiterbarkeit des Systems sehr wichtige Eigenschaften für die Praxis. Diese werden zum einen dadurch erreicht, dass die Auftragsprozesse als lose gekoppelte, temporär existierende Prozesse im Sensornetzwerk angesehen werden. Dadurch können neue

PRC-Typen (bzw. neue Konfigurationen) zur Abarbeitung neuer Aufgaben jederzeit als neue Prozessinstanzen eingefügt werden.

Letztlich wird durch die statische sensororientierte Ebene intelligenter Sensoren eine Rekonfiguration oder Erweiterung der Analysefunktionalitäten durch die Plugin-Technologie ermöglicht. Neue Plugins oder Plugin-Typen können dynamisch nachgeladen werden und stehen ab diesem Zeitpunkt für zukünftige Aufträge zur Verfügung. Eine Begrenzung der simultan ausführbaren Analyse-Plugins ist alleine durch die Rechenkapazität der intelligenten Sensoren gegeben.

Im nächsten Abschnitt werden zunächst die einzelnen Systemkomponenten (IVPs und PRCs) für den Einsatz im Bereich der Multikamera-Videoüberwachung im Detail erläutert. Anschließend wird der Informationsfluss zwischen diesen Komponenten vorgestellt.

Intelligent Vision Platforms

Die *Intelligent Vision Platforms* (IVPs) sind verteilte Software-Plattformen für rekonfigurierbare, intelligente Sensoren. Diese Plattformen ermöglichen, unterschiedliche Softwaremodule (Plugins) zur Sensordatenauswertung dynamisch zu starten und zu konfigurieren. Die Plugins werden hierbei als reine sensororientierte (d. h. jeweils direkt einem Sensor zugeordnete) Informationslieferanten eingesetzt, die selbst keine Interpretation der Beobachtungen vornehmen. Sie generieren aus den Sensorrohdaten eine abstrakte Beschreibung der Szene in Form von Merkmalen und können diese dann zu Metadaten aufbereiten. Aus den Informationen eine Interpretation abzuleiten und Entscheidungen zu treffen, ist alleine den auftragsorientierten Prozessen (PRCs) vorbehalten.

Eine *Intelligent Vision Platform* ist aus drei logischen Einheiten aufgebaut (Abb.2.5):

- einem Sensor-Interface zur Akquisition der Sensorrohdaten,

- dem PRC-Interface für die Kommunikation und Metadatenaustausch mit den abonnierten Auftragsprozessen,

- der so genannten Plugin-Engine (PE).

Die Plugin-Engine ist ein modulares Software-Gerüst (Framework) zur Einkopplung vielfältiger Analysemodule mit unterschiedlichen Fähigkei-

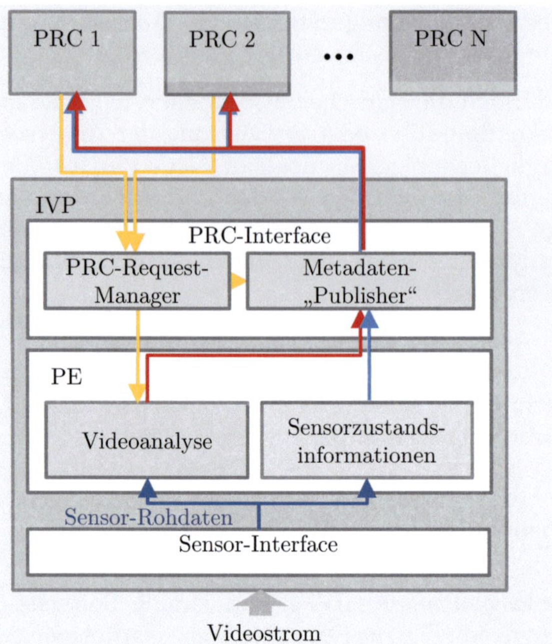

Abb. 2.5. Interne Struktur einer *Intelligent Vision Platform* (IVP).

ten. Abhängig von der verfügbaren Rechenkapazität des intelligenten Sensors und der speziellen Informationsanfrage durch einen PRC aktiviert die Plugin-Engine einen oder mehrere Analyse-plugins zur Sensordatenauswertung und Informationsextraktion. Alle aktivierten Plugins führen individuell eine Verarbeitung der Sensorrohdaten durch z. B. Objektdetektion und -lokalisierung, Merkmalsextraktion zur Beschreibung des Objektes, Objektklassifikation. Wurden einmalig Informationen aus den Sensordaten extrahiert, stehen diese allen PRCs zur Verfügung, die bei dieser IVP abonniert sind. Durch die Verfügbarmachung der Beobachtungsinformationen *on-demand* wird die Netzwerklast sehr stark reduziert und die Kommunikationsinfrastruktur dementsprechend entlastet.

Processing Cluster

Die auftragsorientierten Prozesse (*Processing Clusters* oder *PRCs*) sind die komplexesten Komponenten des Systems. PRCs sind verantwortlich für die

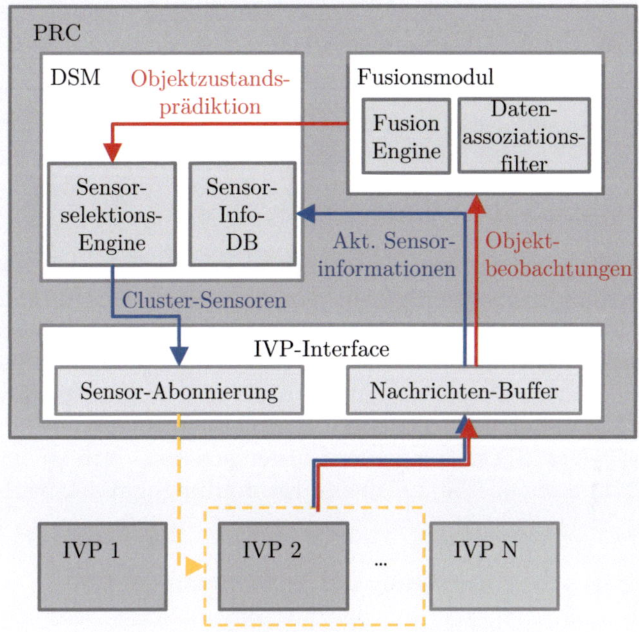

Abb. 2.6. Interne Struktur eines PRCs.

multisensorielle auftragsbezogene Informationsverarbeitung. Während die IVPs als reine Informationslieferanten zur Beschreibung der Beobachtungen auf Merkmalsebene dienen, sind die PRCs neben der eventuellen Fusion multisensorischer Daten primär für die auftragsbezogene Interpretation der Informationen verantwortlich. Die PRCs bestehen neben einer einfachen Initialisierungsschnittstelle (zur Auftragsinitialisierung) hauptsächlich aus zwei Teilmodulen – dem so genannten *dynamischen Sensor Manager* und dem *Fusionsmodul* (Abb.2.6).

Der *dynamische Sensor Manager* (DSM) ist ein unabhängiges Teilmodul zur dynamischen Selektion der auftragsrelevanten Sensoren (IVPs) für einen gegebenen Auftragszustand. Hiermit wird gewährleistet, dass ein PRC nicht alle Sensoren im Netzwerk abonnieren und demzufolge alle Beobachtungsinformationen auswerten muss, sondern sich ausschließlich auf die auftragsrelevanten Sensoren beschränken kann. Die Untermenge an Sensorknoten des Sensornetzwerkes wird als *Sensorcluster* bezeichnet. Als Eingangsgröße für den *dynamischen Sensor Manager* dient der aktuelle Auftragszustand. Als direktes Ergebnis des integrierten Sensorselektionsalgorithmus werden die Clustersensoren bzw. IVPs abonniert, die ihrerseits daraufhin Beobachtungsinformationen übermitteln.

Die Beobachtungsinformationen der Clustersensoren werden von dem *Fusionsmodul* des PRCs verarbeitet und ggf. interpretiert. Dieser ist somit in der Lage, durch die Interpretation aktueller Beobachtungen den Auftragszustand zu aktualisieren und den Kreis zur Sensorselektion zu schließen.

Die Autonomie und auftragsorientierte Organisation eines PRCs ist demnach in der Fähigkeit begründet, aus den aktuellen Beobachtungen, der Beobachtungshistorie und unter Zuhilfenahme von a-priori-Wissen die auftragsrelevanten Informationsquellen zu ermitteln und neue Beobachtungen abrufen zu können. Der Informationskreislauf – bestehend aus Beobachtungen der Clustersensoren, Datenfusion und Interpretation, Aktualisierung des Zustandes sowie Selektion neuer Clustersensoren – ermöglicht eine fortlaufende und inkrementelle Informationssammlung und -auswertung.

2.3.3 Exemplarische Ausprägung der Systemkomponenten

Nach Einführung des generischen Konzeptes für die auftragsorientierte System- und Prozessarchitektur wird nun eine ihrer speziellen Ausprägungen zur Realisierung eines Videoüberwachungssystems zur Multikamera-Personenverfolgung vorgestellt. Diese Ausprägung wurde im Rahmen des Forschungsprojektes NEST [Bauer 08, Monari 08] realisiert. Hierbei wird das Multikamera-Personentracking als ein spezieller Auftrag (somit als PRC) abgebildet. Die Durchführung der Sensordatenanalyse (Personendetektion, Segmentierung, Lokalisierung) und die Bereitstellung der benötigten Beobachtungsinformationen (Objektposition und Merkmalsextraktion zur Objektbeschreibung) obliegen den IVPs als dezentralen intelligenten Kameras.

Die Systemkomponenten müssen somit, obwohl sie in ihrer Grundstruktur identisch mit der des vorgestellten generischen Ansatzes sind, mit speziell ausgeprägten Teilmodulen bestückt werden. Für die IVPs werden Analyse-Plugins bereitgestellt, die auf die Detektion von Personen in Videoströmen und die Extraktion von Wiedererkennungsmerkmalen spezialisiert sind.

Der *Tracking-PRC* wird mit einem *Trackingmodul* als spezielle Ausprägung des *Fusionsmoduls* realisiert. Des Weiteren wird ein neuartiges wissensbasiertes Kameraselektionsverfahren in den *dynamischen Sensor Manager* integriert,

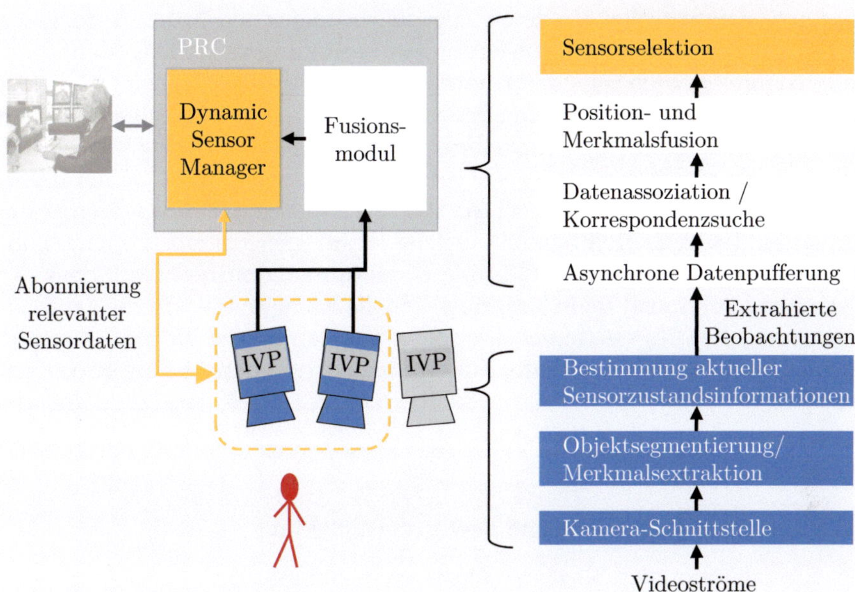

Abb. 2.7. Informationsfluss zwischen PRC und IVPs für das Multikamera-Personentracking.

um anhand des aktuellen Trackingzustands die für die Objektverfolgung relevanten Kameras zu bestimmen. Dieser wissensbasierten Kameraselektion kommt eine Schlüsselrolle bzgl. der Autonomie der auftragsorientierten Prozesse zu. Erst durch die selbstständige Ermittlung und Organisation neuer Informationsquellen ist der Einsatz der Auftragsprozesse in großen Sensornetzen möglich.

In diesem Kapitel wird zunächst der Informationsfluss bei einem Auftrag zur Multikamera-Personenverfolgung erläutert. Auf die Algorithmen zur Videoanalyse und Multikamera-Informationsfusion sowie insbesondere das neue Verfahren zur dynamischen Kameraselektion in großen Kameranetzwerken wird in den anschließenden Kapitel 3 und 4 detailliert eingegangen.

Der Informationsfluss bei der Multikamera-Personenverfolgung wird „bottom-up" oder gemäß dem Ausführungsprozess beschrieben: Zunächst besteht das System aus einer beliebigen Menge an intelligenten Kameras mit integrierten IVPs. Im Grundzustand sind alle IVPs in Betrieb und beim auftragsorientierten System registriert. Die jeweilige initiale Registrierung einer

Kamera ist notwendig, um deren Zugriffsparameter den Auftragsprozessen (PRCs) bei der Auftragsinitialisierung zur Verfügung zu stellen, damit diese mit den intelligenten Sensoren kommunizieren können. Die Registrierung ist unter anderem erforderlich, um Beobachtungsinformationen abonnieren zu können. Die Plugins auf den intelligenten Kameras können im Dauerbetrieb oder „on-demand" eingesetzt werden. Im Falle des hier eingesetzten Personendetektionsplugins wird ein Dauerbetrieb benötigt, da es sich hierbei um ein lernendes Verfahren handelt, welches kontinuierlich eine Hintergrundschätzung zur Objektsegmentierung durchführt. Dies impliziert, dass der Personendetektions-Plugin kontinuierlich die Kameravideoströme verarbeiten muss. Allerdings bedeutet eine solche kontinuierliche Videoauswertung nicht, dass auch eine dauerhafte Kommunikation mit den Auftragsprozessen existiert. Die Kommunikation mit externen Prozessen ist stets „on-demand".

Die Verarbeitungskette des eingesetzten Personendetektions-Plugins gestaltet sich wie folgt:

1. Hintergrundschätzung und Bewegungsdetektion

2. Klassifikation von bewegten Objekten (formbasiert)

3. Im Falle von positiven Klassifizierungen von Objekten als Person wird für jedes Objekt im Bild eine Objektbeschreibung extrahiert:

   - Positionsschätzung (z. B. in einem globalen Koordinaten)

   - Extraktion von Erscheinungsmerkmalen

Zusätzlich stellen die IVPs Zustandsparameter des Sensors bzw. der Sensorplattform zur Verfügung. Im Falle der intelligenten Kameras sind das

- Sensor- bzw. Kamera-ID,

- Sensor- bzw. Kamerabezeichnung,

- Zeitstempel der Beobachtung,

- Erfassungsbereich der Kamera, also das Sichtbarkeitspolygon[1] in globalen Koordinaten,

- Sensorverfügbarkeit[2],

- Parameter für den direkten Zugriff auf Videoströme zur Visualisierung und Videoarchivierung.

---

[1] Definition und Beschreibung der Sichtbarkeitspolygone folgt im Abschnitt 4.4.1.
[2] Siehe Abschnitt 4.4.1 (Sensorzustandsinformationen).

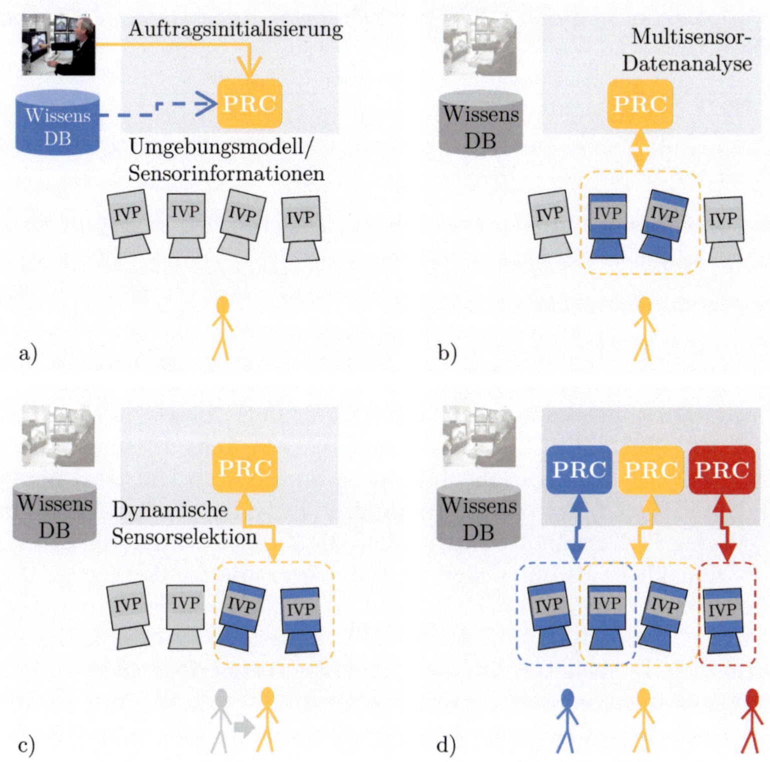

Abb. 2.8. Auftragsinstanziierung und Interprozesskommunikation.

Diese Informationen beschreiben somit – für einen Zeitpunkt t – sowohl die beobachteten Objekte in der Szene auf Merkmalsebene als auch den aktuellen Kamerazustand. Die Bedeutung der einzelenen Informationen wird im folgenden Kapitel im Detail erläutert.

Ein Trackingauftrag kann prinzipiell auf zwei Wegen gestartet werden: manuell oder automatisch. Bei der manuellen Auftragsinitialisierung startet der Benutzer mithilfe einer grafischen Schnittstelle (*Graphical User Interface, GUI*) einen neuen Überwachungsauftrag, z. B. zur Verfolgung einer Person (Abb. 2.8a). Im automatischen Fall wird dieser von einem bereits laufenden Auftrag (z. B. Auftrag zur Ereignisdetektion) gestartet. Das auftragsorientierte System erzeugt daraufhin einen neuen Auftragsprozess (PRC). Mit der Instanziierung bekommt dieser PRC a-priori-Information und Parameter übergeben, darunter:

- Auftrags-ID,

- Kommunikationsparameter zur Übermittlung von Trackingergebnissen (z. B. an der grafischen Benutzerschnittstelle),

- Kommunikationsparameter der Kameras im Sensornetzwerk (zur Abonnierung der Beobachtungsdaten) und

- Gebäude- oder Liegenschaftsmodell.

Im nächsten Schritt wird eine Auftragsinitialisierung durchgeführt, die ebenfalls manuell oder automatisch gestartet werden kann. Hierbei geht es um die Definition bzw. Selektion des zu überwachenden Objekts. In der manuellen Variante erfolgt dies über einen Mausklick auf die Person in einem Bildstrom, die man verfolgen möchte. Im automatischen Fall wird die Positionsangabe zum Objekt von einem anderen Detektionsauftrag bestimmt. Der zugehörige PRC erhält in beiden Fällen die Kamera-ID und die Pixelposition des Mausklicks als Initialisierungsparameter von der Benutzerschnittstelle übermittelt. Um das Trackingmodul im PRC initialisieren zu können, sind allerdings geometrische und erscheinungsbasierte Merkmale der Person erforderlich. Deshalb werden diese Initialisierungsinformationen an die zugehörige IVP weitergeleitet, die nun wiederum prüft, ob an dieser Position eine Person detektiert bzw. erfolgreich segmentiert worden ist. Im positiven Fall sendet die intelligente Kamera ihrerseits eine Initialisierungsnachricht an den anfragenden PRC, diesmal mit voller Objektbeschreibung, also Position im globalen Koordinatensystem, Objekterscheinung etc. Diese Informationen dienen im PRC zur Initialisierung des Trackingmoduls.

Wurde eine Initialisierung erfolgreich durchgeführt, so kann der Kreislauf zur autonomen Auftragsabwicklung, bestehend aus der dynamischen Selektion von Beobachtungsdaten, der Datenfusion und dem Tracking, beginnen (Abb. 2.8b). Die erste Objektposition wird als Initialbeobachtung interpretiert. Das Trackingmodul stellt diese somit als aktuellen Trackingzustand direkt dem *dynamischen Sensor Manager* bereit. Der DSM ermittelt anschließend anhand der Positionsinformationen die auftragsrelevanten Kameras und abonniert weitere Beobachtungsinformationen. Hierbei gelten alle Kameras als auftragsrelevant, die zur künftigen Beobachtung des Objekts Informationen beitragen könnten. Insbesondere müssen auch kurz- oder längerfristige Verdeckungen des Objekts sowie Lücken in der Kameraabdeckung berücksichtigt werden. Die auftragsrelevanten Kameras (Clustersensoren) versorgen das Trackingmodul mit neuen Objektbeobachtungen. Erst dadurch wird der Kreis des Informationsflusses geschlossen(Abb. 2.8b).

Damit das zu verfolgende Objekt auch nach einer Verdeckung mit einer der Kameras des Clusters beobachtet werden kann, muss der Sensorselektions-algorithmus garantieren, stets alle für die Wiedererkennung notwendigen Kameras zu abonnieren. Durch die begrenzten Rechenressourcen des PRCs muss die Anzahl der Sensoren des Clusters allerdings möglichst niedrig gehalten werden. Der entwickelte Algorithmus in Kapitel 4 liefert hierfür einen wissensbasierten Lösungsansatz. Des Weiteren ermöglicht dieser Algorithmus die Selektion von relevanten Kameras zur Verfolgung von Personen in einem lückenbehafteten Kameranetzwerk. Bewegt sich hierbei die zu überwachende Person aus dem Sichtbereich einer Kamera, so prädiziert das Kameraselektionsverfahren, in welchem Sichtfeld diese Person auftauchen kann (Abb. 2.8c).

Sind die Sensoren des Clusters bestimmt, übermitteln diese kontinuierlich bis zu einer Abbestellung durch den DSM alle durchgeführten Beobachtungen, also alle detektierten Objekte in der Szene. Das Trackingmodul puffert die eintreffenden Nachrichten und arbeitet diese unabhängig von der eigentlichen Informationsquelle sequenziell ab (Abb. 2.7). Für jede einzelne Beobachtung, die abhängig von der Anzahl an Personen bzw. Objekten im Sichtfeld der Kamera einen oder mehrere Objektkandidaten beinhalten kann, wird nach der besten Übereinstimmung mit dem *Objekt des Interesses* (OdI) gesucht, wobei eine Mindestschwelle überschritten werden muss (Rückweisungskriterium). Dies wird anhand des im Kapitel 3 beschriebenen Ansatzes realisiert. Gibt es eine Übereinstimmung zwischen Objektkandidat und dem OdI, wird eine Datenfusion sowie eine Aktualisierung des Zustandsschätzers durchgeführt. Der aktuelle Zustand wird unter anderem dem DSM für eine Aktualisierung des Clusters zur Verfügung gestellt.

Der beschriebene Informationsfluss wird für jeden Auftrag unabhängig durchgeführt. Für die Verfolgung mehrerer Personen z. B. existiert für jede zu überwachende Person ein zugeordneter Auftragsprozess (PRC) (Abb. 2.8d).

2.4 Schlussbetrachtungen

In diesem Kapitel wurde eine Prozessarchitektur zur multisensoriellen Daten- und Informationsauswertung vorgestellt, die alle Anforderungen für ein auftragsorientiertes System wie in Abschnitt 2.3.2 beschrieben erfüllt [Monari 10d]. Insbesondere im Hinblick auf ihre Anwendbarkeit in einem Videoüberwachungssystem wurden Systemkomponenten konzipiert und die hierfür benötigten Teilmodule vorgestellt.

Des Weiteren wurde die vorgestellte Architektur für die Anwendung der Multikamera-Objektverfolgung ausgeprägt. Dabei ist die nahtlose Verfolgung eines Individuums als Überwachungsauftrag definiert worden (siehe auch [Monari 10c, Monari 10a]). Für diese Anwendung wurden den IVPs Bildanalyse-Plugins zur Personendetektion, Objektsegmentierung und Merkmalsextraktion zur Verfügung gestellt. Die *Processing Clusters* werden wiederum mit einem Tracking-Verfahren als *Fusionsmodul* und einem speziellen Kameraselektionsverfahren als *dynamischer Sensor Manager* betrieben. Es wurde insbesondere der Informationsfluss zwischen diesen Komponenten und Teilmodulen skizziert, der ermöglichen soll, dass das Tracking-PRC mit Zuhilfenahme von a-priori-Informationen und nach einer einmaligen Objektinitialisierung – die der Auftragsinitialisierung entspricht – die Überwachungsaufgabe komplett autonom durchführen kann.

3

Multikamera-Tracking

In diesen Kapitel werden die für die Multikamera-Objektverfolgung eingesetzten Algorithmen und Verfahren vorgestellt. Diese erstrecken sich von der Beobachtungskomponente zur Objektdetektion und Merkmalsextraktion bis hin zur Multikamera-Datenassoziation und -fusion.

3.1 Motivation

Die Detektion und Verfolgung von Objekten und insbesondere Personen in Videosequenzen ist Gegenstand zahlreicher Forschungsaktivitäten. Während in den vergangenen Jahrzehnten der Fokus primär auf der Analyse von Videodaten einzelner Kameras lag, hat sich der Schwerpunkt in den letzten Jahren mehr und mehr auf die multisensorielle Auswertung verlagert. Speziell im Bereich der automatischen Videoanalyse für Überwachungsaufgaben wird seit geraumer Zeit die Objekt- oder Personenverfolgung über mehrere Kameras hinweg besonders intensiv untersucht. Hierbei gilt die kameraübergreifende Wiedererkennung und Re-Identifikation von Objekten weiterhin als größte Herausforderung.

Für diese Forschungsarbeit wurde ein Verfahren zur kameraübergreifenden Verfolgung einer Person in einem Kameranetzwerk mit überlappenden und nicht-überlappenden Sichtfeldern entwickelt, welches sowohl dem Funktionsnachweis („Proof of Concept") für die erarbeitete auftragsorientierte Systemarchitektur als auch für die entwickelten Methoden zur dynamischen Sensorselektion dienen soll.

Das im Folgenden vorgestellte Verfahren ermöglicht hierfür eine zuvor selektierte Person in einem Kameranetzwerk zu lokalisieren und zu verfolgen. Hierfür werden unter anderem Methoden zur kameraübergreifenden Korrespondenzfindung vorgestellt und evaluiert. Darüber hinaus wird anhand der eingesetzten Struktur des Multikamera-Trackerverfahrens gezeigt, dass zum einen eine Entkopplung von auftragsunabhängigen (sensororientierten) Beobachtungsprozessen (IVPs) von den auftragsorientierten Prozessen zur multisensoriellen Datenfusion (PRCs) in einer skalierbaren und praxistauglichen Form realisierbar ist. Zum anderen wird die Aufgabenstellung herangezogen, um den Einsatz der neu entwickelten Verfahren zur autonomen Organisation der auftragsorientierten PRCs (dynamische Sensorselektion) unter realen Bedingungen unter Beweis zu stellen.

Dieses Kapitel ist wie folgt strukturiert: Zunächst wird eine Übersicht zum Stand der Forschung auf dem Gebiet des Multikamera-Personentrackings gegeben. Anschließend folgt „bottom-up" die Erläuterung der Verarbeitungskette zur kameraübergreifenden Personenverfolgung, angefangen von der sensororientierten Videoanalyse durch die *Personendetektions-Plugins* bis hin zur multisensoriellen Datenassoziation und -fusion im *Tracking-PRC*. Die Kameraselektion wird dabei vernachlässigt, da sie Gegenstand des anschließenden Kapitels ist.

Schließlich wird eine quantitative Bewertung der vorgestellten Verfahren präsentiert.

3.2 Stand der Forschung

Im Bereich der Multikamera-Objektverfolgung gibt es seit Jahren eine kaum noch überschaubare Vielfalt an Forschungsaktivitäten. Diese Übersicht konzentriert sich deshalb auf diejenigen Verfahren, die mit der hier vorgestellten Anwendung des Multikamera-Personentrackings im Kontext der Videoüberwachung direkt verwandt sind.

Multikamera-Systeme zur Objektverfolgung kann man grob anhand zweier Merkmale unterscheiden: Zum einen durch die geometrische Zuordnung der Kameras zueinander – komplett disjunkte, geringfügig überlappende oder stark überlappende Sichtfelder (Field-of-Views, FoVs); zum anderen durch die Art des verfügbaren räumlichen Referenzkoordinatensystems. Diese reichen von unkalibrierten Kameras (Tracking im jeweiligen Bildkoordinatensystem), kalibrierten Kameras bzgl. mehrerer lokaler Koordinatensysteme für gemeinsame Überlappungsbereiche, bis hin zu Kameras, die bzgl. eines globalen Referenzkoordinatensystems kalibriert sind. Zur Übersicht wird hier zu den einzelnen Varianten jeweils ein Referenzsystem vorgestellt.

Eines der ersten Multikamera-Systeme zur Objektverfolgung wurde von Sato et al. [Sato 94] beschrieben. Der vorgestellte Ansatz verwendet einen Verbund aus weitgehend autonomen Einzelkamerasystemen, die sowohl disjunkte als auch überlappende Sichtbereiche haben können. Das Tracking erfolgt im Bildbereich durch Hintergrundschätzung und Segmentierung isolierter Bildregionen (*Blobs*). Die kameraübergreifende Objektzuordnung (oder Wiedererkennung) erfolgt dann anhand der Bodenposition im globalen Koordinatensystem und des ermittelten mittleren Grauwerts. Ein Umgebungsmodell wird weiter dazu verwendet, nachträglich die geschätzte Objektposition auf Konsistenz hin zu überprüfen. Der Funktionsnachweis des Systems wurde unter anderem mit der Verfolgung von zwei Personen in einem Raum mit vier Kameras nachgewiesen [Sato 94].

Ein oft zitiertes Verfahren ist das von Collins, Kanade et al. [Collins 01] vorgestellte und aus dem sogenannten VSAM-Projekt (Video Surveillance and Monitoring) hervorgegangene System. Das VSAM-System wurde vom Robotics Institute der Carnegie Mellon University in Kooperation mit der Sarnoff Corporation entwickelt und besteht aus mehreren kalibrierten Kameras sowie einem Liegenschaftsmodell. Das Ziel ist die Überwachung weiträumiger Liegenschaften durch ein System mehrerer Kameras mit komplett disjunkten Sichtfeldern. Auch dort wurden – aufbauend auf einem Hintergrundschätzungsverfahren – bewegte Objekte detektiert, segmentiert und in Personen, PKW oder LKW anhand ihrer Form und Größe klassifiziert. Die komplette Verarbeitungskette erfolgt zunächst im Bildbereich. Die Zuordnung von Objekten über mehreren Kameras wird im VSAM-Ansatz durch die Bestimmung von Farbähnlichkeiten der Objekte erreicht. Die Übergabe eines Objektes von einer Kamera zur nächsten (als *handover* oder *handoff* bezeichnet) erkennt das System anhand der Objektposition im globalen Referenzkoordinatensystem, die aus der Fußposition und einem digitalen Höhenmodell ermittelt wird.

Ein weiteres bekanntes und ebenfalls oft zitiertes Verfahren für das Multikamera-Tracking stammt von Cai and Aggarwal [Cai 99], welches nur für Kameranetzwerke mit deutlich überlappenden Sichtfeldern geeignet ist. Die Besonderheit des Ansatzes ist, dass die kameraübergreifende Korrespondenzfindung der Objekte nicht über ein gemeinsames Koordinatensystem stattfindet, sondern lediglich über eine Kalibrierung der Kameras untereinander. Daraus folgt, dass in den jeweiligen Bildbereichen die Sichtfelder überlappender Kameras bekannt sind. Dadurch lässt sich eine positionsbasierte Objektzuordnung in den jeweiligen Bildkoordinaten ableiten. Des Weiteren werden Merkmalsvektoren, welche die Grauwertverteilung der Objekte beschreiben, zur Korrespondenzfindung hinzugezogen.

Neben der reinen merkmalsbasierten Objektzuordnung stellten Khan und Shah in [Khan 03] einen alternativen Ansatz vor, um in Kamerasystemen mit überlappenden, aber nicht kalibrierten Sichtbereichen die Objektzuordnung durchzuführen. Hierfür werden die Übergabepunkte, an denen ein Objekt aus einem Kamerasichtfeld verschwindet und in einer benachbarten Kamera wieder auftaucht, detektiert und sogenannte *Field-of-View Lines* geschätzt. Von nun an können Einzelpositionen oder Einzeltrajektorien der Objekte verschiedenen Raumbereichen zugeordnet und über die Zeit zu einem Bewegungsmuster zusammengestellt werden. Durch eine Korrespondenzfindung dieser Bewegungsmuster wird die Objektzuordnung erreicht.

Der Vollständigkeit halber sei noch erwähnt, dass spezielle Systeme und Verfahren entwickelt wurden, die auf Basis von Stereokameras (bzw. Multikamera-Systemen mit geeigneten geometrischen Relationen) anhand von Tiefenkarten eine verbesserte Objektsegmentierung und Positionsschätzung erreichen.

Eine hervorragende Übersicht zahlreicher Verfahren zur Personendetektion und -verfolgung für Überwachungsaufgaben ist unter anderem in [Aghajan 09] und [Fillbrandt 07] zu finden.

3.3 Anforderungen an das Multikamera-Tracking

In den vergangenen Kapiteln der vorliegenden Arbeit wurden Rahmenbedingungen definiert, die sich direkt auf die Struktur des Multikamera-Tracking-Verfahrens auswirken. Wie bereits in Abschnitt 1.3 definiert, sollen in einem auftragsorientierten System die sensororientierten Beobachtungseinheiten, d. h. die Analysealgorithmen auf den intelligenten Kameras, keine auftragsbezogene Informationsverarbeitung vornehmen, sondern lediglich eine Beschreibung des Videoinhalts generieren. Nur so ist es möglich, die extrahierten Objektmerkmale aus Rohdaten für vielfältige Überwachungsaufgaben einsetzen zu können. Das Personentracking als eine spezielle Überwachungsaufgabe ist somit den auftragsorientierten PRCs vorbehalten. Durch diese strikte Entkopplung ergibt sich bereits der erste Unterschied zwischen dem im Folgenden vorgestellten Ansatz und den oben skizzierten Referenzsystemen. Die Videoanalyse ist so konzipiert, dass kein Objekttracking im Bildbereich, sondern lediglich ein einzelbildbasierter Detektions- und Merkmalsextraktionsschritt vorgenommen wird. Die Interpretation der Beobachtungen (also im Falle des Trackings die zeitliche Verknüpfung der Einzeldetektionen) wird vom zuständigen PRC übernommen.

Eine weitere Rahmenbedingung aus Abschnitt 1.3 ist die Skalierbarkeit und Erweiterbarkeit des Sensornetzwerkes sowie die dynamische Auftrag-Sensor-Zuordnung in u. U. großen Kamerasystemen. Um dies in der Praxis zu ermöglichen, ist es notwendig, Datenformate zu definieren, die von allen Komponenten des verteilten Sensorsystems eingehalten werden müssen. Ein gemeinsames Referenzkoordinatensystem ist insbesondere für den Austausch von geometrischen Informationen essenziell. Dies wird im einfachsten Fall durch den Einsatz von kalibrierten Kameras bzgl. eines globalen Referenzkoordinatensystems erreicht, wobei die Art der Kalibrierung (manuell, automatisch) von intelligenter Kamera zu intelligenter Kamera durchaus unterschiedlich sein kann. Wichtig ist die Beschreibung der Objektattribute in einem definierten Wertebereich. Für die geometrischen Merkmale (Position, Objektdimension etc.) dient ein globales Referenzkoordinatensystem. Für die farbbasierten Erscheinungsmerkmale ist eine Normalisierung der Farbmerkmale bzgl. eines Referenzmerkmalsraums notwendig.

Die anvisierten Ziele für das hier vorgestellte auftragsorientierte System ergeben zusätzliche Anforderungen an die Videoauswertung, die von bestehenden Systemen nur selten erfüllt wurden. Es soll explizit gezeigt werden, dass die Systemarchitektur sowie die auftragsorientierten PRCs sowohl in statischen als auch in dynamischen Kameranetzwerken – d. h. Netzwerken mit beweglichen Kameras – eingesetzt werden können. Deshalb werden neben Verfahren zur Personendetektion und Merkmalsextraktion in Videoströmen von statischen Kameras auch Verfahren zur Auswertung von Schwenk-Neige-Kameras (auch Pan/Tilt- oder PT-Kameras genannt) benötigt.

In den Folgeabschnitten wird auf die gesamte Verarbeitungskette zur Personendetektion, Objektsegmentierung und Merkmalsextraktion eingegangen, wie sie in [Monari 09b, Monari 10d, Bauer 08, Monari 08] realisiert ist. Bei dem Detektions- und Segmentierungsverfahren werden zwei Varianten vorgestellt – eine Variante für statische und eine für nachgeführte Kameras. Für statische Kameras wird ein klassisches Hintergrundschätzungsverfahren eingesetzt. Für bewegte Kameras hingegen wurde ein Verfahren zur Panoramabild-basierten Hintergrundschätzung entwickelt, welches eine

Hintergrundsubtraktion für bewegte Kameras ermöglicht. Die anschließende Merkmalsextraktion ist in beiden Varianten identisch.

Im folgenden Unterkapitel werden zunächst die Methoden zur Bewegungs- bzw. Personendetektion und Segmentierung im Detail vorgestellt. Basierend auf ermittelten Objektsegmenten werden in den anschließenden Abschnitten die extrahierten geometrischen sowie die Erscheinungsmerkmale beschrieben.

Schließlich folgt die Erläuterung des Tracking-Verfahrens. Hierbei wird insbesondere auf die kameraübergreifende Datenassoziation und -fusion eingegangen, welche vom *Trackingmodul* des PRCs durchgeführt wird.

3.4 Realisierung eines Multikamera-Tracking-Verfahrens

3.4.1 Personendetektion in Videoströmen

Bei videogestützten Überwachungsaufgaben ist die Personendetektion eine Standardaufgabe. Mit Personendetektion ist in dieser Arbeit eine Bewegungsdetektion mit Objektsegmentierung und Klassifikation des Objektes als „Person" und „nicht Person" gemeint. Die eingesetzten Detektionsverfahren sollen im Bildstrom einer Kamera die relevanten Objekte in der Szene von Störungen und nicht relevanten Bewegungen oder Änderungen (z. B. Bildschirme, automatische Türen, Bäume und Pflanzen). Man unterscheidet hierbei zwischen segmentierungsbasierten und segmentierungslosen Detektionsverfahren. Letztere sind merkmalsbasiert und bieten den Vorteil, dass Objekte direkt anhand von lokalen Merkmalen (z. B. Histogram of Gradients [Dalal 05], Form und Stereodisparitäten [Gavrila 07], Motion Patterns [Viola 03]) ohne eine vorgeschaltete Vordergrund-/Hintergrundtrennung detektiert werden können. Fakt ist allerdings, dass merkmalsbasierte Verfahren eine relativ hohe Komplexität haben und somit sehr hohe Anforderungen an die Rechenleistung stellen. Der Einsatz solcher Verfahren ist deshalb in heutigen intelligenten Kameras nur sehr eingeschränkt möglich.

Neben den merkmalsbasierten Ansätzen sind die pixelbasierten Verfahren in der Praxis sehr verbreitet. Beim Einsatz statischer Sensoren bieten sich insbesondere Hintergrundsubtraktionsverfahren mit einer nachgeschalteten Vordergrund-/Hintergrundsegmentierung bzw. -klassifikation an [Piccardi 04, Herrero 09]. Hierbei trifft man die Annahme, dass der Hintergrund anhand eines geeigneten Modells erfasst werden kann und Objekte, die nicht diesem Modell genügen, unbekannte und somit Vordergrundobjekte sind. Die meisten Hintergrundschätzungsverfahren setzten dabei eine Lernphase voraus, um die Parameter des Hintergrundmodells zu schätzen. Nach einer Initialisierungszeit bestehen dann die Herausforderungen für ein zuverlässiges System aus einer stabilen Modellaktualisierung und einer möglichst guten Segmentierung des Bildes in Vordergrund und Hintergrund. Klassische Ansätze prüfen die Grauwert- oder Farbabweichung eines jeden Pixels bzgl. des Hintergrundmodells. Überschreitet diese Abweichung einen vordefinierten Schwellwert, so wird das zugehörige Pixel als Vordergrund- bzw. Objektpixel klassifiziert (siehe Abb. 3.1). Das Ergebnis eines solchen Verfahrens ist eine Binärmaske m, welche die Zuordnung jedes Pixels $\mathbf{p} = (x, y)^T$ eines Bildes b zur Klasse Vordergrund (bzw. Objekt) oder Hintergrund einordnet:

$$m(\mathbf{p}) = \begin{cases} 0 \text{ falls } \mathbf{p} \text{ zum Hintergrund gehört} \\ 1 \text{ sonst} \end{cases} \qquad (3.1)$$

Bei nicht-statischen Sensoren, also z. B. bei Pan/Tilt/Zoom-Kameras (PTZ), ist der Einsatz von Hintergrundschätzungsverfahren schwieriger, da für eine pixelweise Klassifikation ein Vergleich zweier in der Szene korrespondierender Bildpunkte notwendig ist. Bei bewegter Kameraplattform ist diese Zuordnung durch die Kamerabewegung nicht mehr direkt gegeben und somit ist die Erstellung einer Statistik der Pixelwerte über die Zeit ohne Weiteres nicht durchführbar. Für nicht-statische Kamerasysteme findet man deshalb in der Literatur zwei alternative Ansätze: Verfahren basierend auf der Analyse von optischen Flussfeldern [Miller 08, Frietsch 07, Woelk 05] und Verfahren basierend auf bewegungskompensierter Differenzbildberechnung [Bevilacqua 06, Müller 09, Sugaya 05, Azzari 05].

Bei den flussbasierten Verfahren, welche Bewegungen innerhalb einer Sequenz von Grauwertbildern anhand von Verschiebungs- oder Flussvektoren beschreiben, lassen sich die Verschiebungsvektoren, die durch die Kamerabewegung erzeugt werden, größtenteils von denen sich bewegender Objekte im Sichtfeld unterscheiden. Ein Beispiel für die Anwendung des optischen Flusses zur Detektion bewegter Objekte im Straßenverkehr wird in [Klappstein 08] beschrieben. Hauptnachteil dieses Ansatzes ist wie bei den merkmalsbasierten Verfahren die benötigte hohe Rechenkapazität zur Berechnung eines dichten Flussfeldes.

Verfahren, welche auf bewegungskompensierten Differenzbildern basieren, erfordern hingegen deutlich weniger Rechenkapazität. Beim Verfahren von [Müller 09] z. B. werden die in einer Sequenz aufeinander folgenden Videobilder in einem ersten Schritt aufeinander registriert, um die pixelweise Zuordnung wieder herzustellen. In einem zweiten Schritt wird anhand eines Differenzbildverfahrens eine pixelbasierte Änderungsdetektion durchgeführt. Eine nachgeschaltete spezielle Objektsegmentierung sorgt dann für eine verbesserte Vorder-/Hintergrundklassifikation. Allerdings hat dieses Verfahren auch Nachteile. Die aus Differenzbildern resultierende Objektmaske ist oft sehr lückenbehaftet, und eine zuverlässige Segmentierung des Objektes (Ermittlung der Silhouette) ist sehr schwierig.

Des Weiteren haben sowohl die flussbasierten Methoden als auch die eigenbewegungskompensierten Differenzbildverfahren den Nachteil, dass nur bewegte Objekte detektiert werden können, während sich temporär nicht bewegende Objekte nicht erfasst werden können.

Im Rahmen dieser Forschungsarbeit wurde deshalb ein Algorithmus entwickelt, der auf Basis einer Eigenbewegungsschätzung bzw. einer echtzeitfähigen Bild-zu-Bild-Registrierung eine Hintergrundsubtraktion für Pan/Tilt-Kameras ermöglicht. Bei diesem Verfahren werden die in einer Bildfolge aufeinander folgenden Einzelbilder in einem ersten Schritt aufeinander registriert und zu einem sogenannten Hintergrundmosaik zusammengesetzt (Panorama-Hintergrundbild). Nach der Initialisierung des Hintergrundmosaiks folgt im Detektionsbetrieb eine Bild-zu-Hintergrundmosaik-Registrierung, um die pixelweise Zuordnung zwischen Videobild und Hintergrundmodell herzustellen. Diese Vorverarbeitung in Form von Bild-zu-Hintergrund-Registrierung ermöglicht den Einsatz eines nachgeschalteten beliebigen Hintergrundsubtraktionsverfahrens. Das Ergebnis dieses Verfahrens ist somit ebenfalls eine Binärmaske, welche nach Gleichung (3.1) jeden Bildpunkt in Objekt- und Hintergrundpixel klassifiziert.

Im Anschluss an die Objektsegmentierung (sowohl bei statischen als auch beweglichen Kameras) wird eine modellbasierte Konsistenzprüfung zur Klassifikation der detektierten Objektkandidaten in Personen bzw. nicht Personen, durchgeführt. Für die als Personen klassifizierten Objekte folgt daraufhin eine Merkmalsextraktion zur geometrischen und erscheinungsbasierten Objektbeschreibung.

Im Folgenden werden die Verfahren zur Bewegungs- bzw. Personendetektion und Segmentierung bei statischer und bewegter Kamera beschrieben.

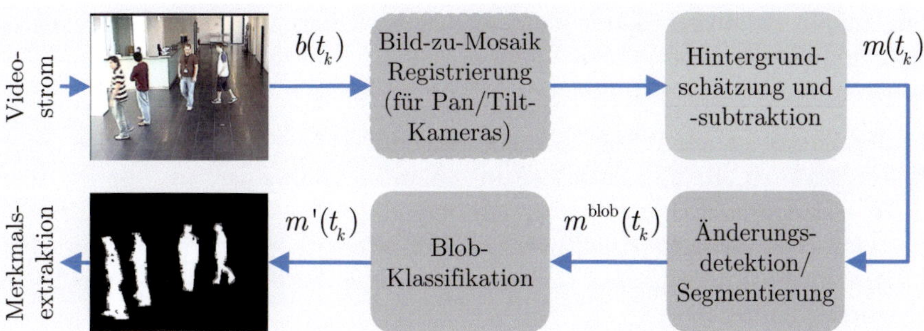

Abb. 3.1. Das realisierte Personendetektionverfahren besteht aus einem klassischen Hintergrundsubtraktionsverfahren mit anschließender Objektsegmentierung und Blobklassifikation (Person/Nicht-Person). Für Schwenk-Neige-Kameras wird eine Bild-zu-Mosaik-Registrierung vorgeschaltet, welche eine anschließende klassische Hintergrundsubtraktion auch für bewegliche Kameras ermöglicht.

Statische Kameras

Zur Hintergrundschätzung und Objektsegmentierung bei statischen Kameras wird ein Verfahren verwendet, welches sich insbesondere für den Einsatz in einer intelligenten Kamera mit begrenzter Speicher- und Rechenkapazität eignet (Abb. 3.1). Hierfür wird das Verfahren zur Hintergrundschätzung und -subtraktion nach [Manzanera 04] verwendet. Dieses Verfahren modelliert für jedes Pixel $\mathbf{p}$ und jeden Farbkanal $c \in \{R, G, B\}$ eines Bildes b die zeitliche Grauwertverteilung als Normalverteilung $\mathcal{N}(\mu, \sigma^2, t_k)$ mit einer mittleren Intensität μ und dessen Varianz σ^2.

Die Parameter des Hintergrundmodells werden fortlaufend durch das rekursive $\Sigma\Delta$-Filter geschätzt. Dieses rekursive Filter führt dazu, dass keine Zwischenspeicherung zahlreicher Videobilder (d. h. keine zeitliche Fensterung) zur Schätzung der Parameter notwendig ist. Für den ersten Verarbeitungsschritt $k = 0$ werden Anfangswerte wie folgt definiert:

$$\mu^c(\mathbf{p}) = 128$$
$$\sigma^c(\mathbf{p}) = 128$$

Für stabile Pixelwerte kann somit das Filter innerhalb von 128 Verarbeitsschritten (Videobilder) einschwingen, wobei Vordergrundsobjekte wie Personen im Bild die Einschwingzeit verzögern können.

In der Praxis ist das Filter nach 200-300 Videobildern (je nach Bildwiederholungsrate ca. 10-30 Sekunden) in einem stabilen Zustand. Für die weiteren Filterungsschritte wird für das jeweilige Pixel $\mathbf{p}$ und den Farbkanal $c \in \{R, G, B\}$ wie folgt durchgeführt (hier bezeichnet t_k den k-ten Verarbeitungsschritt zum Zeitpunkt t_k, c den jeweiligen Farbkanal und δ das Differenzbetragsbild):

$$\mu^c(\mathbf{p}, t_k) = \begin{cases} \mu^c(\mathbf{p}, t_{k-1}) + 1 \text{ falls } \mu^c(\mathbf{p}, t_{k-1}) \leq b^c(\mathbf{p}, t_k) \\ \mu^c(\mathbf{p}, t_{k-1}) - 1 \text{ sonst} \end{cases} \tag{3.2}$$

$$\delta^c(\mathbf{p}, t_k) = |\mu^c(\mathbf{p}, t_k) - b^c(\mathbf{p}, t_k)| \tag{3.3}$$

$$\sigma^c(\mathbf{p}, t_k) = \begin{cases} \sigma^c(\mathbf{p}, t_k) + 1 \text{ falls } \delta^c(\mathbf{p}, t_k) > \sigma^c(\mathbf{p}, t_{k-1}) \\ \sigma^c(\mathbf{p}, t_k) - 1 \text{ sonst} \end{cases} \tag{3.4}$$

Nach der Schätzung der mittleren Hintergrundbilder μ^c sowie der Standardabweichungsbilder σ^c wird die Binärmaske m durch pixelweise Hintergrundsubtraktion und einen dynamischen Schwellwertoperator wie folgt berechnet:

$$m(\mathbf{p}, t_k) = \begin{cases} 1 \text{ falls } \delta^R(\mathbf{p}, t_k) > \nu\sigma^R(\mathbf{p}, t_k)\vee \\ \qquad\quad\; \delta^G(\mathbf{p}, t_k) > \nu\sigma^G(\mathbf{p}, t_k)\vee \\ \qquad\quad\; \delta^B(\mathbf{p}, t_k) > \nu\sigma^B(\mathbf{p}, t_k) \\ 0 \text{ sonst} \end{cases} \tag{3.5}$$

Die dynamischen Schwellwerte $\nu\sigma^c$ ergeben sich aus der Intensitätsstandardabweichuung des Pixels, wobei ν ein Parameter für die Empfindlichkeit der Änderungsdetektion ist. Durch die dynamische Schwellwertanpassung werden Pixelregionen mit dauerhaft stark schwankenden Beleuchtungsbedingungen, hervorgerufen durch Bildstörungen oder durch einen bewegten Hintergrund, mit einem höheren Schwellwert binarisiert als solche, die eine kleine Standardabweichung der Intensitäts- bzw. Farbwerte unterliegen. Untersuchungen haben gezeigt, dass dadurch Falschalarme signifikant reduziert werden [Manzanera 04].

In [Monari 07] wird zusätzlich zum eben beschriebenen Basisverfahren von [Manzanera 04] eine Auflösungspyramide zur Binarisierung des Differenzbildes eingesetzt. Die benötigten Rechenressourcen werden dadurch deutlich reduziert, was insbesondere in Hinblick auf den Einsatz des Verfahrens auf intelligenten Kameras von Vorteil ist.

Aufbauend auf dem Maskenbild m, wird in einem zweiten Schritt ein dynamischer Rauschunterdrückungsoperator eingesetzt, welcher kleine, isolierte Pixeldetektionen unterdrückt, und eine *Connected Component Analysis (CCA)* [Stockman 01] wird durchgeführt. Bei der *CCA* werden zusammenhängende Pixelregionen mit einem eindeutigen Index versehen, um die sogenannten *Blobs* (Pixelgruppen) in ihren Formeigenschaften evaluieren zu können. Das Ergebnis ist hierbei eine *Blobmaske*

$$m^{blob} = \mathrm{CCA}(m), \tag{3.6}$$

die jedem Punkt aus der Binärmaske einen eindeutigen Objektkandidaten-Index zuordnet. Die ermittelten *Blobs* werden später einzeln auf ihre Zugehörigkeit zu modellbasierten Personenhypothesen geprüft.

Änderungs- und Bewegungsdetektion für bewegliche Kameras

Das entwickelte Personendetektionsverfahren für bewegliche Kameras verwendet als Grundlage das in [Müller 09, Krüger 01] entwickelte Verfahren zur Bild-zu-Bild-Registrierung unter Verwendung des Eigenbewegungskompensationsverfahrens $\mathrm{m}^3\mathrm{motion}^{\circledR}$[1].

Bei zwei zeitlich aufeinander folgenden Bildern $b(k)$ und $b(k-1)$ kann bei einer perspektivischen Abbildung (Loch-Kamera-Modell) die Pixel-zu-Pixel-Zuordnung durch eine Schätzung der Homographie wieder hergestellt werden [Agarwal 05]. Die hierfür benötigte Homographiematrix

$$\mathbf{H} = \begin{pmatrix} h_{11} & h_{12} & h_{13} \\ h_{21} & h_{22} & h_{23} \\ h_{31} & h_{32} & 1 \end{pmatrix}$$

wird beim $\mathrm{m}^3\mathrm{motion}^{\circledR}$-Verfahren durch einen robusten und hoch optimierten Algorithmus zur Extraktion subpixelgenauer Punktkorrespondenzen zwischen den zwei Bildern geschätzt.

---

[1] Das am Fraunhofer IOSB entwickelte $\mathrm{m}^3\mathrm{motion}$-Verfahren ermöglicht eine robuste Schätzung der projektiven Abbildung zwischen zwei aufeinander folgenden Bildern einer Bildsequenz. Typische Anwendungen von $\mathrm{m}^3\mathrm{motion}$ sind die Echtzeit-Bildstabilisierung, Video-Moving-Target-Indication und Echtzeit-Mosaiking.

Ist die Homographie bestimmt, so kann man für normalisierte homogene Pixelkoordinaten $\mathbf{p} = (x, y, 1)^T$ aus $b(k)$ das korrespondierende Pixel $\mathbf{p}' = (w'x', w'y', w')^T$ in $b(k-1)$ durch

$$\mathbf{p}' = \mathbf{H}\mathbf{p} \tag{3.7}$$

ermitteln. Die zugehörigen Pixelkoordinaten in $b(k-1)$ sind demzufolge gegeben durch $\mathbf{p}'/w' = (x', y', 1)^T$.

Ermittelt man nun für jedes aufeinander folgende Bildpaar $(b(k), b(k-1))$ die zugehörige Homographie-Matrix $\mathbf{H}_{k,k-1}$, so lässt sich auch die Homographie zwischen jedem einzelnen Videobild $b(k)$ und einem Referenzbild $b(0)$ durch Multiplikation der vorangegangenen Homographie-Matrizen schätzen, auch wenn das aktuelle Videobild keine Pixelüberlappung mit dem Referenzbild besitzt:

$$\mathbf{H}_{k,0} = \prod_{i=1}^{k} \mathbf{H}_{i,i-1} \tag{3.8}$$

Die Schätzung der Homographie-Matrix ermöglicht somit die Transformation jedes einzelnen Videobild in das Referenzkoordinatensystem des Referenzbildes $b(0)$ – im Folgenden auch Referenzpixelraster genannt. Dies erfolgt wiederum ausschließlich durch die Registrierung aufeinander folgender Videobilder.

Transformiert man alle Videobilder anhand der zugehörigen Homographie-Matrizen $\mathbf{H}_{k,0}$ in ein solches Referenzpixelraster, so erhält man ein Bild-Mosaik (Panoramabild).

Trotz subpixelgenauer Bild-zu-Bild-Registrierung des eingesetzten Verfahrens bleibt bei jeder Homographieschätzung ein Restfehler bestehen. D. h. bei jeder Multiplikation aus Gleichung 3.8 akkumuliert sich der Schätzfehler, was zur Folge hat, dass bei wachsendem zeitlichen Abstand k die Homographieschätzung immer ungenauer wird. In der Praxis erhält man bei Videosequenzen mit einer Bildwiederholungfrequenz von z. B. 10 Bildern pro Sekunde (fps) schon nach kurzer Zeit einen Registrierungsfehler von mehreren Pixeln. D. h. eine langzeitstabile Registrierung eines Videobildes bzgl. des Referenzpixelrasters, vor allem mit einer hohen Wiederholgenauigkeit, ist in dieser Form nicht möglich. Gerade die Wiederholgenauigkeit ist aber für eine langzeitstabile Hintergrundschätzung und -subtraktion notwendig.

Um eine Langzeitstabilität zu erreichen, wurde im Rahmen dieser Arbeit ein zweistufiges Verfahren entwickelt, welches in Abb. 3.2 schematisch dar-

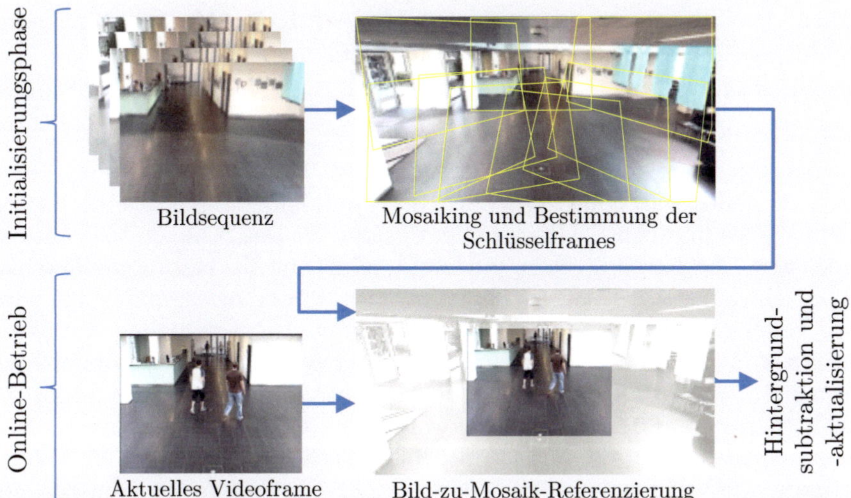

Abb. 3.2. Die Bewegungsdetektion bei bewegter Kameraplattform, basiert auf der Generierung eines Panorama-Hintergrundbildes (Hintergrundmosaik), mit anschließender Bild-zu-Mosaik-Registrierung.

gestllt wird. In einer ersten Verfahrensstufe (Initialisierung) wird ein Referenzmosaik (Panoramabild) durch die Verwendung der Homographieschätzung zwischen aufeinander folgenden Videobildern bestimmt. Das Referenzmosaik wird allerdings nicht für die Hintergrundsubtraktion eingesetzt und wird ebenfalls nicht durch neue Videobilder aktualisiert. Das Referenzmosaik dient später ausschließlich der langzeitstabilen Registrierung der Videobilder bzgl. des Referenzpixelrasters. Der Schätzfehler im Referenzpixelraster ist zwar weiterhin gegeben, allerdings bleibt dieser nach der Initialisierungsphase konstant, da die kontinuierliche Bild-zu-Bild-Registrierung nicht fortgeführt wird.

Für eine effiziente Verrechnung der anschließenden Registrierung einzelner Videobilder bzgl. des Referenzmosaiks, welches aus mehreren hundert oder tausend Einzelbildern bestehen kann, wurde eine Methode entwickelt, welche in der Initialisierungsphase das Referenzmosaik auf sogenannte Schlüsselbilder reduziert. Schlüsselbilder sind eine repräsentative Untermenge der Videobilder aus der Initialisierungsphase, die auch ohne komplette Abdeckung des Referenzpixelrasters eine Homographieschätzung neuer Videobilder durch ausreichende Überlappung (Punktkorrespondenzen) ermöglichen.

Nach der Ermittlung der Schlüsselbilder wird das Mosaik durch eine Bildmenge $\{b_0^{key}, b_1^{key}, b_2^{key}, \ldots, b_G^{key}\}$ sowie die zugehörigen Homographie-Matrizen $\{\mathbf{I}, \mathbf{H}_1^{key}, \mathbf{H}_2^{key}, \ldots, \mathbf{H}_G^{key}\}$ bezüglich des Referenzbildes b_0^{key} repräsentiert.

In den darauf folgenden Verfahrensschritten (Online-Prozessierung) werden für jedes Videobild $b(k)$ zunächst Punktkorrespondenzen zwischen dem Video- und den Schlüsselbildern bestimmt. Das Schlüsselbild mit der höchsten Überlappung zum Videobild wird für die Homographieschätzung als zuverlässig klassifiziert. Aus den Punktkorrespondenzen wird die Homographie-Matrix $\mathbf{H}_{k,s}$ mit s als Index des ermittelten Schlüsselbildes b_s^{key} bestimmt. Das Produkt aus der Matrizenmultiplikation zwischen $\mathbf{H}_{k,s}$ und $\mathbf{H}_s^{key}$ entspricht dabei $\mathbf{H}_{k,0}$ und somit einer Bild-zu-Mosaik-Registrierung auf dessen Referenzpixelraster – allerdings mit verringertem kumulierten Fehler. Auf Basis dieser Bildregistrierung wird nun ein Hintergrundmodell (Hintergrundbild) erzeugt. Die Dimension des Hintergrundbilds entspricht der des Referenzpixelrasters, welches durch die initiale Mosaikgenerierung aufgespannt wurde. Jedes einzelne Videobild trägt nun zur Schätzung des Hintergrundmodells sowie zu dessen Aktualisierung, wie in Abschnitt 3.4.1 erläutert, bei.

Für eine detailliertere Beschreibung des Verfahrens sei an dieser Stelle auf [Monari 11] verwiesen.

Modellbasierte heuristisch-probabilistische Personendetektion

Die Verarbeitungskette für die modellbasierte heuristisch-probabilistische Personendetektion setzt unabhängig vom Bewegungs- oder Änderungsdetektionsverfahren bei der Binärmaske m^{blob} an (Abb. 3.3c). Die Idee des Verfahrens ist, anhand eines einfachen geometrischen Personenmodells mehrere Blobs zu Blobkombinationen zu verknüpfen. In einem weiteren Schritt soll dann für jede Blobkombination ein Konfidenzmaß für die Übereinstimmung der Detektionen mit dem Personenmodell ermittelt werden. Hierfür wurde als einfaches geometrisches Modell für Personen eine Ellipse gewählt. Diese wurde in zahlreichen Arbeiten erfolgreich eingesetzt, um Personensilhouetten zu approximieren [Foresti 05, Cheung 00, Rougier 07]. Ziel ist es somit, Blobkombinationen zu finden, die in ihrer Form und Größe weitgehend dem ellipsenförmigen Personenmodell genügen.

Das Verfahren geht zunächst heuristisch vor: Gegeben sei eine Menge von Blobs (Pixelmengen) aus der Blobmaske m^{blob}, $\mathcal{B} = \{\mathcal{B}_1, \mathcal{B}_2, \ldots, \mathcal{B}_{M^{blob}}\}$ (in

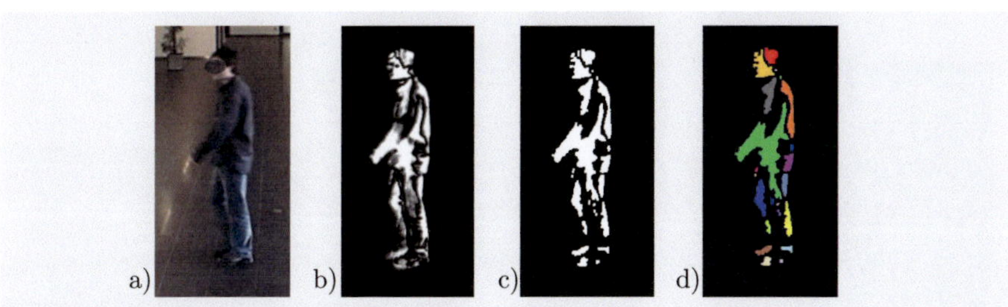

Abb. 3.3. Die pixel-basierte differenzbildbasierte Vordergrund/Hintergrund-Klassifikation (b) führt oft zu lückenbehafteten bzw. nicht zusammenhängenden Objektsilhouetten (c und d).

Abb. 3.3d und in Abb. 3.4a farbig dargestellt). Für jeden Blob werden jeweils drei Hypothesen erstellt, welche annehmen, dass der jeweilige Blob zur Kopfpartie, zum Torso oder zur Fußpartie einer sich bewegenden Person gehören kann. Diese Heuristik ist notwendig, um die Komplexität einer Ellipsenoptimierung (Ellipsenfitting) auf eine ausreichend geringe Anzahl an Ellipsenkandidaten zu reduzieren.

Die Hypothesen werden durch eine Menge an Ellipsen

$$\mathcal{H} = \{\mathbf{e}_0^{h,p}, \mathbf{e}_1^{h,p}, ..., \mathbf{e}_{M^{blobs}}^{h,p}\}$$
$$= \{(\mathbf{e}_0^{h,kopf}, \mathbf{e}_0^{h,torso}, \mathbf{e}_0^{h,fuss}),$$
$$(\mathbf{e}_1^{h,kopf}, \mathbf{e}_1^{h,torso}, \mathbf{e}_1^{h,fuss}), ...,$$
$$(\mathbf{e}_{M^{blobs}}^{h,kopf}, \mathbf{e}_{M^{blobs}}^{h,torso}, \mathbf{e}_{M^{blobs}}^{h,fuss})\}$$

beschrieben, mit

$$\mathbf{e}_n^{h,p} \in \mathcal{H} \text{ und } \mathbf{e}^h = (x_c^h, y_c^h, a_1^h, a_2^h, \phi^h)^T,$$

wobei x_c^h und y_c^h für den Mittelpunkt der Ellipse, a_1^h und a_2^h für die Längen der Halbachsen und ϕ^h für den Rotationswinkel stehen. Mit $p \in \{kopf, torso, fuss\}$ wird ein Index für die jeweilige Blobhypothese eingeführt. Der Index h kennzeichnet die Parameter als Hypothesenellipse.

Für jede Hypothese $\mathbf{e}_n^{h,p}$ werden im nächsten Schritt die Ellipsenparameter bestimmt. Das Personenmodell wurde so definiert, dass die vertikale Hauptachse der Ellipse einer Personenhöhe von 1,80 Meter entspricht, die horizontale Nebenachse der Ellipse 0,7 Meter.

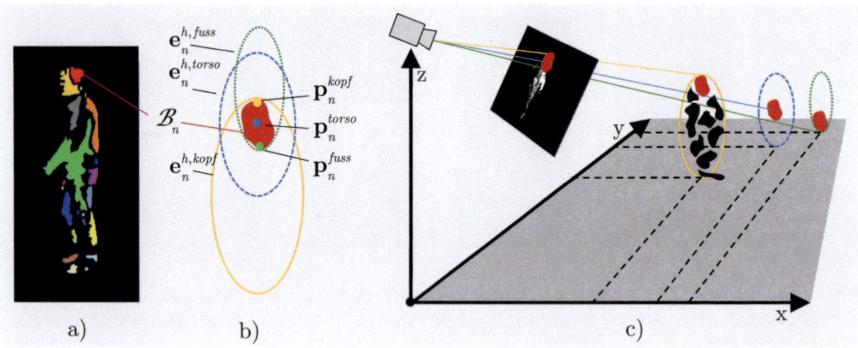

Abb. 3.4. Generierung von Objekthypothesen aus den detektierten Bewegungsblobs (Zusammenhängende Pixel aus der Vordergrundsmaske).

Für jeden Blob $\mathcal{B}_n, n \in \{1, 2, \ldots, M^{blob}\}$ wird für die „Kopf"-Hypothese $\mathbf{e}_n^{h,kopf}$, die *oberste* zugehörige Pixelposition $\mathbf{p}_n^{kopf} \in \mathcal{B}_n$ als Ansatzpunkt für die Ellipse im Bild gewählt. Für die „Torso"-Hypothese $\mathbf{e}_n^{h,torso}$, wird der Zentroid (Schwerpunkt) $\mathbf{p}_n^{torso} \in \mathcal{B}_n$ gewählt. Analog dazu wird die „Fuß"-Hypothese $\mathbf{e}_n^{h,fuss}$ anhand der *untersten* zugehörigen Pixelposition $\mathbf{p}_n^{fuss} \in \mathcal{B}_n$ für die Fußannahme verwendet, und die Ellipse entsprechend im Bild positioniert (siehe Abb. 3.4a+b).

Die Parameter für die drei Ellipsen im Bildkoordinatensystem, werden nun unter Zuhilfenahme der Kamerakalibrierung durch Schnitte der jeweiligen Sichtstrahlen, zugehörig zu Pixeln $\mathbf{p}_n^{kopf}$, $\mathbf{p}_n^{torso}$ und $\mathbf{p}_n^{fuss}$ mit den zugehörigen x/y-Ebenen im Raum, mit $z = 1,80$m für die Kopfpunkte, $z = 0,90$m für Torsopunkte und $z = 0,0$m für Fußpunkte bestimmt (Abb. 3.4c). Somit wird erreicht, dass für die jeweilige Annahme (Kopf-, Torso- und Fußblob) die perspektivische Abbildung und die damit zusammenhängende Parametrisierung des Personenmodells berücksichtigt werden.

Jede Hypothese kann nun auf Basis der vorhandenen Blobs im Bild mit einem Konfidenzmaß versehen werden. Dies erfolgt im hier vorgestellten Verfahren durch einen parametrischen Ansatz. Jeder Objekthypothese (Ellipse) werden die Blobs zugeordnet, welche sich mit ihren Pixeln zu einem Mindestanteil von 10% innerhalb der Ellipse befinden (Abb. 3.5a). Die zugeordneten Blobs werden dann als Untermengen $\mathcal{Z}_n^{kopf}, \mathcal{Z}_n^{torso}, \mathcal{Z}_n^{fuss} \subseteq \mathcal{B}$ mit der zugehörigen Hypothese verknüpft. Die Blobkombinationen $\mathcal{Z}_n^p$, mit $p \in \{kopf, torso, fuss\}$ werden anschließend ebenfalls in eine parametrische Beschreibung überführt, und als Ellipse approximiert. Diese wird durch

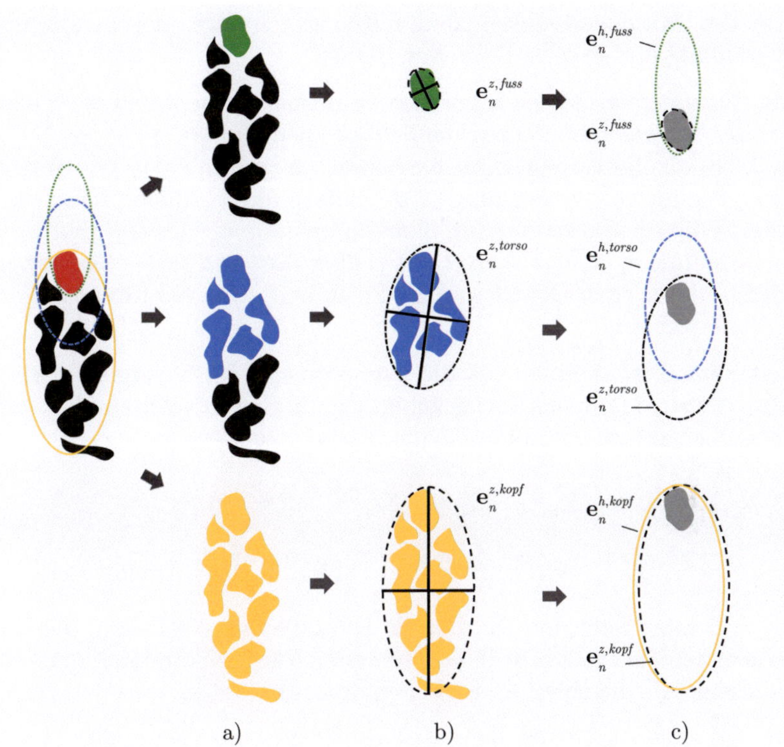

Abb. 3.5. Modellbasierte Personendetektion durch Ermittlung der Blobkombinationen, welche die Ellipsenhypothesen bestätigen.

$\mathbf{e}_n^{z,p}$ beschrieben. Der Index z kennzeichnet hierbei die Ellipse als Beobachtungsellipse (Abb. 3.4c, schwarz gestrichelt dargestellt). Die Parameter der Beobachtungsellipsen werden anhand einer Hauptachentransformation der Pixelmenge $\mathcal{Z}_n^p$ bestimmt (Abb. 3.5b).

Es folgt nun der probabilistische Teil des Personendetektionsverfahrens: Es ist bekannt, dass eine Ellipse als geometrische Repräsentation einer bivarianten Normalverteilung interpretiert werden kann [Foresti 05]. Man kann durch die Annahme, dass die Ellipse eine Isolinie der Normalverteilung repräsentiert (hier 2σ-Isolinie), die Parameter der Verteilung bestimmen:

$$\mathbf{p} = (x_c, y_c) \text{ und } \boldsymbol{\Sigma} = \frac{1}{4}\mathbf{D} \begin{pmatrix} a_1^2 & 0 \\ 0 & a_2^2 \end{pmatrix} \mathbf{D}^T, \text{ mit } \mathbf{D} = \begin{pmatrix} \cos\phi & -\sin\phi \\ \sin\phi & \cos\phi \end{pmatrix},$$

wobei $\mathbf{p}$ der Mittelwertvektor, $\mathbf{\Sigma}$ die Kovarianzmatrix der bivarianten Gaussverteilung und $\mathbf{D}$ die 2-D Drehmatrix ist.

Für eine Personenhypothese mit einem Ellipsenparametersatz $\mathbf{e}_n^{h,p}$ wird die daraus abgeleitete Wahrscheinlichkeitsdichtefunktion $h_n^p(x,y) = \mathcal{N}(\mathbf{p}_n^{h,p}, \mathbf{\Sigma}_n^{h,p})$ als die Wahrscheinlichkeitsbeschreibung für das Vorhandensein einer Person an der Position $(x,y)^T$ interpretiert. Analog dazu werden die als Ellipsen approximierten Blobkombination $\mathbf{e}_n^{z,p}$ in eine bivariante Normalverteilung $z_n^p(x,y) = \mathcal{N}(\mathbf{p}_n^{z,p}, \mathbf{\Sigma}_n^{z,p})$ überführt und als Beobachtungs- oder Messfunktion eines Objektes an der Position $\mathbf{p}_n^{z,p}$ mit der Kovarianzmatrix $\mathbf{\Sigma}_n^{z,p}$ interpretiert.

Das Distanzmaß ist definiert als die symmetrische KL-Divergenz zweier Dichtefunktionen [Kullback 51], gegeben durch eine Objekthypothese als Wahrscheinlichkeitsdichtefunktion $h_n^p(x,y)$ und eine Messung $z_n^p(x,y)$:

$$
\begin{aligned}
\mathrm{div}_n^p(h,z) = {} & \frac{1}{2}\mathrm{spur}\left((\mathbf{\Sigma}_n^{h,p})^{-1}\mathbf{\Sigma}_n^{z,p} + (\mathbf{\Sigma}_n^{z,p})^{-1}\mathbf{\Sigma}_n^{h,p} - 2\mathbf{I} \right) + \\
& \frac{1}{2}\left(\mathbf{p}_n^{h,p} - \mathbf{p}_n^{z,p}\right)^T \left((\mathbf{\Sigma}_n^{h,p})^{-1} + (\mathbf{\Sigma}_n^{z,p})^{-1} \right) \left(\mathbf{p}_n^{h,p} - \mathbf{p}_n^{z,p}\right).
\end{aligned}
\tag{3.9}
$$

In einer vorletzten Filterung werden die Hypothesen beibehalten, die eine definierte maximale Distanz nicht überschreiten. Die Blobkombinationen haben in diesem Fall, die entsprächende Hypothese bestätigt.

Allerdings besteht die Möglichkeit, dass die Blobs einer Person Beiträge zu mehreren Hypothesen aufgrund nicht eindeutiger Abbildungen liefern. Deshalb wird in einer letzten Filterung eine Priorisierung der gültigen Hypothesen durchgeführt, sodass ein Blob nur mit einer einzigen Hypothese verknüpft wird. Die Priorisierung erfolgt nach der geometrischen Lage des Objektes relativ zur Kamera. Objekte im Vordergrund werden priorisiert, da andere möglicherweise teilverdeckt sein können. Die in einem Bild schließlich als gültig detektierten M Objektkandidaten werden im weiteren Verlauf durch die Menge $\mathcal{O} = \{O_1, O_2, \ldots, O_M\}$ beschrieben. Soll weiter ein Bezug zur i-ten Kamera hergestellt werden, so wird $\mathcal{O}_i = \{O_{i,1}, O_{i,2}, \ldots, O_{i,M_i}\}$ geschrieben.

Die Weiteren Verfahrensschritte bauen auf extrahierten und als Personenkandidaten klassifizierten Blobkombinationen auf. Diese werden durch eine überarbeitete Blobmaske m^+ analog zum Ergebnis des Hintergrundsubtraktionsverfahrens zur Verfügung gestellt.

Es soll an dieser Stelle schon einmal darauf hingewiesen werden, dass die Qualität und Leistung dieses Verarbeitungsschrittes später die Gesamtleistung des Systems durch die resultierende *Wiedererkennungswahrscheinlichkeit* direkt beeinflusst. Dieser Einfluss wird in Abschnitt 4.5.3 detailliert untersucht.

3.4.2 Merkmalsextraktion

Nach der Objektdetektion und -segmentierung gilt es in den nachfolgenden Schritten, Objektmerkmale zu extrahieren, die eine kameraübergreifende Korrespondenzfindung zwischen den Objekten ermöglichen. Hierfür werden neben geometrischen Merkmalen insbesondere Erscheinungsmerkmale in Form von Farbdeskriptoren verwendet.

Die Merkmalsextraktion baut auf der Personendetektion auf. Grundlage für die Merkmalsextraktion ist die gefilterte und überarbeitete Blobmaske m^+ aus dem Detektionsschritt. Diese Blobmaske wird wieder als Bild repräsentiert. Jedes Pixel ist durch einen Index dem Hintergrund bzw. einem detektierten Objekt zugeordnet. Die Merkmalsextraktion geht davon aus, dass ein detektiertes Objekt, in diesem Fall eine Person, im Bild ist.

Die Merkmalsextraktion ist in zwei Schritte unterteilt: eine Extraktion von Geometriemerkmalen und schließlich eine Extraktion von Erscheinungsmerkmalen.

Geometrische Merkmale

Für eine videobasierte Personenverfolgung ist die Objektposition im Referenzkoordinatensystem eines der trennungswirksamsten geometrischen Merkmale. Dies gilt insbesondere dann, wenn die Position zusätzlich mit einem Unsicherheitsfaktor versehen wird. Weitere geometrische Merkmale für die Formbeschreibung (z. B. Kontur, Objekthöhe und -breite) sind bei Verwendung einfacher Personenmodelle in einem Überwachungsszenario kaum anwendbar, da diese keine Invarianz gegenüber Sichtwinkeln aufweisen bzw. die Person kein starrer Körper mit konstanter Form ist. Um solche geometrische Merkmale robust extrahieren zu können, sind komplexe (z.B. mehrgliedrige) Personenmodelle notwendig. Zahlreiche Forschungsgruppen [Azad 04, Azad 07, Li 10, Müller 10, Wachter 99] beschäftigen sich in unterschiedlichen Anwendungsfeldern mit dieser Problematik. Die Übertragung dieser Ansätze auf die Anwendung der Videoüberwachung scheitert allerdings an dem benötigten Rechenaufwand dieser Verfahren, dem

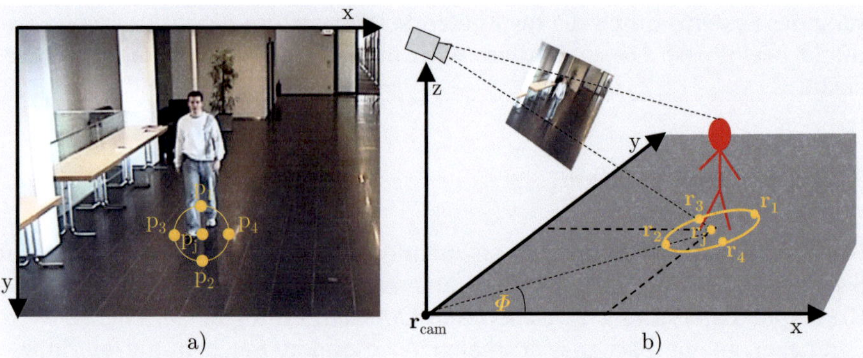

Abb. 3.6. Extraktion von Geometriemerkmalen (Objektposition und Positionsfehlerellipse).

Bedarf an Spezialsensorik (Stereo-Kameras oder PMD-Sensoren zur Generierung von Tiefeninformationen), als auch an weiteren Rahmenbedingungen wie z.B. die robuste Initialschätzung der Modellparameter. Diese Bedingungen können in der Videoüberwachungspraxis auskosten- und aufwandsgründen i. Allg. nicht erfüllt werden. Ein vielversprechendes, aber leider noch nicht ausreichend robustes Verfahren zur Generierung von invarianten mehrgliedrigen Personenmodellen wurde kürlich von Müller et Al. [Müller 10] vorgestellt. Die hierbei verwendeten *Implicit Shape Models* [Leibe 08], welche bereits erfolgreich zur Personendetektion verwendet wurden [Seemann 07, Jüngling 09], haben ihre Einsatzfähigkeit auch in Videoüberwachungsszenarien unter Beweis gestellt. Mit zukünftigen robusten und echtzeitfähigen Verfahren dieser Art wäre eine Extraktion von geometrischen soft-biometrischen Merkmalen denkbar.

Da die robuste Extraktion geometrischer Personenmerkmalen ein Forschungsgebiet für sich darstellt, und aktuell noch keine einsetzbare robuste Verfahren existieren, werden im Rahmen dieser Arbeit die geometrischen Merkmale auf die Objektposition beschränkt. Für jedes detektierte Vordergrundobjekt O_j, im Bildbereich, repräsentiert durch die Pixelmenge $\mathcal{B}_j^+ \in \mathcal{B}^+$, wird die Objektposition $\mathbf{r} = (x, y, z = 0)^T$ im Referenzkoordinatensystem durch den Schnittpunkt des Strahls des Pixel $\mathbf{p}_j$ mit der 2-D Bodenebene geschätzt (wie in Abb. 3.6 skizziert). Die hierfür benötigten intrinsischen und extrinsischen Abbildungsparameter sind durch die vorhandenen Kamerakalibrierungsdaten verfügbar.

Die Messunsicherheit wird als Fehlerellipse modelliert. Diese wird durch die Bestimmung weiterer vier Schnittpunkte $\mathbf{r}_1$, $\mathbf{r}_2$, $\mathbf{r}_3$, $\mathbf{r}_4$ approximiert, die sich aus dem Schnitt der Pixel $\mathbf{p}_1 = (x, y - \Delta y)^T$, $\mathbf{p}_2 = (x, y + \Delta y)^T$, $\mathbf{p}_3 = (x - \Delta x, y)^T$, $\mathbf{p}_4 = (x + \Delta x, y)^T$ mit der Bodenebene ergeben (Abb. 3.6b). Δx und Δy stellen hierbei die gemessene σ-Sandardabweichung des Segmentierungsfehlers in Pixel dar. Aufgrund der nicht-linearen perspektivischen Abbildung des eingesetzten Lochkameramodells zur Transformation von 3-D Punkten in die 2-D Bildebene werden die Achsen der Fehlerellipse durch $a_1 = \|\mathbf{r}_1 - \mathbf{r}_2\|/2$ und $a_2 = \|\mathbf{r}_3 - \mathbf{r}_4\|/2$ angenähert. Die Ausrichtung Φ der Fehlerellipse in der 2-D Bodenebene ist durch $\Phi = \angle(\mathbf{r}^{cam} - \mathbf{r})$ gegeben. Dabei ist $\mathbf{r}^{cam}$ die Position der beobachtenden Kamera (ebenfalls in der 2-D Bodenebene).

Bedingt durch diese Vorgehensweise ist der Segmentierungsfehler durch einen einzigen Parameter Δ darstellbar. Dieser berücksichtigt gleichzeitig Auflösungsaspekte des Objektes, die sowohl vom Abstand zwischen Kamera und Objekt als auch von der eingesetzten Kameraoptik abhängen. Ermittelt wurde der Parameter Δ statistisch. Manuell annotierte Bilddaten wurden als Grundwahrheit für die Objektsilhouetten verwendet (siehe Abschnitt 3.5.1) und mit der automatischen Segmentierung verglichen. Die mittlere σ-Standardabweichung (gemittelt über alle Kameras) betrug beim verwendeten Datensatz 15 Pixel.

Die geometrischen Merkmale zum Objekt O_j, werden zusammengefasst zu einem Merkmalsvektor: $\mathbf{f}_j^{sp} = (x_j, y_j, a_{1,j}, a_{2,j}, \Phi_j)^T$.

Lokale modellbasierte Farbnormalisierung

In Videoüberwachungssystemen mit unvollständiger Sensorabdeckung oder bedingt durch die stets vorhandenen Objektverdeckungen werden neben der Positionsschätzung weitere Objektmerkmale benötigt, die eine Wiedererkennung des Objektes nach einer erneuten Detektion ermöglichen. Typische nicht-biometrische Merkmale hierfür sind Farbdeskriptoren, anhand derer Personen aufgrund ihrer unterschiedlichen Kleidung ggf. wiedererkannt werden können. In Multikamera-Videoüberwachungssystemen ist die Bestimmung von Farbkorrespondenzen allerdings aufgrund der komplexen und meistens unbekannten Beleuchtungsbedingungen eine große Herausforderung und aus diesem Grund Gegenstand zahlreicher Forschungsaktivitäten [Colombo 08, Porikli 03, Gilbert 06, Javed 05, Javed 08, Prosser 08, Chen 08, Siebler 10].

Unabhängig von den verwendeten Farbmerkmalen und Methoden zur Korrespondenzfindung von Objekten werden bei all diesen Verfahren anhand von Statistiken über die Farbverteilungen detektierter und segmentierter Objekte in den Kamerasichtfeldern die Aufnahmecharakteristika der Kameras ermittelt. Je nach Verfahren werden aus den erstellten Statistiken die Farbverteilungen in den einzelnen Kameras normalisiert [Colombo 08] oder sogenannte *Brightness Transfer Functions* (BTFs) zwischen Kamera-Paaren bestimmt [Siebler 10].

Trotz vielversprechender Ergebnisse aus diesen Arbeiten lassen sich diese nicht mit den Rahmenbedingungen und Szenarien, welche in dieser Arbeit im Vordergrund stehen, vereinbaren. Für die Erstellung aussagekräftiger und somit zuverlässiger Statistiken ist stets eine ausreichend hohe Anzahl an Objektbeobachtungen notwendig. Deshalb sind diese Verfahren besonders in stark frequentierten Überwachungsbereichen zuverlässig einsetzbar (Bahnhöfe, Flughäfen, Shopping-Center usw.). Durch die hohe Personenfrequenz können die BTFs auch bei sich ändernder Umgebungsbeleuchtung kontinuiertlich und schnell angepasst werden. In Liegenschaften mit einem niedrigen Personenaufkommen (z. B. Bürogebäude) hingegen ist eine statistische Schätzung der Farbanpassungsparameter kaum möglich. Personenfrequenz müsste hier so hoch sein, dass witterungs- oder tageszeitbedingte als auch künstlich hervorgerufene Beleuchtungsänderungen möglichst zeitnah erfasst und kompensiert werden können. Der verfügbare Zeitintervall kann hierbei zwischen Sekunden (Einschalten künstlicher Beleuchtung, Abdeckung der Sonne durch Wolken) über Minuten (Sonnenauf- und untergang) bis zu Stunden (Tageszeit) variieren. Eine statistisch zuverlässige Beleuchtungskompensation ist also nur dann möglich, wenn innerhalb des jeweiligen Zeitintervalls, eine ausreichend hohe Anzahl an Personen kameraübergeifend erfasst werden kann (z.B. mehrere hundert Personen innerhalb einer Minute). Darüber hinaus sind diese Verfahren nur bedingt in der Lage, unterschiedliche lokale Beleuchtungsbedingungen innerhalb eines Kamerasichtfeldes zu berücksichtigen, was jedoch in zahlreichen Szenarien unabdingbar ist.

Im Rahmen dieser Forschungsarbeit wurde ein neues modellbasiertes Farbnormalisierungsverfahren entwickelt, welches unter Zuhilfenahme der bereits vorgestellten Vorder-/Hintergrundsegmentierung sowie eines zusätzlichen Schattendetektionsverfahrens (aus [Horprasert 99]) eine lokale Beleuchtungskompensation und somit eine Farbnormalisierung ermöglicht – dies unabhängig von der Personendichte im Überwachungsbereich.

Das Beleuchtungsmodell, welches hier zugrunde gelegt wird, ist eine vereinfachte Form des heuristischen Phong-Modells [Phong 75]. Dieses Modell beschreibt die durch einen Beobachter (z. B. Kamera) erfasste Lichtintensität als die Kombination aus *ambientem* und *diffusem* Licht sowie überlagerten spekularen Reflexionen (Reflexionen auf spiegelnden Oberflächen). Im verwendeten, vereinfachten Modell werden die spekularen Reflexionen vernachlässigt, da zum einen deren Berücksichtigung eine genaue Kenntnis der Objektoberflächengeometrie sowie der Position und Abstrahlcharakteristik der Lichtquellen erfodern. Zum anderen spielen spiegelnde Oberflächen in der Videoüberwachung eine untergeordnete Rolle.

Das vereinfachte Beleuchtungsmodell betrachtet die vom Sensor erfasste Lichtintensität somit lediglich als die Überlagerung von ambientem und diffusem Licht. Die Gesamtlichtintensität ist gegeben durch

$$I = I^{amb}\kappa^{amb} + I^{diff}\kappa^{diff}\cos\beta. \tag{3.10}$$

κ^{amb} beschreibt die Reflexionseigenschaften des Objektes und I^{amb} die Intensität des ambienten Lichtes. Das ambiente Licht, auch Umgebungslicht genannt, ist ungerichtet, d. h. der reflektierende Anteil des ambienten Lichtes ist diffus und unabhängig von der Position der Lichtquelle. Dadurch erzeugt das ambiente Licht eine homogene Ausleuchtung von Objekten.

Einen zweiten diffusen Anteil wird durch Reflexion eines gerichteten Lichtstrahls mit der Intensität I^{diff} auf eine matte Oberfläche mit Reflexionsfaktor κ^{diff} erzeugt, welche das einfallende Licht in alle Richtungen reflektiert (Lambertsche Charakteristik). Die Lichtintensität des reflektierenden Lichts hängt hierbei vom Einfallswinkel β ab, jedoch nicht vom Winkel des Beobachters. β ist hierbei der Winkel zwischen Normalenvektor der Oberfläche und Einheitsvektor der Richtung des einfallenden Lichtstrahls.

Übertragen auf die Problematik der Farbanpassung in Kamera-Netzwerken mit mehreren Lichtquellen sind die Beleuchtungsbedingungen zusätzlich abhängig vom Ort. Demzufolge werden die Parameter I^{amb} und I^{diff} zu Funktionen der Position **p**. Gleiches gilt für die Parameter κ^{amb} und κ^{diff}, welche die Reflektanz unterschiedlicher Objekte in der Szene beschreiben. Betrachtet man eine typische Szene in der Indoor-Videoüberwachung ohne Vordergrundobjekte, so stellt man oft fest, dass die lokalen Beleuchtungsbedingungen sich direkt auf der Bodenebene widerspiegeln, wenn die Bodenfläche eine Mindestreflektanz aufweist. Hierbei erkennt man auch den komplexen Zusammenhang der unterschiedlichen Lichtquellen, die abhängig von der Szenengeometrie von Bereich zu Bereich unterschiedlich sind.

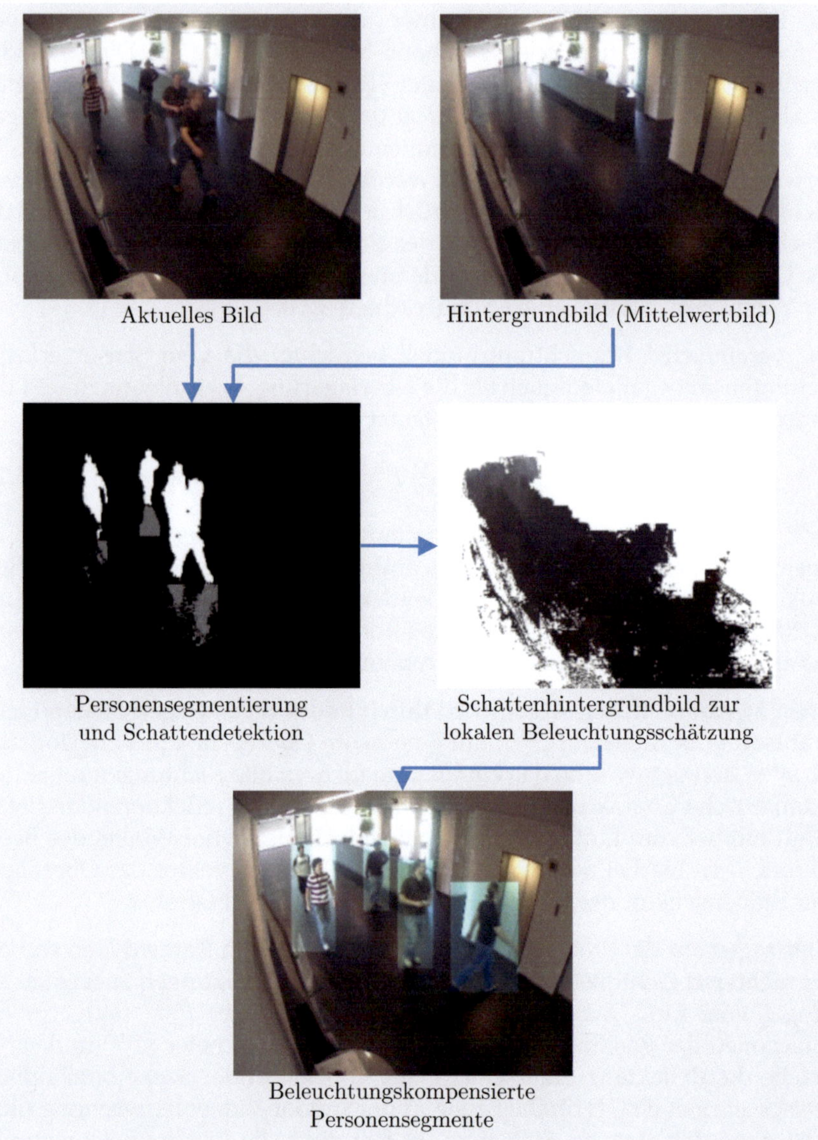

Abb. 3.7. Das Verfahren zur Beleuchtungskompensation setzt einen „bekannten Fußboden" im Überwachungsbereich voraus. Die lokalen Beleuchtungsbedingungen werden aus den lokalen Reflektionen auf die Bodenebene abgeleitet. Für die Kompensation des Gegenlichtes als Störquelle wird ein Schattendetektor eingesetzt, welcher die Generierung eines Hintergrundbildes ohne Gegenlicht ermöglicht.

Diese Abbildung der lokalen Beleuchtungsbedingungen auf der Bodenebene gilt es zunächst im Beleuchtungsmodell zu berücksichtigen.

Es wird angenommen, dass es neben einer richtungsunabhängigen ambienten Beleuchtung zwei Arten von diffus reflektierenden Lichtquellen gibt: das
Gegenlicht I^{back} und das Oberlicht I^{top}. Das Gegenlicht trifft auf der Bodenebene mit einem unbekannten Einfallswinkel β^{back} auf. Beim Oberlicht hingegen wird angenommen, dass dieses senkrecht auf die Bodenfläche trifft
($\beta^{top} = 0°$). Des Weiteren wird die Annahme getroffen, dass die Reflektanz-
charakteristik der Oberfläche für ambientes sowie diffuses Licht identisch
ist, da hierzu keinerlei Informationen verfügbar sind: $\kappa^{amb}(\mathbf{p}) = \kappa^{top}(\mathbf{p}) =
\kappa^{back}(\mathbf{p}) = \kappa(\mathbf{p})$.

Berücksichtigt man all diese Rahmenbedingungen, lässt sich für jede Kamera
i das Beleuchtungsmodell formal wie folgt beschreiben:

$$\begin{aligned}
I_i(\mathbf{p}) &= \kappa^{amb}(\mathbf{p})I_i^{amb}(\mathbf{p}) + \kappa^{top}(\mathbf{p})I_i^{top}(\mathbf{p}) + \kappa^{back}(\mathbf{p})I_i^{back}(\mathbf{p}) \cos \beta_i^{back} \\
&= \kappa(\mathbf{p}) \left(I_i^{amb}(\mathbf{p}) + I_i^{top}(\mathbf{p}) + I_i^{back}(\mathbf{p}) \cos \beta_i^{back} \right).
\end{aligned}$$
$$(3.11)$$

Da die Funktion bisher nur Lichtintensitäten berücksichtigt hat, wird das
Modell für eine Beschreibung von Farbabbildungen für die verwendeten
drei spektralen Bereichen (RGB) erweitert werden. Der Index $c \in \{R, G, B\}$
definiert den jeweiligen Farbkanal:

$$I_{c,i}(\mathbf{p}) = k_c(\mathbf{p}) \left(I_{c,i}^{amb}(\mathbf{p}) + I_{c,i}^{top}(\mathbf{p}) + I_{c,i}^{back}(\mathbf{p}) \cos \beta_i^{back} \right). \qquad (3.12)$$

Das Ziel der Farbnormalisierung (auch als *Color Constancy* bezeichnet) ist es,
von den erfassten Farbintensitäten $\mathbf{I}_i(\mathbf{p}) = (I_{R,i}(\mathbf{p}), I_{G,i}(\mathbf{p}), I_{B,i}(\mathbf{p}))^T$ in einer Kamera i auf die kameraunabhängige spektrale Reflektanz des Objektes
$\kappa(\mathbf{p})$ (Farbsignatur) zu schließen. Hierzu müssen nach Gleichung 3.12 die Intensitäten der ambienten sowie diffusen Beleuchtung geschätzt und von der
erfassten Gesamtintensität kompensiert werden. Bleibt also die Frage, wie
die Beleuchtungsintensitäten geschätzt werden können.

Die Grundlage bildet, wie bereits angedeutet, die Bodenebene im Überwachungsbereich, auf der die Personen sich bewegen. Es wird angenommen,
dass diese Bodenebene in den unterschiedlichen Kameraerfassungsberei-
chen bekannt bzw. identisch ist - sprich die Reflexionseigenschaften konstant
sind. Die Idee ist, anhand des gelernten Hintergrundbildes (aus Abschnitt
3.4.1) die durch die lokale Umgebungsbeleuchtung hervorgerufenen Farb-
veränderungen des Fußbodens zu ermitteln. Diese Farbveränderung wird

als lokale Verfälschung der Farbabbildung durch ambientes oder diffuses Licht künstlicher oder natürlicher Lichtquellen interpretiert. Geht man somit davon aus, dass der Fußboden eine ortsunabhängige und bekannte Farbe bzw. Reflektanz aufweißt, so wird $\kappa(\mathbf{p})$ durch einen konstanten Vektor κ^{boden} ersetzt. Die ambiente sowie diffuse Beleuchtung lässt sich dann als kombinierte Lichtquelle in ihrer Gesamtheit durch Division der erfassten ortsabhängigen Intensitäten $\mathbf{I}_i(\mathbf{p})$ durch die konstanten Koeffizienten aus κ^{boden} bestimmen:

$$I_{c,i}(\mathbf{p})/\kappa_c^{boden} = I_{c,i}^{amb}(\mathbf{p}) + I_{c,i}^{top}(\mathbf{p}) + I_{c,i}^{back}(\mathbf{p}) \cos \beta_{c,i}^{back}. \qquad (3.13)$$

Die im Hintergrundbild erfasste Farb- bzw. Intensitätsverteilung des Fußbodens ist allerdings nicht ohne Weiteres für eine robuste Farbnormalisierung von Personen verwendbar. Der Grund hierfür ist, dass abhängig von der erfassten Szene die Farbsignatur des Fußbodens unter anderem durch Gegenlicht beeinflusst bzw. verfälscht wird (Abb. 3.7, Hintergrundbild). Betrachtet man aber die lokalen Beleuchtungsbedingungen, wenn ein (erhabenes) Objekt wie z. B. eine Person erfasst wird, so stellt man fest, dass gerade das Gegenlicht aufgrund der Abschattung durch das Objekt selbst keine Farbverfälschung auf die zur Kamera gewandten Seite erzeugt. Gleichzeitig spiegelt sich dieser Effekt auf dem Fußboden in Form eines Schattens wider (Abb. 3.7, „Aktuelles Bild" und „Personensegmentierung"). Demzufolge spielt bei der lokalen Farbverfälschung fast ausschließlich das Oberlicht bzw. die ambiente Beleuchtung eine Rolle.

Das entwickelte Verfahren verfolgt nun das Ziel, den Einfluss des Gegenlichts auf den Fußboden im Hintergrundbild zu kompensieren. Dadurch würde die resultierende Farbabbildung lediglich unter dem Einfluss der restlichen Lichtquellen stehen, welche auch für die Verfälschung der Objektfarbsignaturen verantwortlich sind. Wie bereits erwähnt, kann man beobachten, dass im Bereich von Schatten, welche durch bewegte Objekte hervorgerufen werden, das Gegenlicht an dieser Stelle kompensiert wird. Die Idee ist nun, anhand eines Schattendetektors diese Bereiche bei sich bewegenden Objekten zu erfassen und als *Schattenhintergrundbild* kontinuierlich zu schätzen. Abb. 3.7 zeigt unter anderem ein Hintergrundbild (Mittelwertbild) sowie das entsprechende Schattenhintergrundbild. Man erkennt, dass Einflüsse durch Gegenlicht (insbesondere diffuse Reflexionen auf dem Fußboden) komplett kompensiert werden. Das resultierende Schattenhintergrundbild spiegelt nun die überwiegenden Einflüsse durch ambientes und diffuses Oberlicht wider.

Verwendet man demzufolge anstatt des Hintergrundbilds, repräsentiert durch κ^{boden}, das Schattenhintergrundbild $\kappa^{schatten}$ als beobachtete Intensitäten, so vereinfacht sich die Gleichung 3.13 zu

$$I_{c,i}(\mathbf{p})/\kappa_c^{schatten} = I_{c,i}^{amb}(\mathbf{p}) + I_{c,i}^{top}(\mathbf{p}) = I_{c,i}^{obj}(\mathbf{p}). \tag{3.14}$$

Somit erreicht man für jedes Pixel des Fußbodens eine Schätzung der lokal herrschenden Beleuchtung. Lediglich eine Trennung zwischen ambientem und diffusem Anteil ist nicht möglich, was allerdings im Kontext der Farbnormalisierung auch nicht notwendig ist. Deshalb werden sie im weiteren Verlauf als eine kombinierte Lichtquelle betrachtet $I_{c,i}^{obj}(\mathbf{p})$, welche die Farbabbildung des Objektes beeinflusst.

Die Farbnormalisierung eines Objektes findet durch Kompensation der lokalen Lichtverhältnisse statt. Ausgehend vom Fußpunkt $\mathbf{p}_j^{fuss}$ des Objektsegmentes j (wie in 3.4.2 beschrieben) werden anhand des Schattenhintergrundbilds die lokalen Beleuchtungsparameter $I_{c,i}^{obj}(\mathbf{p}_j^{fuss})$ bestimmt. Für alle Pixel des Objektblobs können nun normalisierte Farbwerte (Reflektanzkoeffizienten) wie folgt bestimmt werden:

$$\kappa_c^{obj}(\mathbf{p}) = I_{c,i}(\mathbf{p})/I_{c,i}^{obj}(\mathbf{p}_j^{fuss}) \tag{3.15}$$

Die Hoffnung ist, dass die ermittelte Farbbeschreibung des Objektes nährungsweise nicht mehr abhängig von der beobachtenden Kamera ist, was einen kameraübergreifenden Vergleich der Farbdeskriptoren ermöglicht.

Erscheinungsmerkmale

Für jeden detektierten Personenkandidaten O_j wird ein farbbasierter Deskriptor $\mathcal{D}_j^{app}$ in fünf Schritten bestimmt (Abb. 3.8): Zunächst wird der Bildbereich eines Objektes O_j, welcher durch die Pixelmenge $\mathcal{B}_j^+$ definiert ist, aus dem Videobild ausgeschnitten. Hierbei muss die Originalauflösung des Objektes eine Mindestanforderung überschreiten. Objekte mit einer zu geringen Auflösung werden verworfen, da Erscheinungsmerkmale hier nicht zuverlässig extrahiert werden können. Ist eine Mindestauflösung gegeben, wird das Objekt auf eine Referenzauflösung skaliert (Auflösungsnormalisierung). Der Skalierungsfaktor wird anhand einer Normgröße (vertikale Objektauflösung) ρ^{norm} bestimmt. Die Auflösungsnormalisierung wird durchgeführt,

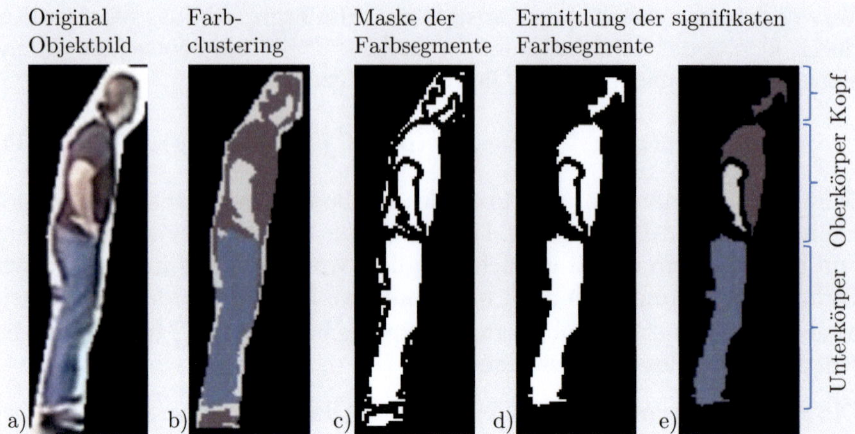

Abb. 3.8. Extraktion der Erscheinungsmerkmale (signifikante Kleidungsfarben) durch Farbraum-Clustering und Farbsegmentanalyse.

um eine effiziente Weiterverarbeitung mit konstanter Verarbeitungskomplexität und Parametrisierung zu ermöglichen. Das Ergebnis dieser Vorverarbeitung wird hier als auflösungsnormalisierter Bildausschnitt b'_j des Bildes b definiert.

Anschließend erfolgt die Farbnormalisierung anhand der im vorherigen Abschnitt vorgestellten Methode. Anhand des Schattenhintergrundbildes werden die lokalen Beleuchtungsparameter $I_c^{obj}(\mathbf{p}_j^{fuss})$ bestimmt. Der farbnormalisierte Bildausschnitt $b_j''^c$ wird durch $b_j''^c = b_j'^c / I_c^{obj}(\mathbf{p}_j^{fuss})$ definiert.

Nach der Auflösungs- und Farbnormalisierung erfolgt in einem zweiten Schritt eine Farbraumreduktion mittels eines Mean-Shift-basierten Verfahrens [Comaniciu 97]. Hierbei wird erreicht, dass die beobachteten Objektkandidaten in einer stark reduzierten Anzahl an homogen Farbsegmenten dargestellt werden. Dies entspricht einer Zerlegung des Farbraums in wenige signifikante Bereiche (Abb. 3.8b).

In einem vierten Schritt werden für alle entstandenen *Farbsegmente* die Fläche (in Pixel) und der Schwerpunkt bestimmt. Farbsegmente, die weniger als 5% der Körperfläche aufweisen, werden verworfen, da diese nicht als signifikant erachtet werden und Störungen sein könnten (Abb. 3.8d+e).

In einem letzten Schritt wird für die Erscheinungsmerkmale eine modellbasierte räumliche Klassifikation durchgeführt. Als Personenmodell wird eine einfache Unterteilung des Objektsegments in drei Teile vorgenommen: *Kopf*, *Oberkörper* und *Unterkörper*. Im Einklang mit anerkannten anthropometrischen Normen [NAS 08] wurden vom unteren Ende des Objektes beginnend die ersten 55% als *Unterkörper-*, die nächsten 30% als *Oberkörper-* und die restlichen 15% als *Kopf*-Region definiert. Die Zuordnung der als signifikant ermittelten Farbsegmente zu den zugehörigen Körperregionen erfolgt anhand des Zentroids des Farbsegmentes. Des Weiteren werden identische Farben innerhalb eines Körperbereichs zusammengefasst. Dadurch verliert man den räumlichen Bezug einzelner Farbsegmente innerhalb eines Körperbereichs, gleichzeitig erreicht man allerdings eine Invarianz des Objektes bezüglich unterschiedlicher Blickrichtungen der Kameras (Blickrichtungsinvarianz). Der Erscheinungsdeskriptor lässt sich für eine Menge an Q Farbsegmenten eines Objektes j wie folgt zusammenfassen:

$$\mathcal{D}_j^{app} = \{\mathbf{f}_{j,1}^{app}, \mathbf{f}_{j,2}^{app}, \ldots, \mathbf{f}_{j,Q}^{app}, \mathbf{\Lambda}_j\}, \tag{3.16}$$

mit

$$\mathbf{f}^{app} = (l, u, v, w, bp)^T. \tag{3.17}$$

l, u, v sind hierbei die Luminanz- und Chromatizitätswerte der homogenen Segmente im CIE *LUV* Farbraum. $w \in [0, 1]$ ist der Flächenanteil des Farbsegmentes relativ zur Fläche des Körperteils bp, und $bp \in$ {Kopf, Oberkörper, Unterkörper} ist der jeweils zugeordnete Körperteil. Der Vektor $\mathbf{\Lambda}$ beinhaltet die sogenannten Farbverteilungskoeffizienten. Diese Parameter werden für eine spätere Farbraumnormierung ermittelt. Ist der Bildausschnitt b_j'' und die zugehörige Blobmaske $\mathcal{B}_j^+$ des Objektes O_j gegeben, so wird zunächst der zugehörige Bildausschnitt b_j'' in den LUV-Farbraum transformiert. Im Anschluss werden die zusätzlichen Farbverteilungskoeffizienten jeweils für $c \in \{L, U, V\}$ durch die folgende Gleichung bestimmt:

$$\begin{aligned}
\varsigma_j^{c,pos} &= \frac{1}{|\mathcal{B}_j^{pos}| - 1} \sum_{\mathbf{p}|\mathbf{p} \in \mathcal{B}_j^{pos}} \left(b_j''^c(\mathbf{p}) - \gamma_j^c\right)^2 \\
\varsigma_j^{c,neg} &= \frac{1}{|\mathcal{B}_j^{neg}| - 1} \sum_{\mathbf{p}|\mathbf{p} \in \mathcal{B}_j^{neg}} \left(b_j''^c(\mathbf{p}) - \gamma_j^c\right)^2
\end{aligned} \tag{3.18}$$

mit

$$\gamma_j^c = \frac{1}{|\mathcal{B}_j^+|} \sum_{\mathbf{p}|\mathbf{p} \in \mathcal{B}_j^+} b_j''^c(\mathbf{p})$$

$$\mathcal{B}_j^{pos} = \{\mathbf{p} \in \mathcal{B}_j^+ | b_j''^c - \gamma_j^c > 0\}$$

$$\mathcal{B}_j^{neg} = \{\mathbf{p} \in \mathcal{B}_j^+ | b_j''^c - \gamma_j^c < 0\}.$$

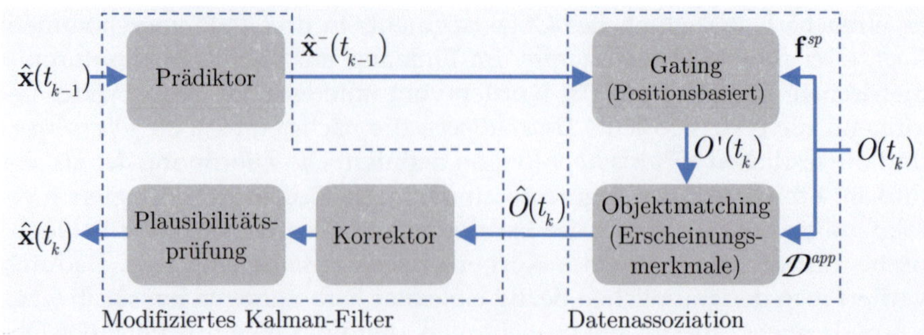

Abb. 3.9. Blockschaltbild der dem Kalman-Filter vorgeschalteten Datenassoziation-Vorstufe.

Die Koeffizienten beschreiben die vorzeichenabhängigen Varianzen der Farbwerte. Somit erhält man einen Parametersatz für jedes detektierte Objekt $\Lambda_j = (\varsigma_j^{L,pos}, \varsigma_j^{L,neg}, \varsigma_j^{U,pos}, \varsigma_j^{U,neg}, \varsigma_j^{V,pos}, \varsigma_j^{V,neg})^T$, welcher durch Mittelwerte und Varianzen die Farbverteilungscharakteristik sowie die Luminanzverteilung des Objektes beschreibt. Diese Parameter sollen bei einem späteren Vergleich von Objekten dazu eingesetzt werden, die Wertebereiche von Farbdeskriptoren zu normalisieren bzw. einander anzugleichen.

3.4.3 Sequenzielle Datenassoziation und Tracking

Aufbau des Trackingmoduls

In den vorangegangenen Abschnitten wurden die Geometrie- und Erscheinungsmerkmale vorgestellt, die von IVPs bzw. den Personendetektions-Plugins auf den intelligenten Kameras zur Beschreibung des Videoinhalts extrahiert wurden. Die Objektbeschreibungen aller detektierten Objekte stehen allen sich abonnierenden PRCs (Auftrags- oder Trackingprozesse) zur Verfügung.

Dieser Abschnitt erläutert die darauf folgende kameraübergreifende Datenassoziation und -fusion bezüglich eines vordefinierten Referenzobjektes, welches durch die Personeninitialisierung festgelegt wurde. Das Tracking-Verfahren besteht aus einem leicht modifizierten Kalman-Filter [Kalman 60] als Zustandsschätzer für die Position $\mathbf{x} = (x, y)^T$ des beobachteten Objektes mit einer vorgeschalteten positionsbasierten Gating- und einer erscheinungsbasierten Objektassoziationsstufe.

Es ist wichtig an dieser Stelle zu erwähnen, dass die in dieser Arbeit einge-setzte Datenassoziationsmethode im Gegensatz zu anderen aus der Litera-tur bekannten Verfahren eine „harte Entscheidung" bei der Zuordnung von Beobachtungen zum Zustandsschätzer durchführt. Verfahren wie u. a. das *Probabilistic Data Association Filter* (PDAF) [Bar-Shalom 88, Bar-Shalom 93], sowie das Pendant für Multi-Target-Tracking, das *Joint Probabilistic Data Association Filter* (JPDAF) [Bar-Shalom 95, Bar-Shalom 93, Bar-Shalom 88] sind dadurch gekennzeichnet, dass diese nicht lediglich einzelne harte Ent-scheidungen bei der Zuordnung von Beobachtungen durchführen, sondern anhand von Detektions- und Identitätswahrscheinlichkeiten der Beobach-tungen, eine gewichtete Zustandsschätzung erlauben. Das Ergebnis eines PDAF- bzw. JPDAF-Schrittes ist allerdings stets eine einzelne Zustands-schätzung – sprich, eine Einzelhypothese. Multi-Hypothesen-Tracker (MHT) [Reid 79] hingegen umgehen „harten Entscheidungen", indem sie temporär mehrere Track-Hypothesen verfolgen und über die Zeit entscheiden, welche Hypothese sich bestätigt und welche nicht.

Die Wahl des eingesetzten Datenassoziationsansatzes mit einer nicht pro-babilistischen harten Entscheidung wurde dennoch bewusst getroffen. Die Gründe hierfür ergeben sich zum einen aus den zuvor definierten Rah-menbedingungen für einen lokal agierenden auftragsorientierten Tracking-Prozess (siehe Abschnitte 1.1 und 1.2) und die eingesetzten Erscheinungs-merkmalen als Entscheidungsgrundlage. Zum anderen aber auch aus dem gewählten Szenario für die exemplarische Realisierung eines auftragsorien-tierten PRC.

Als exemplarische Anwendung soll ein auftragsorientierter *Single-Target-Tracker* realisiert werden, wobei die Anzahl an Personen im Überwachungs-bereich unbekannt ist. Das Vorhandensein mehrerer verfolgbarer Objekte in der Szene würde an sich den Einsatz eines JPDAF verlangen. Die unbe-kannte Anzahl von Objekten erschwert aber dessen Einsatz signifikant. Des Weiteren ist ein Multi-Target-Tracker stets mit einem sehr hohen Rechenauf-wand verbunden, was eine echtzeitfähige Realisierung eines PRCs deutlich erschwert. Es wäre allerdings denkbar in zukünftige Arbeiten den Einsatz eines „verteilten JPDAF" [Chang 95] für eine kooperative Multi-Target Ob-jektverfolgung durch mehrere PRCs zu untersuchen. Hier gilt es aber festzu-halten, dass ein JPDAF die Verfolgung aller beobachtbarer Objekte verlangt, was prinzipiell dem auftragsorientierten Ansatz widerspricht.

Der Einsatz eines modifizierten PDAF als Datenassoziationsfilter wäre ge-gebenenfalls eine Alternative zum eingesetzten Verfahren, wobei hierfür die nicht zu verfolgenden Objekte als Störungen interpretiert werden müssten. Die Positionsmessungen als Merkmale reichen für diesen Zweck allerdings nicht aus, denn auch die vorhandenen „Störobjekte" weisen eine verfolgbare Charakteristik auf (stabile Messungen, im Gegensatz zu echten Störungen). Demzufolge wären die Übereinstimmung von Erscheinungsmerkmalen zum OdI ausschlaggebend für die darauf basierende „weiche" Datenassoziation. Die hierfür benötigte probabilistische Interpretation der eingesetzten erscheinungsbasierten Übereinstimmungskoeffizienten (Distanzmaße der Farbdeskriptoren) sind nicht ohne Weiteres zu bestimmen.

Zuletzt steht der Einsatz eines MHT im Konflikt mit der hier untersuchten *lokalen* auftragsorientierten Personenverfolgung. Der lokale Ansatz (nach Absatz 1.2) verlangt, dass ausschließlich auftragsrelevante Sensoren in die Auswertung einbezogen werden, dies mit dem Ziel den Datenassoziationsfilter in großen Kameranetzwerken zu entlasten. Eine Lösung hierfür wird in Kapitel 4 vorgestellt. Einen Multi-Hypothesen-Tracker würde nun durch die Verfolgung mehrerer Tracks zu „mehreren Lokalitäten" führen, welche eine dynamische Sensorselektion pro Track-Hypothese nach sich ziehen würde. Die hierfür benötigte Rechenkapazität für einen PRC wäre dadurch unverhältnismäßig hoch und eine echtzeitfähige Realisierung wäre nicht möglich. Eine mögliche zukünftige Realisierung eines auftragsorientierten MHT könnte wieder in Form von kollaborativen selbst-organisierenden PRCs realisiert werden. Hierbei würden die Trackhypothesen neue Unteraufträge (Unter-PRCs) initialisieren, die dann allerdings nur semi-autonom agieren dürfen. Solche selbstorganisierenden Strukturen stellen aber wiederum ein eigenes Forschungsgebiet dar.

Um all diesen Rahmenbedingungen gerecht zu werden, wird eine strikt getrennte nicht-probabilisitische erscheinungsbasierte Datenassoziation eingesetzt, gekoppelt an einen Kalman-Filter als Positionsschätzer. Diese ermöglicht eine sehr effiziente Einzelobjektverfolgung, welche auch dem lokalen auftragsorientierten Gedanken folgt.

Im Folgenden werden diese Komponenten einzeln vorgestellt. Zunächst wird das modifizierte Kalman-Filter als Grundfunktionalität für das Positionstracking eingeführt. Basierend auf dem Prädiktionsschritt des Filters wird anschließend das positionsbasierte Gating kurz beschrieben. Der kritische Schritt des Tracking-Verfahrens ist allerdings die erscheinungsbasierte Datenassoziation – d. h. die eindeutige Verknüpfung von Objektbeobachtungen zum OdI. Die „Erkennung" eines beobachteten Objektes als das Gesuchte stellt weiterhin eine große Herausforderung in der Videoanalyse dar. In dieser Arbeit wird ein erscheinungsbasierter Multi-Template-Ansatz vorgestellt, um die kameraübergreifende Korrespondenzfindung (und somit Objektverfolgung) auf Basis von Farbmerkmalen exemplarisch zu realisieren. Da dieser Schritt den Kern des Verfolgungsverfahrens darstellt, wird die erscheinungsbasierte Korrespondenzfindung ausführlich behandelt.

(Modifiziertes) Kalman-Filter

Ein Kalman-Filter [Kalman 60] kann als Algorithmus verstanden werden, der die Prinzipien der Ausgleichsrechnung nach der Methode der kleinsten Quadrate auf dynamische Systeme erweitert. Geschätzt werden eine zeitvariable Zustandsgröße $\hat{\mathbf{x}}(t_k)$ und die zugehörige Schätzfehler-Kovarianzmatrix $\mathbf{P}(t_k)$ unter der Annahme, dass der stochastische Prozess durch

$$\mathbf{x}(t_k) = \mathbf{A}\mathbf{x}(t_{k-1}) + \mathbf{w}(t_{k-1}) \tag{3.19}$$

beschrieben werden kann. Die Matrix $\mathbf{A}$ ist hierbei die sogenannte „Zustandsübergangsmatrix" (das Bewegungsmodell) und $\mathbf{w}(t_k)$ ist eine die Repräsentation des Prozessrauschens. Das Prozessrauschen wird als weiß, mittelwertfrei und normalverteilt angenommen und kann durch die Dichtefunktion $\mathcal{N}(\mathbf{0}, \mathbf{Q})$ beschrieben werden. Die Kovarianzmatrix des Prozessrauschens $\mathbf{Q}$ modelliert die Unsicherheit des Dynamikmodells. Sie ist in unserem Fall abhängig vom Zeitintervall $\Delta t = t_k - t_{k-1}$ und wird deshalb im Folgenden als $\mathbf{Q}(\Delta t)$ notiert.

Neben einem Prozessmodell wird für die Objektbeobachtung (Messung) ein Beobachtungsprozess in der Form

$$\mathbf{z}(t_k) = \mathbf{H}\mathbf{x}(t_k) + \mathbf{v}(t_k) \tag{3.20}$$

angenommen. $\mathbf{z}(t_k) = (x, y)^T$ ist die indirekte und gestörte Beobachtung (oder Messung) des Objektzustandes $\mathbf{x}(t_k)$, $\mathbf{H}$ die Messmatrix und $\mathbf{v}(t_k)$ eine mittelwertfreie und normalverteilte Zufallsvariable zur Beschreibung des Messrauschens. $\mathbf{v}(t_k)$ wird als weißes Rauschen mit der Dichtefunktion $\mathcal{N}(\mathbf{0}, \mathbf{R})$ angenommen.

Da für die Personenverfolgung sowohl die Messung als auch der Objektzustand als Raumkoordinaten in der 2-D Bodenebene definiert sind, wird im Folgenden die Messmatrix der Einheitsmatrix gleichgesetzt $\mathbf{H} = \mathbf{I}$ und in der formalen Beschreibung vernachlässigt.

Bei einem Kalman-Filter lassen sich drei Phasen unterscheiden:

- Initialisierung

- Prädiktion

- Aktualisierung (auch Korrektur genannt)

Während die Initialisierung nur einmal durchlaufen wird, werden die Schritte der Prädiktion und Korrektur zyklisch durchlaufen. Man spricht daher auch von einem *Prädiktor-Korrektor*-Verfahren.

Bei der Initialisierung wird im Wesentlichen der initiale Zustand mit Anfangswerten versehen. Beim hier entwickelten Personentracking wird eine Person in einem Videostrom halb automatisch selektiert. Die Objektselektion wird vom Bediener über die Bedienoberfläche durch einen Mausklick auf die zu verfolgende Person durchgeführt. Eine automatische Objektdetektion mit zugehöriger Positionsschätzung ordnet den Mausklick dann der nächstliegenden Person im globalen Koordinatensystem zu. Die zugeordnete gültige Objektdetektion (Positionsmessung) wird als Initialzustand des übernommen:

$$\begin{aligned}
\hat{\mathbf{x}}(t_0) &= \mathbf{z}(t_0) \\
\mathbf{P}(t_0) &= \mathbf{R}(t_0).
\end{aligned} \tag{3.21}$$

$\mathbf{P}$ repräsentiert hierbei die Unsicherheit der Zustandsschätzung als Fehler-Kovarianzmatrix. Bei Eintreffen neuer Beobachtungen nach der Zeit $\Delta t = t_k - t_{k-1}$ seit der letzten Zustandsschätzung wird eine Vorhersage über den Objektzustand (hier der Objektposition) getroffen. Diese Vorhersage basiert auf dem durch die Systemmatrix $\mathbf{A}$ definierten Dynamikmodell.

Im Falle des Objekttrackings kommen für die Systemmatrix $\mathbf{A}$ Bewegungsmodelle zum Einsatz, welche die Bewegungsdynamik der zu verfolgenden Objekte wiedergeben sollen. Klassische Bewegungsmodelle basieren auf der Annahme konstanter Position (CP), konstanter Geschwindigkeit (CV) bzw. konstanter Beschleunigung (CA) [Bar-Shalom 88, Kelly 06, Welch 07]. Für die Personenverfolgung wurde das Modell der konstanten Position aus zwei Gründen gewählt. Zum einen hat sich gezeigt, dass Personenbewegungen gerade in Innenräumen kaum durch eine konstante Geschwindigkeit oder Beschleunigung zu charakterisieren sind. Personen bewegen sich mit unterschiedlichen Geschwindigkeiten, abhängig davon, ob sie den Weg kennen oder nicht. Sie bleiben abrupt stehen (z. B. um mit jemandem zu reden) oder machen auf dem Absatz kehrt, wenn sie etwas vergessen haben oder eine alternative Route nehmen möchten. Dies sind nur einige Beispiele für das stark nicht-lineare Bewegungsverhalten von Personen. Der zweite Grund für den Einsatz des CP-Modells liegt in der Anforderung für eine gültige Prädiktion der Objektposition in Gebäuden (Abb. 3.10). Diese Anforderung wird durch das in Kapitel 4 vorgestellte Verfahren zur Sensorselektion gestellt. An dieser Stelle sei nur erwähnt, dass die prädizierte Objektposition sich stets in einem gültigen Bereich des Gebäudes befinden muss (also nicht z. B. außerhalb des Gebäudes oder innerhalb von Wänden), um eine korrekte Sensorselektion durchzuführen. Diese Rahmenbedingung wird nur vom CP-Modell erfüllt.

Die Zustandsübergangsmatrix $\mathbf{A}$ für das CP-Modell und die zugehörige Kovarianzmatrix des Prozessrauschens sind wie folgt definiert:

$$\mathbf{A}^{CP} = \begin{pmatrix} 1 & 0 \\ 0 & 1 \end{pmatrix}$$

$$\mathbf{Q}^{CP}(\Delta t) = q \begin{pmatrix} \Delta t & 0 \\ 0 & \Delta t \end{pmatrix} \tag{3.22}$$

wobei q als die angenommene Bewegungsdynamik des Objektes (z. B. 2.25 m^2/s als die durchschnittliche maximale Positionsvarianz eines Fußgängers) beschreibt. Beim eingesetzten Zustandsschätzer wurde somit gemäß CP-Modell die komplette Bewegungsdynamik als Rauschen modelliert (siehe [Kelly 06]). Daraus ergibt sich nach Gleichung 3.19 und der Definition, dass das Prozessrauschen $\mathbf{w}(t_{k-1})$ durch $\mathcal{N}(\mathbf{0}, \mathbf{Q})$ beschrieben werden kann, die folgende formale Beschreibung für die Zustandsprädiktion:

$$\hat{\mathbf{x}}^-(t_k) = \mathbf{A}\hat{\mathbf{x}}(t_{k-1}) = \hat{\mathbf{x}}(t_{k-1})$$

$$\mathbf{P}^-(t_k) = \mathbf{A}\mathbf{P}(t_{k-1})\mathbf{A}^T + \mathbf{Q}(\Delta t). \tag{3.23}$$

Die Matrix $\mathbf{Q}(\Delta t)$ führt somit zu einer anwachsenden Unsicherheit über die prädizierte Zustandsschätzung $\hat{\mathbf{x}}^-(t_k)$. Diese Unsicherheit wird durch die Kovarianzmatrix $\mathbf{P}^-(t_k)$ repräsentiert. Die Annahme der konstanten Position führt dazu, dass die prädizierte Position mit der vorangegangenen Positionsschätzung identisch bleibt ($\mathbf{A} = \mathbf{I}$).

Die prädizierte Zustandsschätzung $\hat{\mathbf{x}}^-$ und die zugehörige prädizierte Fehlerkovarianz-Matrix $\mathbf{P}^-$ werden als a-priori-Schätzungen („Sollzustand") im darauf folgenden Korrekturschritt mit neuen Beobachtungen (Messungen) verglichen und zu einer neuen a-posteriori-Zustandsschätzung kombiniert (Korrektur/Update). Hier kommt die Modifikation des Kalman-Filters ins Spiel: Der klassische Korrekturschritt des Kalman-Filters besteht aus einer gewichteten Mittelung aus Prädiktion und Messung. Die Gewichtung wird hierbei durch die sogenannte *Innovation* (*Kalman-Gain*) bestimmt,

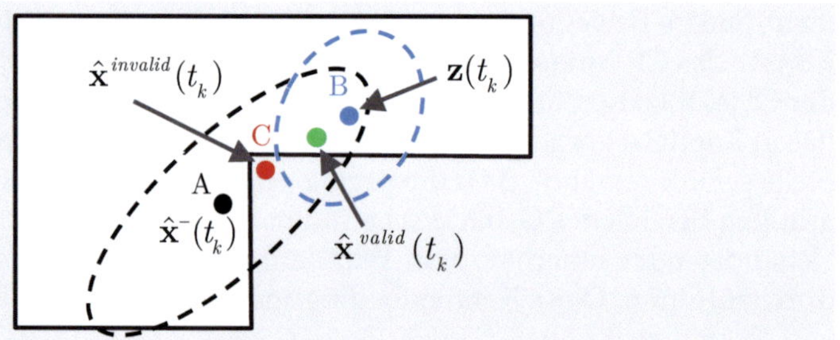

Abb. 3.10. Inkonsistente a-posteriori-Positionsschätzung in „nicht-linearen" Innenräumen.

welche sich aus den jeweiligen Unsicherheiten der Prädiktion und Messung wie folgt ergibt:

$$\mathbf{K}(t_k) = \mathbf{P}^-(t_k)\mathbf{H}^T(\mathbf{HP}^-(t_k)\mathbf{H}^T + \mathbf{R}(t_k))^{-1}. \tag{3.24}$$

Der Kalman-Gain gibt Auskunft darüber, wie das Verhältnis zwischen Unsicherheit über die prädizierte Position und die der Messung ist. Proportional zu diesem Verhältnis wird die neue Messung bei der Zustandsschätzung wie folgt berücksichtigt:

$$\hat{\mathbf{x}}(t_k) = \hat{\mathbf{x}}^-(t_k) + \mathbf{K}(t_k)\left(\mathbf{z}(t_k) - \mathbf{H}\hat{\mathbf{x}}^-(t_k)\right)$$
$$\mathbf{P}(t_k) = (\mathbf{I} - \mathbf{K}(t_k)\mathbf{H})\mathbf{P}^-(t_k) \tag{3.25}$$

Die klassische Kalman-Korrektur ist jedoch leider in einem beschränkten Wertebereich $\mathcal{X}$ (hier ein Gebäude mit physikalischen Hindernissen) nicht direkt anwendbar. Um beim Beispiel der Person, die sich in einem Gebäude bewegt, zu bleiben, könnte durch Gleichung (3.25) folgende Situation auftreten: Eine Person läuft um eine Ecke des Gebäudes, wie in Abb. 3.10 skizziert. Ist eine Prädiktion in Punkt A mit einer Unsicherheit und eine Positionsmessung B mit einer Messunsicherheit gegeben, so liegt die a-posteriori-Positionsschätzung des Kalman-Filters (mit CP-Bewegungsmodell) auf einer Position zwischen Prädiktion und Messung. Daraus folgt, dass die a-posteriori-Schätzung des Positionstrackers unter Umständen in ungültigen Bereichen liegen kann (Punkt C, d. h. außerhalb gültiger Gebäuderegionen). Eine solche Situation kann nicht nur für das Positionstracking fatal sein, sondern insbesondere für die im nächsten Kapitel vorgestellte Kameraselektion, welche Positionsschätzungen des Trackingmoduls in gültigen Gebäudebereichen voraussetzt.

Aus diesem Grund wurde eine geringfügige Modifikation des Update-Schrittes vorgenommen, welcher nun wie folgt durchgeführt wird:

$$\hat{\mathbf{x}}(t_k) = \begin{cases} \hat{\mathbf{x}}^-(t_k) + \mathbf{K}(t_k)\,(\mathbf{z}(t_k) - \mathbf{H}\hat{\mathbf{x}}^-(t_k)) \ \text{falls} \ \ \hat{\mathbf{x}}(t_k) \in \mathcal{X} \\ \mathbf{z}(t_k) \hspace{8em} \text{sonst} \end{cases}$$

$$\mathbf{P}(t_k) = \begin{cases} (\mathbf{I} - \mathbf{K}(t_k)\mathbf{H})\mathbf{P}^-(t_k) \ \text{falls} \ \ \hat{\mathbf{x}}(t_k) \in \mathcal{X} \\ \mathbf{R}(t_k) \hspace{6em} \text{sonst} \end{cases} \tag{3.26}$$

Ist $\hat{\mathbf{x}}(t_k)$ innerhalb des gültigen Wertebereichs $\mathcal{X}$, so kann ein klassischer Aktualisierungsschritt durchgeführt werden. Andernfalls wird das Kalman-Filter mit der zuletzt assoziierten Messung neu initialisiert. Durch die Tatsache, dass die Messung selbst immer in einem gültigen Bereich aufgenommen sein muss, wird die Plausibilität der Zustandsschätzung garantiert.

Gating (Vorfilterung)

Bei der Datenassoziation und Korrespondenzfindung aufeinander folgender Objektbeobachtungen spielt die Position des Objektes eine der wichtigsten Rollen. Durch die bekannte (wenn auch mit einer Unsicherheit versehenen) Positionsschätzung im vorhergehenden Trackingschritt lässt sich aufgrund der bekannten Bewegungsdynamik eines Menschen der Suchraum deutlich einschränken. Diese räumliche Fensterung wird i. Allg. als „Gating" bezeichnet, welche auch als Plausibilitätsprüfung angesehen werden kann.

Für die positionsbasierte Plausibilitätsprüfung wird in der vorliegenden Arbeit ein klassisches Verfahren basierend auf die Mahalanobis-Distanz d^{mah} eingesetzt.

Gegeben sei die Positionsprädiktion des Objektes $\hat{\mathbf{x}}^-$ und deren Kovarianzmatrix $\mathbf{P}^-$, so ist die Mahalanobis-Distanz einer Positionsmessung $\mathbf{z}$ definiert als

$$d^{mah}\left(\mathbf{z}, \mathcal{N}(\hat{\mathbf{x}}^-, \mathbf{P}^-)\right) = \sqrt{(\mathbf{z} - \hat{\mathbf{x}}^-)^T (\mathbf{P}^-)^{-1} (\mathbf{z} - \hat{\mathbf{x}}^-)}. \tag{3.27}$$

Aus der Literatur ist bekannt, dass die quadratische Mahalanobis-Distanz zwischen einem Punkt und einer bivariaten Normalverteilung im Zweidimensionalen einer χ^2-Verteilung mit zwei Freiheitsgraden folgt [Garrett 89].

Daraus lässt sich aus den χ^2-Verteilungstabellen ein Distanzschwellwert entnehmen, welcher einer Mindestwahrscheinlichkeit für die Zugehörigkeit einer Beobachtung zum OdI entspricht. Möchte man beispielsweise nur

Beobachtungen berücksichtigen, die mit einer 95%igen Wahrscheinlichkeit zum OdI gehören, so entspricht dieser Wert einer maximalen quadratischen Mahalanobis-Distanz von 5,99. Geometrisch definiert ein solcher Schwellwert eine Isolinie gleicher Wahrscheinlichkeitsdichte (Ellipse) und es werden nur Beobachtungen in die Filterung mit einbezogen, die innerhalb dieser Fehlerellipse liegen.

Distanzmaß für Erscheinungsmerkmale und Korrespondenzfindung

Als Korrespondenzmaß zwischen zwei Erscheinungsmerkmalsvektoren $\mathcal{D}_1^{app}$ und $\mathcal{D}_2^{app}$ (hier zwischen vorselektiertem Objekt und Objektkandidat) wird die sogenannte *Earth Mover's Distance* (EMD) [Rubner 00] verwendet. Die EMD ist eine Methode zur *Cross-Bin-Correlation* diskreter Verteilungen oder Signaturen und formuliert den Abstand zwischen den Verteilungen als Transportproblem. Man stelle sich hierbei die diskrete Verteilung von Farbsignaturen als Sandhaufen vor, verteilt auf einer Bodenfläche (Merkmalsraum). Die einzelnen Sandkörner stellen hierbei „Samples" oder einzelne Stichproben dar. Die Differenz zweier Verteilungen ist nun als der minimale Aufwand oder Fluss definiert (zurückgelegter Weg, gewichtet mit der Menge des transportierten Sandes), der benötigt wird, um eine Sandhügel-Verteilung in eine andere zu transformieren. Formal wird die EMD für die extrahierten Farbdeskriptoren wie folgt berechnet: Gegeben seien die zwei Farbdeskriptoren

$$\mathcal{D}_1^{app} = \{\mathbf{f}_{1,1}^{app}, \mathbf{f}_{1,2}^{app}, \ldots, \mathbf{f}_{1,Q}^{app}, \Lambda_1\}, \tag{3.28}$$

und

$$\mathcal{D}_2^{app} = \{\mathbf{f}_{2,1}^{app}, \mathbf{f}_{2,2}^{app}, \ldots, \mathbf{f}_{2,R}^{app}, \Lambda_2\}. \tag{3.29}$$

mit $\mathbf{f}_{1,q}^{app} \in \mathcal{D}_1^{app}$ als Repräsentanten eines Farbsegmentes des Referenzfarbdeskriptors und $\mathbf{f}_{2,r}^{app} \in \mathcal{D}_2^{app}$ als Repräsentanten eines Farbsegmentes des Vergleichsobjekts.

Die Abstandsmatrix der Farbsegmente wird definiert durch $\mathbf{D} = [d_{qr}]$ mit d_{qr} als Distanz des Farbsegments $\mathbf{f}_{1,q}^{app}$ zu $\mathbf{f}_{2,r}^{app}$. Gesucht wird die *Flussmatrix* $\mathbf{F} = [f_{qr}]$ mit f_{qr} als Fluss zwischen $\mathbf{f}_{1,q}^{app}$ und $\mathbf{f}_{2,r}^{app}$, welche die Gesamtkosten

$$\text{WORK}(\mathcal{D}_1^{app}, \mathcal{D}_2^{app}, \mathbf{F}) = \sum_{q=1}^{Q} \sum_{r=1}^{R} d_{qr} f_{qr} \tag{3.30}$$

minimiert, und dabei die Verteilung $\mathcal{D}_1^{app}$ in $\mathcal{D}_2^{app}$ transformiert. Das entspricht dem minimalen Aufwand der benötigt wird, um aus einer vorgegeben Konstellation von Sandhaufen, durch geschicktes Umschichten in eine gewünschte neue Konstellation zu überführen. Aus dem Transportproblem ergeben sich hierzu vier zusätzliche Rahmenbedingungen für die Flusskoeffizienten:

$$1.) \; f_{qr} \geq 0$$

$$2.) \; \sum_{r=1}^{R} f_{qr} \leq w_{1,q}$$

$$3.) \; \sum_{q=1}^{Q} f_{qr} \leq w_{2,r}$$

$$4.) \; \sum_{q=1}^{Q}\sum_{r=1}^{R} f_{qr} = \min\left(\sum_{q=1}^{Q} w_{1,q}, \sum_{r=1}^{R} w_{2,r}\right)$$

Die erste Rahmenbedingung erlaubt ausschließlich positive Flusskoeffizienten und somit lediglich den Transport von $\mathcal{D}_1^{app}$ nach $\mathcal{D}_2^{app}$. Die zweite Bedingung begrenzt die Gesamtmenge an transportierter „Ware" zwischen $\mathcal{D}_1^{app}$ und $\mathcal{D}_2^{app}$, auf die in $\mathcal{D}_1^{app}$ verfügbare Menge. $w_{1,q}$ ist hierbei die jeweilige Gewischtung der Sandhügel, die der Signatur $\mathcal{D}_1^{app}$ zugeordnet sind (vergleiche Gleichung 3.16 und 3.17). Die dritte Bedingung begrenzt die Menge der von $\mathcal{D}_2^{app}$ aufgenommene „Ware" auf das Gesamtgewicht der Signatur. Schließlich fordert die vierte Bedingung, dass die maximal mögliche Menge an „Waren" transportiert werden sollen. Dadurch erzwingt man die Optimierung des Gesamtaufwandes durch die zugehörigen Distanzkoeffizienten in $\mathbf{D}^{EMD}$.

Nach der Bestimmung der Flussmatrix $\mathbf{F}$ ist die Earth Mover's Distance gegeben durch

$$\text{EMD}(\mathcal{D}_1^{app}, \mathcal{D}_2^{app}) = \frac{\sum_{q=1}^{Q}\sum_{r=1}^{R} d_{qr} f_{qr}}{\sum_{q=1}^{Q}\sum_{r=1}^{R} f_{qr}}. \tag{3.31}$$

Weitere Details zur Berechnung der EMD können aus [Rubner 00] entnommen werden.

Der Abstand d_{qr} wird durch eine anwendungsspezifische Abstandsfunktion ermittelt. Für die farbbasierten Erscheinungsmerkmale ist der Merkmalsraum gegeben durch einen drei-dimensionalen LUV-Farbraum, erweitert um eine zusätzliche Dimension für das Körpersegment. Der LUV-Farbraum wurde gewählt, um die Farbdifferenzen durch einen euklidischen Abstand berechnen zu können [Schanda 07, Ebner 09].

Die Distanz zweier Farbdeskriptoren $\mathbf{f}_{1,q}^{app} = (l_q, u_q, v_q, w_q, bp_q)^T$ und $\mathbf{f}_{2,r}^{app} = (l_r, u_r, v_r, w_r, bp_r)^T$ nach Gleichung (3.16) wird wie folgt berechnet:

$$
d_{qr} = \begin{cases} \left((l_q - l_r)^2 + (u_q - u_r)^2 + (v_q - v_r)^2\right)^{\frac{1}{2}} & \text{falls } \hat{bp}_q = \hat{bp}_r \\ \infty & \text{sonst} \end{cases} \tag{3.32}
$$

Durch die zusätzliche Definition von $d_{qr} = \infty$ zwischen zwei Farbsegmenten, die zu unterschiedlichen Körperteilen gehören, wird erreicht, dass ein „Transport" von Farbanteilen zwischen unterschiedlichen Körperteilen nicht durchgeführt werden kann und somit die Farbübereinstimmung für die einzelnen Körperteile unabhängig voneinander berechnet wird. D. h. für zwei Erscheinungsdeskriptoren $\mathcal{D}_1^{app}$ und $\mathcal{D}_2^{app}$ werden als Ergebnis für jedes Körperteil $bp \in \{\text{Oberkörper}, \text{Unterkörper}\}$ die Korrespondenzkoeffizienten $\text{EMD}^{\text{Oberkörper}}$ und $\text{EMD}^{\text{Unterkörper}}$ ermittelt. Eine Farbübereinstimmung für $bp = \text{Kopf}$ wird nicht ermittelt, da die Farbdeskriptoren keine stabilen, blickrichtungsinvarianten Farbmerkmale bereitstellen.

Bei genauerer Betrachtung zeigt sich allerdings, dass die Verwendung der euklidischen Distanz zur Ermittlung von Farbdifferenzen im LUV-Raum nur bedingt im Zusammenhang mit einem globalen Entscheidungsschwellwert zur Ermittlung der Objektkorrespondenzen (Datenassoziation) verwendet werden kann. Dies ist darin begründet, dass Störfaktoren wie z.B. kleine Abweichungen der Farbabbildung unterschiedlicher Kameras ggf. zu einer signifikanten Verrezung der Farbsignatur im LUV-Raum führen kann. Es hat sich hierbei gezeigt, dass u. A. Farbtonunterschiede bei einer relativ hohen *Buntheit* zu größere Farbdistanzen führen als bei einer niedrigeren Buntheit. Ähnlich können Kontrastunterschiede zwischen Kameras die Farbsignatur eines Objektes, je Verteilung im Farbraum, zu deutlich unterschiedlichen Distanzen führen.

Daraus folgt, dass abhängig von der Farbverteilung des Objektes, insbesondere der Buntheit der extrahierten Farbsegmente, die berechneten Farbdistanzen sich signifikant unterscheiden können. Die Berechnung der Distanzen ist somit sehr empfindlich gegenüber Helligkeits- und Kontrastunterschieden, da diese in erhöhtem Maße die Buntheit beeinflussen. In Multikamera-Systemen sind Helligkeits- und Kontrastunterschiede aufgrund der sehr unterschiedlichen Beleuchtungsbedingungen stets als Störung vorhanden.

Um diesem Effekt entgegen zu wirken, wurden mit Gleichung (3.18) Farbverteilungskoeffizienten ermittelt, welche unter anderem die Streuung der Farbsegmente auf der jeweiligen Achse des Farbraumes beschreiben. Diese Koeffizienten ermöglichen eine nachträgliche Normierung der Farbdeskriptoren (Referenz- und Vergleichsdeskriptor) bezüglich einer Referenzbuntheit. Die Normierung wird wie folgt durchgeführt:

Gegeben seien die Farbraumkoeffizienten des Referenzobjektes

$$\mathbf{\Lambda}_1 = (\varsigma_1^{L,pos}, \varsigma_1^{L,neg}, \varsigma_1^{U,pos}, \varsigma_1^{U,neg}, \varsigma_1^{V,pos}, \varsigma_1^{V,neg})^T$$

sowie die eines Objektkandidaten

$$\mathbf{\Lambda}_2 = (\varsigma_2^{L,pos}, \varsigma_2^{L,neg}, \varsigma_2^{U,pos}, \varsigma_2^{U,neg}, \varsigma_2^{V,pos}, \varsigma_2^{V,neg})^T.$$

Die Normierung erfolgt durch eine jeweilige Skalierung der Farbraumkomponenten (L-, U- und V-Achse) auf einer gemeinsamen Referenzbuntheit- und Helligkeitsverteilung. Die Skalierungsfaktoren sorgen dafür, dass bei der nachgeschalteten Distanzberechnung nur noch relative anstatt absolute Distanzen betrachtet werden.

Die Skalierungsfaktoren v^c mit $c \in \{L, U, V\}$ werden wie folgt ermittelt:

$$v^c = \min\left(\varsigma_1^{c,neg}, \varsigma_1^{c,pos}, \varsigma_2^{c,neg}, \varsigma_2^{c,pos}\right) \tag{3.33}$$

Daraus ergeben sich die normierten Farbdeskriptoren $\mathbf{f}^{app} = (l, u, v, w, bp) \rightarrow \mathbf{f'}^{app} = (l', u', v', w, bp)$ mit $l' = l/v^L$, $u' = u/v^U$ und $v' = v/v^V$.

Zusammenfassend wird somit das erscheinungsbasierte Distanzmaß zwischen Objekt O_1 und Objekt O_2 ermittelt durch

$$\text{EMD}(\mathcal{D}_1'^{app}, \mathcal{D}_2'^{app}). \tag{3.34}$$

Single-Template-Ansatz zur Datenassoziation

Für das Personentracking mittels eines Positionsschätzers ist die Datenassoziation einer der wichtigsten Schritte. Die Datenassoziation hat zum Ziel, aus einer Vielzahl von Beobachtungen diejenige zu ermitteln, welche vom

OdI erzeugt wurde. Im Falle des Personentrackings geht es bei der Datenassoziation darum zu ermitteln, welche Objektbeobachtung von der zu verfolgenden Person stammt, um diese Beobachtung anschließend anhand des Kalman-Filters in die Positionsschätzung einfließen zu lassen.

Durch das bereits vorgestellte Gating wurde die Untermenge an Objekten ermittelt, die aufgrund ihrer Position als plausible Objektkandidaten eingestuft werden können. Im hier vorgestellten Tracking-Verfahren wird ausgehend von diesen Objektkandidaten eine „Best-Match"-Datenassoziation eingesetzt, welche auf der Auswertung der Erscheinungsmerkmale basiert.

Die Datenassoziation und Fusion wird vom *Trackingmodul* eines jeden auftragsorientierten Prozesses (PRC) unabhängig voneinander durchgeführt. Deshalb werden im Folgenden die Auftragsindizes vernachlässigt. Für die Sensorselektion (d. h. das Anfordern der Beobachtungsinformationen) soll hierbei zunächst angenommen werden, dass bei gegebener aktueller Prädiktion der Position $\hat{\mathbf{f}}_{t_k}^{sp-} \mapsto \mathcal{N}(\hat{\mathbf{x}}^-, \mathbf{P}^-)$ des beobachteten Objektes O_{t_k} (Objektbeschreibung zum Zeitpunkt t_k) der PRC die Untermenge an Netzwerkkameras bzw. IVPs $\mathcal{S}_{t_k}^{cluster} \subseteq \mathcal{S}$, welche als relevant für die Beobachtungsaufgabe bewertet wurden, automatisch ermittelt und die Beobachtungsdaten angefordert hat. Mit $\mathcal{S}_{t_k}^{cluster}$ wird der Kamera- oder Sensorcluster eines Trackingauftrags bezeichnet.

Weiter wird angenommen, dass eine initiale Objektbeschreibung zur Verfügung gestellt wird: $O_{0,t_0} = (\mathbf{f}_{0,t_0}^{sp}, \mathcal{D}_{0,t_0}^{app})$ mit $\mathbf{f}_{0,t_0}^{sp}$ als initiale Objektposition im globalen Koordinatensystem und $\mathcal{T}^{app} = \mathcal{D}_{0,t_0}^{app}$ als Erscheinungsbeschreibung (statisches Objekt-Template). Diese Informationen werden dem autonomen PRC bei der Initialisierung z. B. durch eine interaktive Selektion des zu beobachtenden Objektes über die grafische Bedienoberfläche oder durch einen externen automatischen Detektor zur Verfügung gestellt.

Nach der Initialisierung und Sensorselektion erhält das *Trackingmodul* sequenziell und asynchron Beobachtungsinformationen (Merkmalsvektorsätze) über die Objekte $\mathcal{O}_{i,\cdot,t_k}$ aus $S_i \in S_{t_k}^{cluster}$ mit i als Index der Informationsquelle im Sensorcluster. Durch die sequenzielle Abarbeitung von asynchronen Beobachtungsnachrichten von den Clustersensoren wird je ein Merkmalsvektorsatz von jeweils einer Kamera zum Zeitpunkt t_k verarbeitet.

Unter Vernachlässigung des Kameraindex i ist somit

$$\begin{aligned} \mathcal{O}_{\cdot,t_k} &= \{O_{1,t_k}, O_{2,t_k}, \ldots, O_{M,t_k}\} \\ &= \{(\mathbf{f}_{1,t_k}^{sp}, \mathcal{D}_{1,t_k}^{app}), (\mathbf{f}_{2,t_k}^{sp}, \mathcal{D}_{2,t_k}^{app}), \ldots, (\mathbf{f}_{M,t_k}^{sp}, \mathcal{D}_{M,t_k}^{app})\} \end{aligned}$$

ein Merkmalsvektorsatz, welcher alle M beobachteten Objekte beschreibt, die zum Zeitpunkt t_k von einer einzelnen Kamera detektiert wurden. Das Problem der kameraübergreifenden Einzelobjektverfolgung besteht in der Bewertung, welche, und ob überhaupt eine, der detektierten Beobachtungen gegeben durch O_{j,t_k} vom OdI O_{0,t_0} stammt.

Der entwickelte Ansatz geht hierbei zunächst wie folgt vor:

1. Berechnung der quadratischen Mahalanobis-Distanz für jeden $\mathbf{z}_{j,t_k} = (x_{j,t_k}, y_{j,t_k})^T$ aus $\mathbf{f}^{sp}_{j,t_k}$ bei gegebener Prädiktion über die Objektposition:

$$d_j^{mah} = \left(\mathbf{z}_{j,t_k} - \hat{\mathbf{x}}_{t_k}^-\right)^T \left(\mathbf{P}_{t_k}^-\right)^{-1} \left(\mathbf{z}_{j,t_k} - \hat{\mathbf{x}}_{t_k}^-\right). \tag{3.35}$$

2. Bestimmung der Untermenge an Beobachtungen, die eine geometrische Konsistenz aufweisen (Gating):

$$\mathcal{O}'_{t_k} = \left\{O_{j,t_k} \in \mathcal{O}_{t_k} \mid d_j^{mah} \leq \tau^{mah}\right\}. \tag{3.36}$$

3. Berechnung des Übereinstimmungsmaßes EMD nach (3.31) für die Untermenge $\mathcal{O}'_{t_k}$:

$$d_{j,t_k}^{EMD} = \text{EMD}(\mathcal{D}'^{app}_{j,t_k}, \mathcal{T}^{app}). \tag{3.37}$$

4. Bestimmung der Kandidaten $\mathcal{O}''_{t_k}$, die aufgrund der Erscheinung als „ähnlich" einzustufen sind:

$$\mathcal{O}''_{t_k} = \{O_{j,t_k} \in \mathcal{O}'_{t_k} \mid d_j^{EMD} < \tau^{similarity}\}. \tag{3.38}$$

5. „Single-Template Best-Match-Ansatz": Ermittlung des Kandidaten für gültige Objektbeobachtung $O_{\hat{j},t_k}$ durch:

$$\hat{j} = \underset{j \in \mathcal{O}''_{t_k}}{\text{argmax}}(d_{j,t_k}^{EMD}). \tag{3.39}$$

Im ersten Schritt wird für jede Objektbeobachtung die Mahalanobis-Distanz d_j^{mah} wie in Gleichung (3.27) ermittelt. Hierbei wird zur Prädiktion der geschätzten Objektposition zum Zeitpunkt t_k ein Kalman-Filter mit *Constant-Position*-Bewegungsmodell eingesetzt. Dies liefert eine Vorhersage über den Aufenthaltsort des Objektes mit dazugehöriger Unsicherheit in der 2-D Bodenebene als bivariate Normalverteilung $\mathcal{N}(\hat{\mathbf{x}}_{t_k}^-, \mathbf{P}_{t_k}^-)$.

Für alle Beobachtungen, die als räumlich konsistent klassifiziert wurden, werden die Erscheinungsmerkmale zur eindeutigen Bestimmung des gesuchten Objektes einbezogen (Schritt 2). Das erscheinungsbasierte Ähnlichkeitsmaß EMD nach Gleichung (3.31) wird im dritten Schritt für die räumlich konsistenten Beobachtungen bestimmt. Anschließend werden in Schritt 4 die Objekte mit einer Mindestähnlichkeit zum gesuchten Objekt als Beobachtungskandidaten eingestuft.

In klassischen Single-Template-Ansätzen wird basierend auf den ermittelten Beobachtungskandidaten diejenige Beobachtung bestimmt, welche die größte Übereinstimmung zum gesuchten Objekt aufweist (z. B. Maximum Likelihood, Template-Matching-Methoden). Wurde ein solcher Kandidat ermittelt, wird eine Datenassoziation durchgeführt und es folgt eine Schätzung über den räumlichen Objektzustand $\hat{x}_{t_k}$ durch das modifizierte *Kalman-Update* nach Gleichung (3.25).

Diese Ansätze sind einfach strukturiert und effizient zu implementieren. Allerdings weisen diese auch i. Allg. einen Nachteil insbesondere in Multikamera-Systemen auf. Der Nachteil liegt in der Zuverlässigkeit der Datenassoziation, welche auf einer einzigen Referenzsignatur $\mathcal{T}^{app} = \mathcal{D}^{app}_{0,t_0}$ basiert. Von der Qualität dieser Referenzsignatur hängt ab, ob ein Objekt robust wiedererkannt und demzufolge verfolgt werden kann. In Multikamera-Systemen zeigt sich darüber hinaus, dass anhand der Referenzsignatur (welche aus einer Initialisierungskamera stammt) oft zuverlässig Objektkorrespondenzen innerhalb dieser Initialisierungskamera bestimmt werden können, während die Robustheit bei der Korrespondenzfindung zu Beobachtungen aus anderen Kameras deutlich nachlässt.

Um dieser Schwäche entgegen zu wirken, wird typischerweise die Referenzsignatur über die Zeit und somit auch kameraübergreifend kontinuierlich angepasst und aktualisiert. Damit wird eine Adaptation der Objektbeschreibung an die aktuellen Beleuchtungs- und Aufnahmeverhältnisse erreicht. Allerdings führt dieser klassische Ansatz auch zum bekannten *Template-Update-Problem* [Matthews 04, Kaneko 02], welches im nächsten Abschnitt näher erläutert wird.

Aus diesem Grund wurde eine alternative Strategie zur Aktualisierung und Instandhaltung von mehreren Referenzsignaturen entwickelt, welches in einem Multisensor-System ermöglicht, den klassischen Ansatz mit einer einzelnen statischen Referenzsignatur durch kameraspezifische Signaturen zu erweitern und anhand einer kombinierten Aktualisierungsstrategie das Template-Update-Problem teilweise zu kompensieren.

Multi-Template-Ansatz

Wurde eine Datenassoziation durchgeführt, d. h. eine Übereinstimmung zweier Farbsignaturen ermittelt, so bietet es sich an, die Referenzsignatur $\mathcal{T}^{app}$ zu aktualisieren. Dadurch erreicht man eine fortlaufende Anpassung des Personenmusters und somit eine Anpassung an sich räumlich und zeitlich verändernde Licht- und Umgebungsbedingungen. Allerdings bedeutet eine fortlaufende Anpassung des Referenzmusters auch, dass „falsch gelernt" werden kann. Dies geschieht primär, wenn die Datenassoziation nicht korrekt durchgeführt wurde (eine falsche Person wurde dem Track zugeordnet) oder die richtige Person zwar korrekt erkannt wurde, aber die neue Signatur aufgrund einer fehlerbehafteten Segmentierung oder extremen Beleuchtungssituation weniger repräsentativ als die bisherige Signatur ist. In diesen Fällen kann die Zuverlässigkeit der Personenverfolgung signifikant nachlassen.

Dieses Dilemma ist in der Literatur als das *Template-Update-Problem* bekannt, was i. Allg. das Problem beschreibt, dass lernbasierte Verfahren dazu führen können, dass die Referenzmuster verfälscht werden können (*Template-Drift*).

Für das Personentracking ist in diesem Kontext abzuwägen, ob eine zuverlässige Datenassoziation einer zeitlich möglichst hoch aufgelösten Trajektorie vorzuziehen ist. Die fortlaufende Aktualisierung der Referenzsignatur würde, durch die Verfügbarkeit eines hoch aktuellen und schnell adaptiven Objektmusters, ermöglichen, sehr gute, zeitlich fein aufgelöste Korrespondenzen zu ermitteln. Die Generierung fein aufgelöster Objekttrajektorien setzt allerdings weniger strenge Schwellwerte für die Datenassoziation voraus, was – wie bereits erwähnt – mit dem Risiko behaftet ist, ggf. über die Zeit das Muster zu verfälschen bzw. sogar endgültig zu verlieren.

Demgegenüber würde eine komplette Vernachlässigung der fortlaufend sich verändernden Objektmuster dazu führen, dass das Objekt nur dann zuverlässig wieder erkannt wird, wenn die Signatur der aktuellen Objektbeobachtung mit der ggf. veralteten Referenzsignatur eine hohe Übereinstimmung zeigt. In der Praxis führt dies dazu, dass, wenn unterschiedliche Kameras in sehr unterschiedlichen Blickwinkeln das Objekt erfassen bzw. die Beleuchtungsbedingungen sehr stark variieren, das Objekt nur sehr selten zuverlässig wieder erkannt wird.

Im Rahmen dieser Arbeit wird ein Ansatz vorgestellt, welcher die Vorteile der fortlaufenden Anpassung von Referenzsignaturen ausnutzt und dennoch das Template-Update-Problem im Kontext der kameraübergreifenden Objekt- bzw. Personenverfolgung minimiert.

Der realisierte Ansatz basiert auf der Idee, dass zum einen eine globale kameraübergreifende Referenzsignatur $\mathcal{T}^{app}$ existiert, welche keine Aktualisierung über die Zeit und über Kameras hinweg erfährt. Diese Referenzsignatur wird wie im klassischen Ansatz beim Initialisieren des zu verfolgenden Objekts definiert. Die Annahme hierbei ist, dass die vorgestellte Farbnormalisierung eine robuste kameraübergreifende Wiedererkennung prinzipiell ermöglicht.

Wird zum Zeitpunkt t_k ein Objekt in einer Kamera i anhand der statischen Referenzsignatur wieder erkannt, so wird zum anderen eine zusätzliche fortlaufend sich aktualisierende dynamische Referenzsignatur $\mathcal{T}^{app}_{dyn,i}$ erstellt. Im vorgestellten Verfahren wird für jede Kamera, in der das Objekt bereits wieder erkannt wurde, eine separate dynamische Referenzsignatur erstellt.

Neue Objektbeobachtungen von einer Kamera i werden im weiteren Verlauf mit der statischen Referenzsignatur und mit der zugehörigen dynamischen Referenzsignatur verglichen und anhand zweier Übereinstimmungskoeffizienten d^{EMD} und d^{EMD}_{dyn} quantifiziert.

$$d^{EMD} = \mathrm{EMD}(\mathcal{T}'^{app}, \mathcal{D}'^{app}_i) \tag{3.40}$$

$$d^{EMD}_{dyn} = \mathrm{EMD}(\mathcal{T}'^{app}_{dyn,i}, \mathcal{D}'^{app}_i). \tag{3.41}$$

Aufgrund der Definition, dass die dynamische Referenzsignatur stets aus der gleichen Kamera wie die aktuelle Beobachtung stammt, wird erwartet, dass im Fall einer Objektübereinstimmung die Distanz d^{EMD}_{dyn} deutlich niedriger ist als zwischen Beobachtung und der statischen Referenzsignatur gegeben durch d^{EMD}.

Nun gilt es, die Datenassoziation anhand der statischen und dynamischen Referenzsignatur so zu kombinieren, dass eine Personenverfolgung robust durchgeführt werden kann, wobei die Fehlzuordnungen (*Template-Update-Problem*) in den dynamischen Templates minimiert und simultan die zeitliche Auflösung der Trajektorie optimiert werden soll.

Dies wird beim entwickelten Multi-Template-Ansatz wie folgt erreicht:

Zunächst wird die Übereinstimmung zwischen Templates (Referenzsignaturen) und Objektbeobachtung in zwei Klassen unterteilt.

1. Eine *sichere Wiedererkennung* wird festgestellt, wenn der Übereinstimmungskoeffizient d^{EMD} zwischen statischer Referenzsignatur und Beobachtungssignatur einen definierten (relativ anspruchsvollen) EMD-Schwellwert τ^{ReID} unterschreitet.

2. Eine *Objektähnlichkeit* wird festgestellt, wenn der Übereinstimmungskoeffizient d^{EMD} einen definierten mittleren Schwellwert $\tau^{similarity}$ unterschreitet und darüber hinaus als Zusatzkriterien entweder

   - der Übereinstimmungskoeffizient zwischen dynamischer Referenzsignatur und Beobachtungssignatur einen sehr niedrigen Schwellwert unterschreitet

$$\left(d^{EMD} < \tau^{similarity}\right) \wedge \left(d_{dyn}^{EMD} < \tau^{dyn}\right), \text{oder} \qquad (3.42)$$

   - der räumliche und zeitliche Abstand zwischen aktueller und letzter Positionsschätzung sehr niedrig ist, so dass eine korrekte Datenassoziation als sicher gelten kann.

$$\begin{aligned}
\left(d^{EMD} < \tau^{similarity}\right) \wedge \\
(t_k - t_{k-1}) < \tau^{delay} \wedge \\
\sqrt{\mathbf{z}_{j,t_k}^T \hat{\mathbf{x}}_{t_k}^-)} < \tau^{motion}.
\end{aligned} \qquad (3.43)$$

Darüber hinaus wird definiert, dass eine Aktualisierung der Kamera-abhängigen dynamischen Signatur nur dann durchgeführt wird, wenn die Distanz d^{EMD} den Schwellwert τ^{ReID} unterschreitet.

$$\mathcal{T}_{dyn,j,t_k}^{app} = \{\mathcal{D}_{j,t_k}^{app} | d^{EMD} < \tau^{ReID}\}. \qquad (3.44)$$

Im Allgemeinen gilt für die Wahl der Schwellwerte die Ungleichung

$$0 < \tau^{dyn} \le \tau^{ReID} < \tau^{similarity}. \qquad (3.45)$$

Für die Untersuchungen und Verfahrensevaluation wurden die übrigen Parameter $\tau^{delay} = 0,5$ Meter und $\tau^{motion} = 1,0$ Sek. als Konstanten definiert.

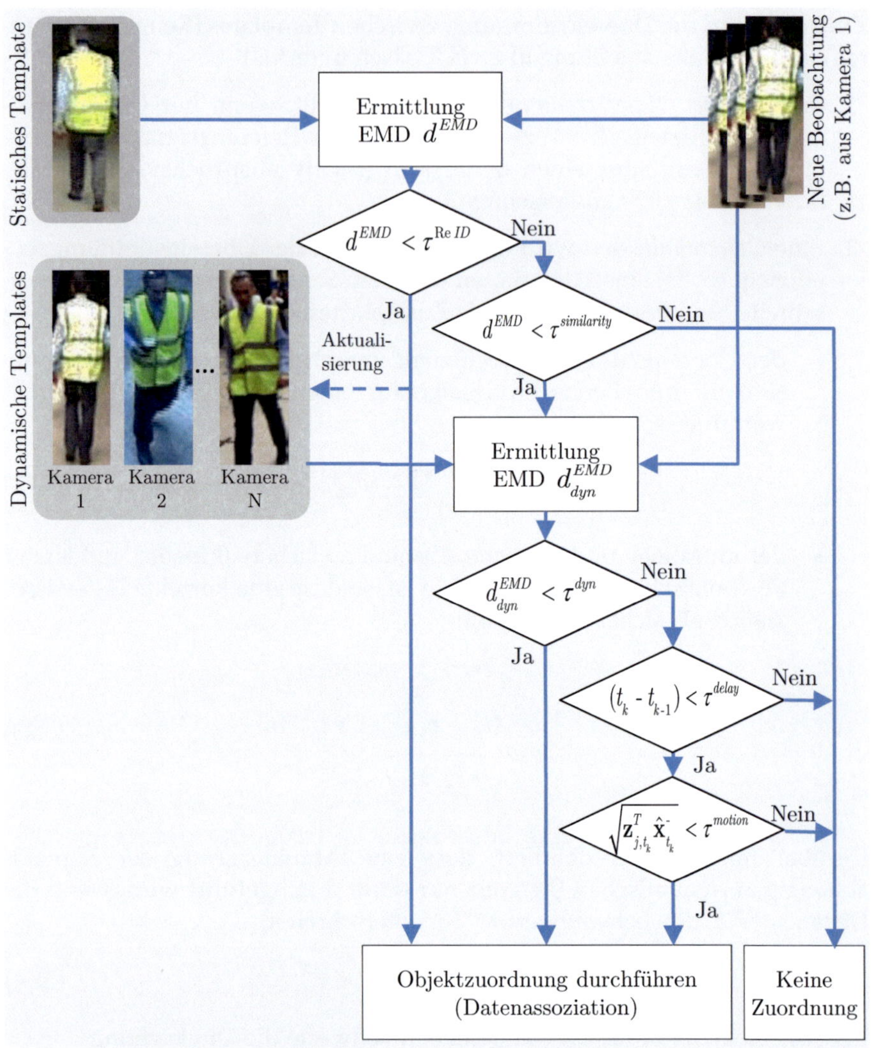

Abb. 3.11. Die Multi-Template-basierte Datenassoziation kombiniert eine klassische „No-Update"-Strategie bei einer statischen Referenzsignatur mit einer „Full-Update"-Aktualisierung kamerabezogener Templates. Durch den Einsatz der statischen Referenzsignatur wird ein Template-Drift verhindert.

Abb. 3.11 zeigt die zweistufige Datenassoziation als Flussdiagramm. Demnach wird in jeder Kamera zunächst eine *sichere Wiedererkennung* des Objektes vorausgesetzt.

Wurde ein Objekt als solches wieder erkannt, so wird für darauf folgende Beobachtungen der statische Übereinstimmungskoeffizient mit einem „entschärften" Schwellwert $\tau^{similarity}$ geprüft, wobei Zusatzkriterien wie der dynamische Übereinstimmungskoeffizient τ^{dyn} oder die räumlich-zeitliche Distanz zur letzten Beobachtung zusätzlich geprüft werden. Eine Aktualisierung der dynamischen Referenzsignatur $\mathcal{T}^{app}_{dyn,i}$ wird nur im Fall einer sicheren Wiedererkennung durchgeführt.

Somit ergibt sich insgesamt ein kamerabezogener Hysterese-Effekt: Solange ein Objekt in einer Kamera noch nie wieder erkannt wurde, verhält sich dieses Verfahren „konservativ" und setzt eine *sichere Wiedererkennung* voraus. Ist diese erfolgreich durchgeführt worden (ggf. nur ein einziges Mal in dieser Kamera), wird der Schwellwert von τ^{ReID} auf $\tau^{similarity}$ angehoben und der Fokus auf den dynamischen Übereinstimmungskoeffizient τ^{dyn} gelegt. Dieser „entschärfte" Zustand sorgt dafür, dass die Trajektorie von nun an eine höhere Auflösung erreicht.

Eine signifikante Verfälschung der fortlaufend sich aktualisierten Signatur wird ebenfalls unterbunden. Zum einen aufgrund des Kriteriums $d^{EMD} < \tau^{ReID}$, welches gerantiert, dass dynamische Signaturen stets eine hohe Ähnlichkeit zur statischen Referenzsignatur besitzen. Zum anderen führt die Verfälschung einer solchen Signatur typischerweise dazu, dass mittelfristig das Kriterium $d^{EMD} < \tau^{similarity}$ nicht mehr erfüllt wird. Spätestens dann muss eine *sichere Wiedererkennung* stattfinden, was zu einer Korrektur der dynamischen Signatur führt.

3.5 Evaluation und Ergebnisse

Die Evaluation der vorgestellten Verfahren soll nun eine Aussage über deren Leistungsfähigkeit ermöglichen. Die folgende Evaluation soll insbesondere der erscheinungsbasierten Personenerkennung gelten, da die Kalman-Filterung zur Positionsschätzung und Objektverfolgung als ein etabliertes „State-of-the-Art"-Verfahren anzusehen ist, dessen Funktionsnachweis bereits in vielen Forschungsarbeiten erbracht wurde [Perše 05, Kelly 06, Zhou 06].

Im folgenden Abschnitt wird zunächst die Datenbasis (Bild- und Videoda-
tenbank) vorgestellt, die zur Evaluation verwendet wurde. Basierend auf
diesen Bild- und Videodaten folgen in den nachfolgenden Abschnitten qua-
litative und quantitative Messungen, welche die Leistungen der folgenden,
neu entwickelten Verfahren beschreiben. Diese sind

1. die Earth Mover's Distance sowie die entwickelten Erscheinungsmerkmale zur kameraübergreifenden Wiedererkennung von Personen,

2. der Ansatz zur lokalen Farbnormalisierung sowie

3. die Multi-Template-Strategie für die robuste Datenassoziation und Erhöhung der Trajektorienauflösung.

3.5.1 Evaluationsdatensatz

Für die quantitative Bewertung der kameraübergreifenden Personenverfolgung werden Videosequenzen, welche mit dem am IOSB verfügbaren NEST-
System [Bauer 08, Monari 10d] aufgezeichnet wurden, eingesetzt. Der NEST-
Datensatz besteht aus Bildsequenzen aus sechs Überwachungskameras mit
überlappenden und teilweise nicht überlappenden Sichtbereichen. Des Weiteren besteht das NEST-Kamerasystem aus Kameras unterschiedlichen Typs
und von unterschiedlichen Herstellern, was den Datensatz durch eine starke
Variation der Aufnahmecharakteristika sehr anspruchsvoll macht.

Der Datensatz besteht aus den in Tabelle 3.1 aufgelisteten Testreihen. Die intrinsischen und extrinsischen Kameraparameter (Kamerakalibrierungsdaten)
stehen zur Verfügung. Darüber hinaus wurden im Rahmen umfangreicher
Vorbereitungsarbeiten Grundwahrheiten (Ground-Truth) über alle Vordergrundobjekte in den Bildfolgen (Personen) erstellt. Hierfür wurden insgesamt ca. 13.000 Einzelbilder manuell annotiert. In jedem Videobild wurden
die Personen anhand von Polygonen gekennzeichnet und mit einer eindeutigen Identifikationsnummer versehen.

Testreihe	Kamera						Länge (in Bilder)	Bildwiederhol-frequenz (fps)	Anzahl Objekte in der Szene
	1	2	3	4	5	6			
1	X	-	X	-	X	X	700	10	4
2	X	X	X	X	X	X	500	10	6
3	X	X	X	X	X	X	1000	10	6

Tabelle 3.1. NEST-Datensatz / Bildfolgen.

Kamera 1: Axis 223M, 704x574px

Kamera 2: Axis 214PTZ, 768x576px

Kamera 3: Axis 211M, 704x574px

Kamera 4: Axis 211M, 704x574px

Kamera 5: Mobotix M22, 640x480px

Kamera 6: Axis 214PTZ, 768x576px

Abb. 3.12. Der NEST-Datensatz besteht aus Bildfolgen von sechs Kameras, welche den überwiegenden Teil des Erdgeschosses des Fraunhofer IOSB abdecken.

Anhand dieser Informationen lassen sich für jedes einzelne zu verfolgende Objekt Referenzdaten erstellen (z. B. Referenztrajektorien).

Der NEST-Datensatz eignet sich insbesondere, um die Leistung der Verfahren hinsichtlich der Beleuchtungsnormalisierung und der kameraübergreifenden Korrespondenzfindung (Datenassoziation) zu evaluieren. Die Kameraanzahl und die sehr unterschiedlichen Beleuchtungsbedingungen besitzen eine ausreichend hohe Variation, sodass aussagekräftige Untersuchungen bzgl. Beleuchtungskompensation und Wiedererkennungsraten durchgeführt werden können.

Die Verfahrenservaluation anhand weiterer offen verfügbarer Datensätzen konnte aus mehreren Gründen nicht direkt durchgeführt werden. Die *PETS*[2] *Datasets* aus dem Jahre 2005 und 2006, beispielsweise bestehen aus relativ wenigen Kameras. Hierbei tauchen die gleichen Personen nur selten in unterschiedlichen Kameras auf, so dass keine ausreichende Varianz einzelner Objekte in unteschiedlichen Kameras gegeben ist. Des Weiteren sind sowohl bei den PETS, als auch bei alternativen Datensätzen wie das *Caviar Datasets*[3] oder *iLIDS Multi Camera Tracking Dataset* [4] die Grundwahrheiten nicht ausreichend genau annotiert, um die Erscheinungsmerkmale zuverlässig zu evaluieren. Die beigefügten Grundwahrheiten der Objektsegmente bestehen jeweils aus „Bounding Boxes" welche auch signifikante Anteile des Hintergrunds beinhalten. Die im Rahmen des NEST-Projektes am Fraunhofer IOSB erstellten Grundwahrheiten hingegen bestehen aus Polygonen, welche die Silhoutten der Person deutlich genauer wiedergeben.

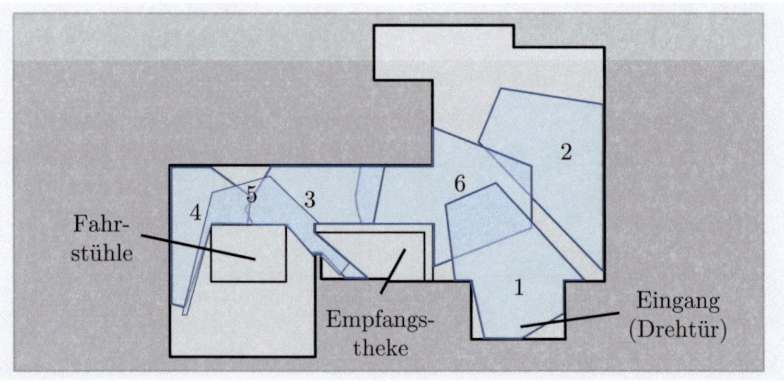

Abb. 3.13. Grundriss des Erdgeschosses des Fraunhofer IOSB mit den Kamerasichtbereichen.

---

[2] PETS: Performance Evaluation of Tracking and Surveillance (Reading University UK).

[3] CAVIAR: Context Aware Vision using Image-based Active Recognition, EU IST Projekt (2002-2005).

[4] iLIDS: Image library for intelligent detection systems (UK Home Office).

3.5.2 Evaluation der EMD und der Farbnormalisierung

Die Erscheinungsmerkmale, die in dieser Arbeit zur kameraübergreifenden Wiedererkennung von Personen eingesetzt wurden, sind reine Farbdeskriptoren. Demzufolge ist es unabdingbar, dass die von den Kameras erfassten Farben für eine kameraübergeordnete Korrespondenzfindung vergleichbar sind. In Abschnitt 3.4.2 wurde ein neues Verfahren vorgestellt, mit dem unter Zuhilfenahme von a-priori-Wissen (speziell die Grauwertverteilung auf dem Fußboden) eine lokale Farbnormalisierung durchgeführt werden kann. In diesem Abschnitt wird nun eine quantitative Bewertung des Verfahrens durchgeführt.

Zunächst wird als Referenz die Leistung des „Single-Template"-Tracking-Verfahrens ohne Farbnormalisierung ermittelt. Hierfür werden Objekttrajektorien der annotierten NEST-Datensätze evaluiert. Die erstellten Ground-Truth-Datensätze ermöglichen die Zuordnung jeder einzelnen Objektbeobachtung zum zugehörigen Objekt über alle Bildfolgen, aber auch kameraübergreifend. Somit lassen sich insbesondere korrekte Objektzuordnungen (*True Positives*) den Falschzuordnungen (*False Positives*) gegenüberstellen. Da jedoch das Ergebnis einer solchen Gegenüberstellung vom Schwellwert τ^{ReID} abhängig ist, wird eine ROC-Kurve als Leistungskennlinie ermittelt, welche die Wiedererkennungsleistung des Tracking-Verfahrens unabhängig vom Schwellwert repräsentiert.

In Abbildung 3.14 sind die ROC-Kurven für die einzelnen Kameras separat aufgeführt. Es sollen zunächst nur die ROC-Kurven des Verfahrens ohne Farbanpassung betrachtet werden (rot gestrichelte Kurve). Es ist deutlich zu erkennen, dass die Zuverlässigkeit der Wiedererkennung je nach Kamera deutlich variiert. Hierbei scheinen die Kameras 1, 2 und 6 eine deutlich zuverlässigere Wiedererkennung zu erzielen (60-70% *True Positives*, bei ca. 20% *False Positives*) als beispielsweise Kamera 4 (ca. 50% *True Positives*). Die restlichen Kameras schneiden deutlich schlechter ab ($\leq$40% *True Positives*).

Diese Unterschiede lassen sich direkt mit den lokalen Beleuchtungsbedingungen und der Positionierung der Kameras begründen. Kamera 1, 2 und 6 überwachen denselben Raum (Foyer des Fraunhofer IOSB). Die Orientierungen und Erfassungsbereiche sind zwar unterschiedlich, ebenso Einflüsse durch Gegenlicht und künstliches Licht, allerdings dominiert in diesem Überwachungsbereich ambientes Licht, welches durch große Glasfassaden diffus das Foyer erhellt. Dies führt dazu, dass diese Kameras überwiegend den gleichen Lichtverhältnissen ausgesetzt sind und demzufolge eine ähnliche Farbabbildung aufweisen.

Kamera 4 weist ähnliche Farbcharakteristika wie Kamera 1, 2, und 6 auf, allerdings sind Teile des erfassten Bereiches stärker durch künstliches Licht beeinflusst (siehe Abb. 3.12, Reflexionen der künstlichen Leuchten auf dem Boden, links unten). Es hat sich gezeigt, dass dieser Einfluss die Wiedererkennung deutlich erschwert. Im Falle, dass das gesuchte Objekt hingegen im helleren Bereich dieser Kamera zu sehen ist (in der rechten Hälfte), kann die Wiedererkennung deutlich zuverlässiger durchgeführt wird.

Zuletzt zeigen Kamera 3 und 5 eine deutlich niedrigere Zuverlässigkeit bei der farbbasierten Korrespondenzfindung. Dies ist in der signifikant abweichenden Farbabbildung der zwei Kameras begründet. Aus Abb. 3.12 kann man deutlich erkennen, dass Kamera 3 einen sehr dunklen Überwachungsbereich abdeckt, in dem die künstliche rot/gelbe Beleuchtung dominiert, bei einer recht niedrigen Grundhelligkeit. Kamera 5 weist einen sehr stark abweichenden Kontrast gegenüber den restlichen Kameras auf. Der Grund hierfür liegt in der verwendeten Hardware. Während die restlichen Kameras CCD-Technologie verwenden, wird in der Kamera 5 ein CMOS-Sensor eingesetzt, welcher bekannterweise durch einen stärkeren Kontrast, aber auch Rauschen bei niedriger Beleuchtung gekennzeichnet ist. Darüber hinaus deckt diese Kamera ebenfalls einen überwiegend durch künstliche Beleuchtung erhellten Bereich ab.

Um die Unterschiede zwischen den Kameras bzgl. der Wiedererkennungsleistung direkt gegenüberstellen zu können, sollen die ROC-Kurven auf jeweils einen skalaren Qualitätswert reduziert werden. Eine verbreitete Methode ist hierbei die Bestimmung der *Area Under Curve*, kurz ROC-AUC [Bradley 97]. Die ROC-AUC-Kennzahl interpretiert die Fläche unterhalb der ROC-Kurve als Qualitätsmaß und besitzt somit einen theoretischen Wert zwischen 0.0 und 1.0. Wenn man allerdings berücksichtigt, dass die ROC-Kurve eines sinnvollen Klassifikators die Diagonale nicht unterschreiten kann (die Diagonale entspricht einer zufälligen Entscheidung), dann findet man in der Praxis ausschließlich AUC-Werte zwischen 0.5 und 1.0.

Das Balkendiagramm in Abb. 3.15 stellt die ROC-AUC-Qualitätskennzahlen der sechs Kameras gegenüber. Das ROC-AUC-Diagramm bestätigt die bereits beschriebenen Leistungsunterschiede. Kamera 1, 2 und 6 zeigen eine deutlich höhere Zuverlässigkeit (AUC von 0,78-0,85) im Vergleich zu Kamera 3, 4 und 5 (AUC von 0,71-0,73).

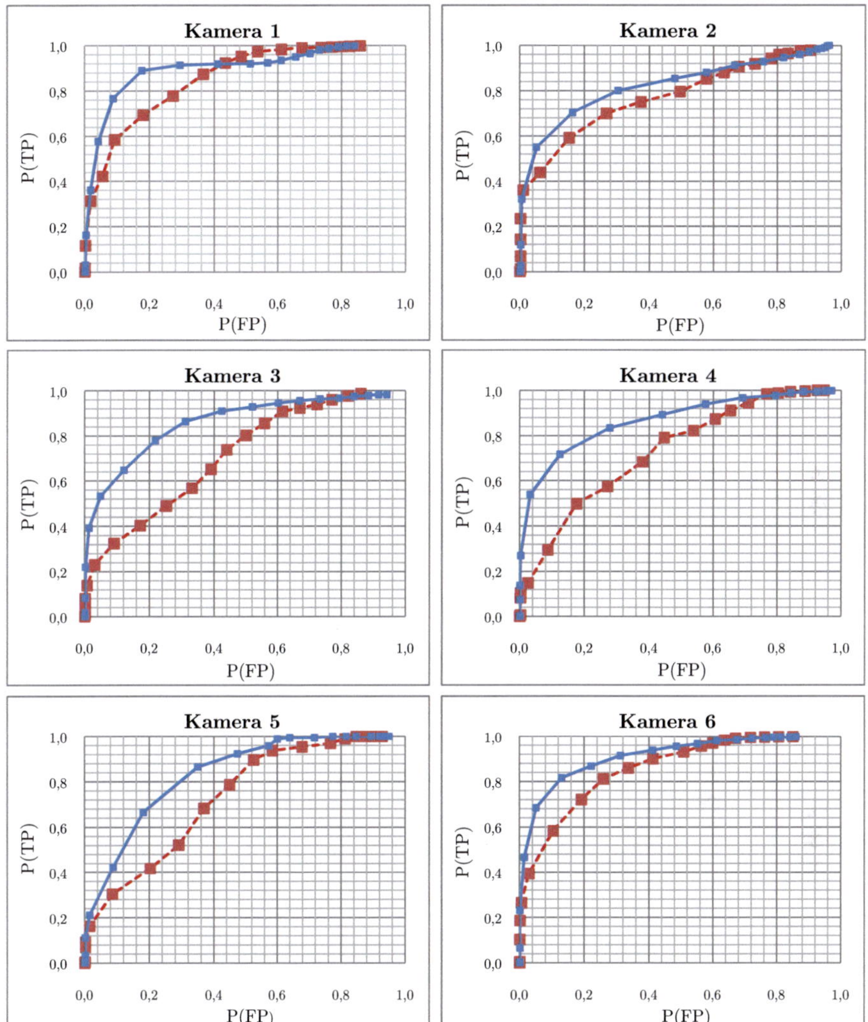

Abb. 3.14. Die ROC-Kurven zeigen die Wiedererkennungsleistung des Personentrackers, abhängig von der beobachtenden Kamera. Die rote Kurve zeigt die Leistung des Verfahrens ohne Farbnormalisierung, die blaue Kurve mit. Der Schwellwert für die sichere Wiedererkennung τ^{ReID} wurde zwischen 0.0 und 10.0 variiert.

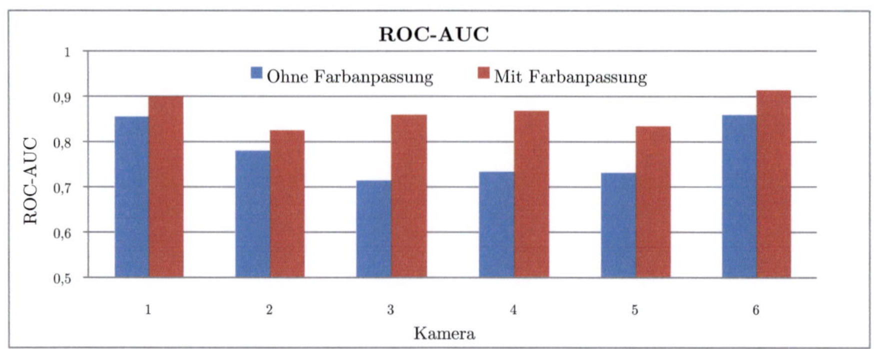

Abb. 3.15. Die ROC-AUC quantifiziert die Wiedererkennungsleistung des Trackers in den einzelenen Kameras.

Um die These zu bestätigen, dass die kamerabhängige Wiedererkennungsleistung direkt mit den stark variierenden Beleuchtungsbedingungen zusammenhängt, soll nun die lokale Farbnormalisierung evaluiert werden. Die ROC-Kurven für das Verfahren mit Farbnormalisierung in Abb. 3.14 zeigen eine deutlich gesteigerte Wiedererkennungsleistung in allen Kameras, wobei die bisher schwächsten Kameras den größten Leistungszuwachs aufweisen. Daraus folgt, dass die Farbnormalisierung neben einer generellen Leistungssteigerung zusätzlich eine Angleichung der kamerabhängigen Wiedererkennungsleistung erzielt. Die AUC-Werte der ROC-Kurven erfuhren auf dem NEST-Datensatz einen mittleren Zuwachs von 0,087 (von ca. 0,779 auf 0,866) bei einem Rückgang der Standardabweichung um 46% (von 0,064 auf 0,034).

Neben der Bewertung des Single-Template-Ansatzes mit Farbnormalisierung ermöglichen die ROC-Kurven darüber hinaus nun eine erste Parametrisierung des Trackingsystems. Die ROC-Kurven entsprechen direkt die Wiedererkennungsleistung des Systems abhängig vom Schwellwerts τ^{ReID}. Die Wahl dieses Schwellwerts (Arbeitsbereich des Systems) ist anwendungsspezifisch und hängt von den Anforderungen am Single-Target-Tracker ab. Es ist aber zu berücksichtigen, dass in einem auftragsorientierten System (mit einer assoziierten auftragsorientierten Sensorselektion) die korrekte Objektzuordnung höchste Priorität genießt. Eine hohe zeitliche Auflösung und somit eine hohe Anzahl an *True Positives* ist wünschenswert, aber zweitrangig, da eine zu hohe *False Positives*-Rate zum Verlust des OdI führen kann, was wiederum einem Misserfolg des gesamten Überwachungsauftrags gleichzusetzen ist.

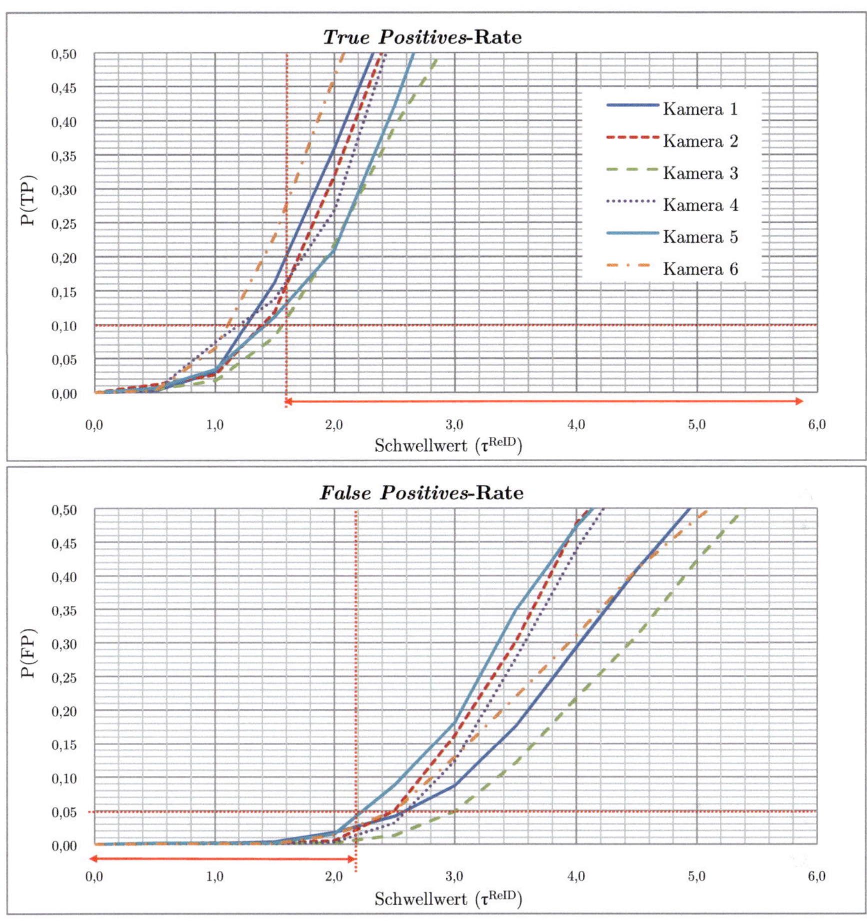

Abb. 3.16. Die Diagramme zeigen die Entwicklung der *True-Positive*-Rate sowie der *False-Positive*-Rate jeweils abhängig vom gewählten τ^{ReID} Schwellwert. Zusätzlich sind die Intervalle (rot) markiert, welche die Anforderungen für Mindestwiedererkennungsrate und maximale Falschklassifikationsrate erfüllen.

Aus diesem Grund wurde der Arbeitsbereich (Intervall für den Schwellwert τ^{ReID}) so gewählt, dass die Wahrscheinlichkeit für *False Positives* in allen Kameras unter 5% liegt, was einem sehr anspruchsvollen Schwellwert entspricht. Gleichzeitig muss für jede verfügbare Kamera eine Mindestwahrscheinlichkeit für eine Wiedererkennung gegeben sein. Hierfür wurde eine Mindestanforderung von 10% definiert.

Diese Anforderungen ergeben für den Schwellwert τ^{ReID} ein mögliches Intervall von ca. 1,6 bis 2,2. Um die Bestimmung dieses Intervalls zu verdeutlichen, zeigt Abb. 3.16 die Entwicklung der *True Positives*-Rate (links) und der *False Positives*-Rate (rechts) für unterschiedliche Werte für den Schwellwert τ^{ReID}. Die mit roten Pfeilen gekennzeichneten Intervalle visualisieren die Bereiche, in denen alle Kameras die Anforderungen für die Mindestwiedererkennungsrate (links) bzw. für die maximale Falschklassifikationsrate (rechts) erfüllen. Die nun folgende Evaluation des Multi-Template-Ansatzes wird sich auf diesen Arbeitsbereich fokussieren.

3.5.3 Evaluation des Multi-Template-Ansatzes

Die Ergebnisse aus dem vorangegangenen Abschnitt zeigen, dass, um die definierten Anforderungen einer extrem niedrigen Falschklassifikationsrate ($\leq 5\%$) zu erreichen, eine sehr niedrige Wiedererkennungsrate in Kauf genommen werden muss. Die Darstellung der *True Positives*-Raten in Abb. 3.16 (links) zeigt, dass für $\tau^{ReID} = [1,6\ldots2,2]$ die korrekten Klassifikationsraten zwischen 10% und ca. 50% liegen. Wobei manche Kameras (z. B. Kamera 3 und 5) selbst bei einem $\tau^{ReID} = 2,3$ die 30%-Marke nicht erreichen.

Der Multi-Template-Ansatz aus Abschnitt 3.4.3 verfolgt das Ziel, die Wiedererkennungsrate (*True Positives*) durch Einsatz zusätzlicher kameraspezifischer Objektsignaturen zu erhöhen. Wobei Falschklassifikationen durch Zusatzbedingungen verringert werden (siehe Gleichung 3.42 und 3.43).

Für die Evaluation wurden die weiteren Schwellwerte mit $\tau^{similarity} = 2,3$ zur Maximierung der *True Positives* und $\tau^{dyn} = 1,6$ mit dem Minimalwert als konservativem Zusatzkriterium, um die *False Positives* zu verringern, definiert.

Abb. 3.17 stellt die resultierenden ROC-Kurven des Multi-Template-Ansatzes dar. Die Diagramme zeigen die Ausschnitte der ROC-Kurven für den Arbeitsbereich. Zunächst erkennt man eine Verschiebung der Multi-Template-ROC-Kurven entlang der horizontalen Achse in positiver Richtung. Dies entspricht einem Zuwachs der *False Postives* je nach Kamera zwischen 0,5 und 1 Prozentpunkte. Dieser Zuwachs entsteht durch die „Lockerung" des Schwellwerts von τ^{ReID} auf $\tau^{similarity}$ nach einer erfolgreichen zuverlässigen Wiedererkennung. Diese Entschärfung bringt aufgrund der Zusatzkriterien nur eine geringfügige Erhöhung der *False Positives* mit sich.

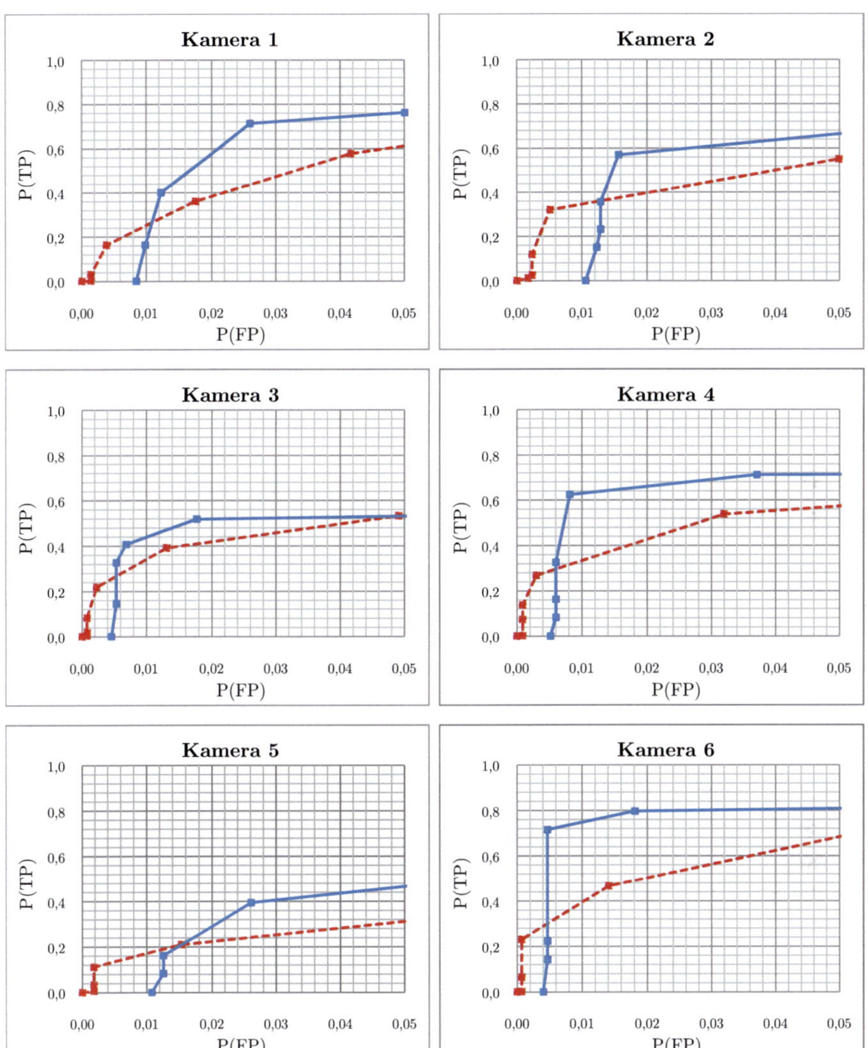

Abb. 3.17. Steigerung der Wiedererkennungsrate im Arbeitsbereich, durch Einsatz des Multi-Template-Ansatzes. Die rote Kurve zeigt die Leistung des Verfahrens mit dem Single-Template-, die blaue mit dem vorgestellten Multi-Template-Ansatz.

Der gesteigerten Falschkassifikationsrate um 0,5-1 Prozentpunkte steht allerdings ein signifikater Anstieg der *True Positives* gegenüber. In fast allen Kameras kann ein Zuwachs von ca. 10 bis teilweise über 20 Prozentpunkte an korrekt erkannten Objektbeobachtungen verzeichnet werden. Fast in allen Kameras erreicht man eine *True Positive*-Rate von über 60% bei einer Falschklassifikation von ca. 3%, wobei Kamera 3 und Kamera 5 auch hier die niedrigste Erkennungsleistung mit ca. 40 bzw. 50% aufweist.

Es ist aber wichtig, noch einmal zu verdeutlichen, dass der Leistungsgewinn durch dieses Verfahren lediglich auf einem lokalen Arbeitsbereich der ROC-Kurven zu verzeichnen ist. Abb. 3.18 soll diesen Effekt verdeutlichen. Das Diagramm auf der linken Seite zeigt die ROC-Kurven für den klassischen Single-Template-Ansatz. Auf der rechten Seite ist das Diagramm mit den zugehörigen ROC-Kurven für das Multi-Template-Verfahren zu sehen. Man erkennt, dass im Arbeitsbereich ($P(FP) \leq 0,1$) ein signifikanter Leistungsgewinn zu verzeichnen ist, während außerhalb des Arbeitsbereiches die Kurven identisch sind.

Um den Vorteil des Multi-Template-Ansatzes noch einmal zu verdeutlich, zeigt die Abb. 3.19 die Trajektorien eines Objektes über Kamera 1 bis 6. Das Objekt wurde jeweils in Kamera 6 interaktiv selektiert und wurde anschließend automatisch verfolgt. Die Abbildung links zeigt zunächst die Überlagerung der mit dem Single-Template-Ansatz generierten Trajektorie (rot ausgefüllte Punkte) mit der aus den annotierten Ground Truths generierten Referenztrajektorie (graue Kreise). Man erkennt hierbei deutlich die lückenbehaftete Trajektorie des Single-Template-Verfahrens aufgrund des hart gewählten Schwellwerts τ^{ReID}. Die Abbildung rechts zeigt die Überlagerung der aus dem Multi-Template-Verfahren gewonnenen Trajektorie mit der Referenztrajektorie. Das Ergebnis zeigt eine deutlich vollständigere Trajektorie.

3.6 Schlussbetrachtungen

In diesem Kapitel wurden Verfahren und Methoden zur Verfolgung eines vorselektierten Objektes (genauer einer Person) in einem Kameranetzwerk vorgestellt. Zuerst wurden die Algorithmen zur videobasierten Änderungs- bzw. Bewegungsdetektion sowie Merkmalsextraktion vorgestellt, welche in intelligenten Kameras zur sensororientierten Beobachtung eingesetzt werden können. Die extrahierten Merkmale stehen dann auf Anfrage den auftragsorientierten Prozessen (PRCs) zur Verfügung. Des Weiteren wurde im

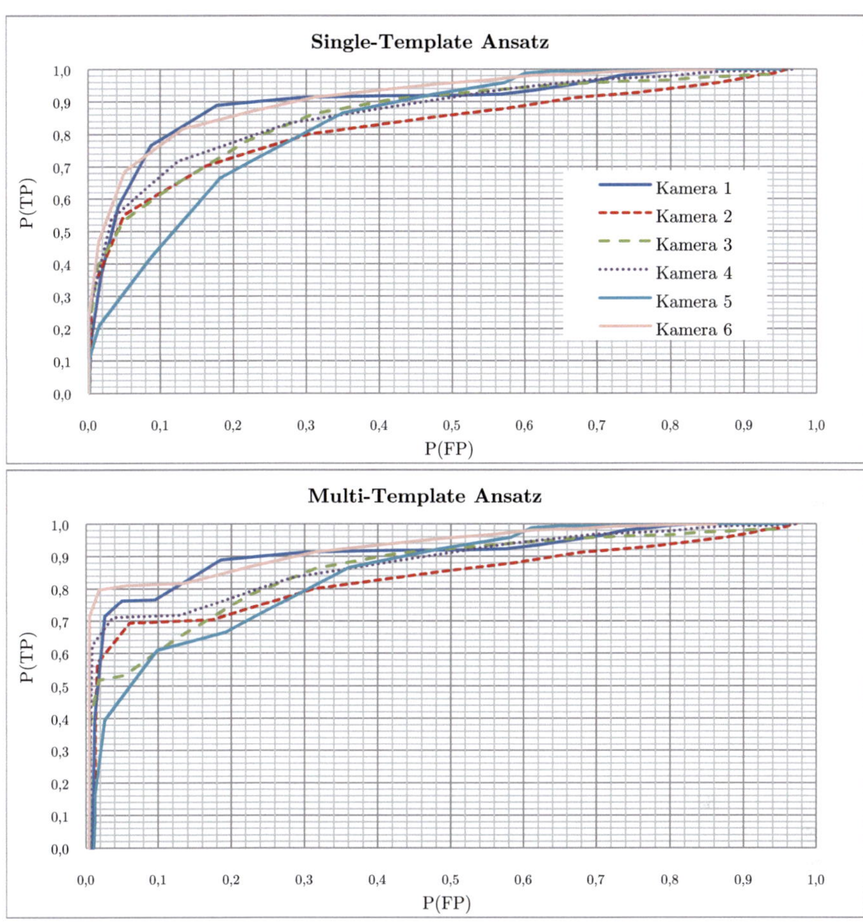

Abb. 3.18. Gegenüberstellung der ROC-Kurven beim Single-Template-Ansatz (links) und beim Multi-Template-Ansatz (rechts). Es ist deutlich zu sehen, dass der Multi-Template-Ansatz im definierten Arbeitsbereich eine deutliche Leistungssteigerung aufweist.

zweiten Teil dieses Kapitels die kameraübergreifende sequenzielle Datenassoziation (Tracking) vorgestellt. Ein auftragsorientierter Prozess ist hierbei jeweils für die Verfolgung einer einzigen Person zuständig.

Schließlich wurden die Methoden zur kameraübergreifenden Datenassoziation anhand von Testsequenzen evaluiert. Insbesondere wurde die Datenas-

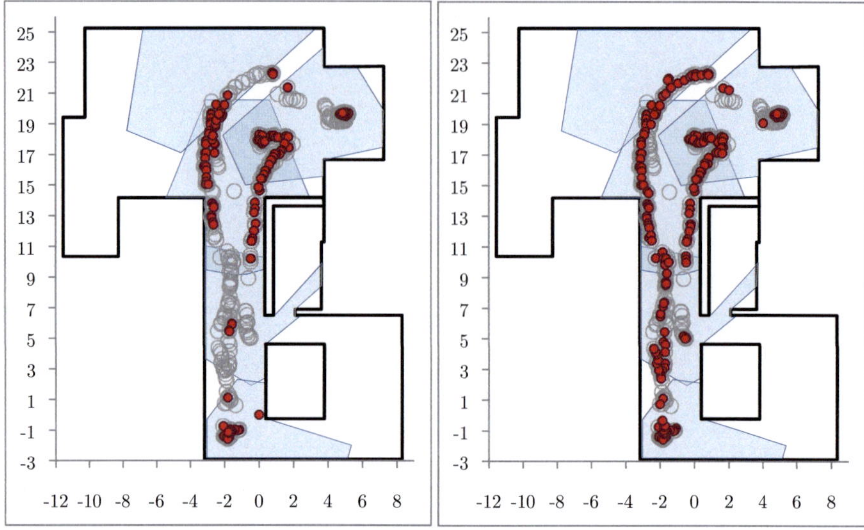

Abb. 3.19. Die Trajektorie die von einem Single-Template-Tracker erzeugt wurde weißt aufgrund der anspruchsvollen Kriterien (τ^{ReID}) signifikante Lücken auf (links). Der Multi-Template-Ansatz (rechts) führt durch die „Entschärfung" des Wiedererkennungsschwellwerts zu einer Erhöhung der Trajektorienauflösung ohne nennenswerte Erhöhung der Falschklassifikationsrate.

soziation basierend auf Erscheinungsmerkmalen für die exemplarische Wiedererkennung von Personen kameraübergreifend untersucht.

Die Ergebnisse zeigen, dass eine auftragsorientierte Verfolgung einzelner Personen in Kameranetzen mit überlappenden und nicht-überlappenden Sichtfeldern, mit einer für eine „Proof of Concept" ausreichenden Zuverlässigkeit möglich ist. Es konnte insbesondere gezeigt werden, dass die entwickelten erscheinungsbasierten Farbdeskriptoren im Zusammenhang mit der Earth Mover's Distance für die Bestimmung von korrespondierenden Objekten effizient eingesetzt werden können, wobei hier das entwickelte Verfahren zur modellbasierten Farbnormalisierung eine signifikante Leistungssteigerung des Systems erst ermöglichte. Zuletzt konnte durch den Multi-Template-Ansatz eine nachträgliche Verbesserung der Trajektorienauflösung erreicht werden, bei gleichzeitigem vernachlässigbarem Zuwachs der Falschzuordnungen.

Die Ergebnisse der vorgestellten Verfahren und Methoden zur kameraübergreifenden Personenverfolgung sowie die gewählte Prozessstruktur haben das auftragsorientierte Konzept prinzipiell bestätigt. In der bisher vorgestellten Form zeigt sich allerdings, dass ein quasi-zentraler (auftragsorientierter) Knoten lediglich in kleinen Sensornetzwerken einsetzbar ist. Der Einsatz zentraler Auswerteprozesse (PRCs, speziell das Fusionsmodul) für die jeweiligen Analyseaufträge führt in größeren Sensornetzwerken dazu, dass die sequentielle Datenassoziation zum Flaschenhals bei der Verarbeitung von Beobachtungsinformationen wird. Bereits bei drei Kameras mit überlappenden Sichtbereichen und fünf detektierten Personen sowie einer Bildwiederholfrequenz von 10 BpS könnten theoretisch bis zu 150 Beobachtungen pro Sekunde verzeichnet werden, die es auf Korrespondenz zum OdI zu prüfen gilt. Für jede Prüfung bleiben einem sequenziellem Assoziationsfilter bereits weniger als 7ms zur Verfügung. In großen Sensornetzwerken wäre die Grenze für eine schritthaltende Verarbeitung schnell erreicht.

Eine Lösung dieses Problems wurde bereits in 2.3.2 kurz vorgestellt: die dynamische Sensorselektion. Die Idee dieser Sensorselektion ist, dass die autonom agierenden Auftragsprozesse neben der reinen Verarbeitung der Beobachtungsdaten zusätzlich diejenigen Sensoren ermitteln sollen, die temporär für die aufgetragene Aufgabe relevant sind. Dadurch werden nur Beobachtungsinformationen dieser Sensoren angefordert und somit auch tatsächlich verarbeitet.

Im nächsten Kapitel wird eine neue, wissensbasierte Lösung hierfür vorgestellt. Diese Methode ist in der Lage, sehr effizient diejenigen Kameras zu ermitteln, welche für die quasi lückenlose Verfolgung von Personen in einem lückenbehafteten Kameranetzwerk benötigt werden. Es zeigt sich, dass die auftragsorientierte Objektverfolgung auch in großen Sensornetzwerken eingesetzt werden kann, ohne relevante Informationen zu verlieren.

4

Dynamische Sensorselektion

In diesem Kapitel wird ein neues Verfahren zur dynamischen Sensorselektion in großen Kameranetzwerken vorgestellt, um ein bewegtes Objekt in einem lückenbehafteten Kameranetzwerk nahtlos verfolgen zu können.

Im Folgenden wird zunächst ein Überblick über den Stand der Forschung zum Thema Kameraselektion zur Objektverfolgung in Kameranetzwerken präsentiert. Danach wird ein neuer Ansatz zur dynamischen Sensorselektion für eine lokale Sensorauswertung präsentiert. Es folgt die Einführung spezieller Methoden aus der algorithmischen Geometrie, die als Grundlage für das dargestellte Sensorselektionsverfahren dienen. Im Absatz 4.4 werden dann die entwickelten Algorithmen, welche auf dem neuen Ansatz basieren, detailliert beschrieben und die erzielten Ergebnisse diskutiert. Eine Schlussbetrachtung fasst das Kapitel zusammen.

4.1 Stand der Forschung

Während rege Forschungsaktivitäten auf dem Gebiet der Objektdetektion und -verfolgung in Kamerasystemen zu verzeichnen sind, findet man verhältnismäßig wenige Untersuchungen im Bereich der Sensorselektion. Einige dieser Arbeiten beschäftigen sich näher mit dem Problem der Selektion allgemeiner Sensoren zur Objektlokalisierung und -verfolgung in Sensornetzwerken [Biswas 06]. Diese Arbeiten sind verstärkt im Zusammenhang mit der Erforschung von drahtlosen selbstorganisierenden Sensornetzwerken zu finden. Hierbei steht allerdings weniger die multisensorielle Informationsauswertung im Vordergrund, sondern vielmehr die dynamische Generierung von energie- und bandbreiteneffizienten Kommunikationsinfrastrukturen.

Im Bereich der videobasierten Sensornetzwerke wurde die Problematik der multisensoriellen Auswertung bereits konkreter untersucht [Puhuluwutta 04, Ercan 06, Park 06, Snidaro 03, Collins 01], da die Kosten für die Auswertung nicht relevanter Sensoren durch die großen Datenmengen von Bildfolgen sehr hoch sind. Verfahren zur Kameraselektion lassen sich hierbei in zwei Gruppen einteilen: wissensbasierte/deterministische Verfahren und stochastische Ansätze.

Die meisten deterministischen oder wissensbasierten Verfahren sind weitgehend spezialisiert auf bestimmte Rahmenbedingungen wie lückenlose Sensorabdeckung [Ukita 03, Khan 01], stets überlappende Erfassungsbereiche [Ercan 06, Ercan 03] und zugeordnete Sensoren bei gegebenen Objektpositionen (z. B. Look-Up-Tables [Park 06]). Bei gegebenen Voraussetzungen sind sie jedoch echtzeitfähig und erreichen stets eine optimale Sensorselektion. Allerdings ist der Einsatz solcher Verfahren für sehr große Netzwerke (z. B. Videoüberwachung in Städten mit mehr als 1000 Kameras) nicht möglich, da der Aufwand für eine lückenlose Flächenabdeckung sowie für eine vorab definierte Kameraselektion unverhältnismäßig hoch wäre. Weiter ist gerade der Einsatz von vordefinierten Look-Up-Tables aufgrund der vorab durchzuführenden rechenlastigen Berechnung der Tabellen ausschließlich in statischen Sensornetzwerken möglich.

Einige Verfahren umgehen die aufwändigen Vorarbeiten, indem sie einen lernbasierten stochastischen Ansatz verfolgen. Die Bewegungsfreiheit von Objekten in einem Sensornetzwerk wird in einer Lernphase trainiert und die objektbezogene Relevanz von Sensorknoten anhand der vorher bestimmten Auftrittswahrscheinlichkeiten bestimmt [Javed 03, Zou 07, Porikli 03]. Dadurch können Relationen zwischen Sensoren mit nicht überlappenden Sichtfeldern statistisch erfasst und später zur sensorübergreifenden Objektverfolgung eingesetzt werden. Leider lässt sich dieser Ansatz in einem auftragsorientierten System nicht direkt einsetzen. Es gibt hierfür zwei Gründe: Zum einen verlangt eine solche Statistikerstellung, dass man alle Objekte, die in allen Kameras detektiert werden, erfasst. Dies widerspricht dem auftragsorientierten Paradigma, welches nur die Sammlung und Auswertung von auftragsbezogenen Informationen erlaubt. Zuletzt sind diese Verfahren prinzipiell nur anwendbar (bzw. ausreichend robust), wenn eine hohe Anzahl an Objekten sich während der Trainingsphase im überwachten Bereich aufhalten. Solche Verfahren sind prädestiniert für den Einsatz in hochfrequentierten Umgebungen wie Bahnhöfen oder Einkaufszentren.

In der Praxis – wie auch im Rahmen dieser Forschungsarbeit – ist die Möglichkeit einer Lernphase bzw. einer Statistikerstellung nicht immer gegeben. In Netzwerken mit mobilen oder dynamischen Sensoren ist ein fortlaufendes Lernen von Objektbewegungen und Sensorrelationen kaum möglich. Des Weiteren ist bei einer niedrigen bzw. mittleren Objektbeobachtungsfrequenz die Erstellung von robusten Statistiken sehr schwierig. Der im Rahmen dieser Arbeit entwickelte Ansatz schafft für diese Anwendungsfälle Abhilfe.

4.2 Ansatz zur dynamischen Sensorselektion

In diesem Absatz wird ein neuer Ansatz zur dynamischen Sensorselektion vorgestellt, der dem auftragsorientierten Gedanken folgt. Die Sensorselektion wird in dieser Arbeit auch als Sensorclustering bezeichnet, wobei mit Clustering die logische Bündelung oder Zuordnung von Sensoren zu einem Auftrag bezeichnet wird. Die entwickelten Methoden erfüllen den *dynamischen Sensor Manager* im auftragsorientierten Prozess (PRC) mit Leben und schließen den Verarbeitungszyklus bestehend aus Videoauswertung in der IVP (Beobachtung), auftragsorientierter Datenfusion (Trackingmodul) und Selektion neuer Informationsquellen (siehe Abb. 2.6).

Das Sensorclustering basiert auf Methoden aus der algorithmischen Geometrie und ist in der Lage, auftragsrelevante Kameras (d. h. solche, die notwendig für das Multikamera-Tracking sind) durch Auswertung von geometrischen Relationen zwischen Kamerasichtfeldern, Gebäudemodell und aktueller Objektposition zu bestimmen. Es ist insbesondere möglich, ein Objekt auch bei lückenhafter Sensorabdeckung nach einem kurzen oder mittelfristigen Verschwinden aus den Sichtbereichen anhand einer minimalen Anzahl an Kameras wieder zu finden.

Die Sensorselektionsaufgabe lässt sich demnach auf die Frage nach der minimalen Untermenge der Sensoren abbilden, die mindestens in den Beobachtungscluster mit einbezogen werden müssen, um sowohl die aufgetragene Beobachtungsaufgabe zu erfüllen als auch um sicherzustellen, dass das gewünschte Objekt unabhängig von seiner Bewegung immer durch eine lokale Auswertung der Clustersensoren lückenlos beobachtet werden kann.

Dies bedeutet, dass anhand der bereits verfügbaren a-priori-Informationen (Sichtbereiche und Umgebungsmodell) die Untermenge an Sichtfeldern ermittelt werden soll, welche garantiert, dass das beobachtete Objekt niemals den Überwachungsbereich des gesamten Clusters unbemerkt verlassen

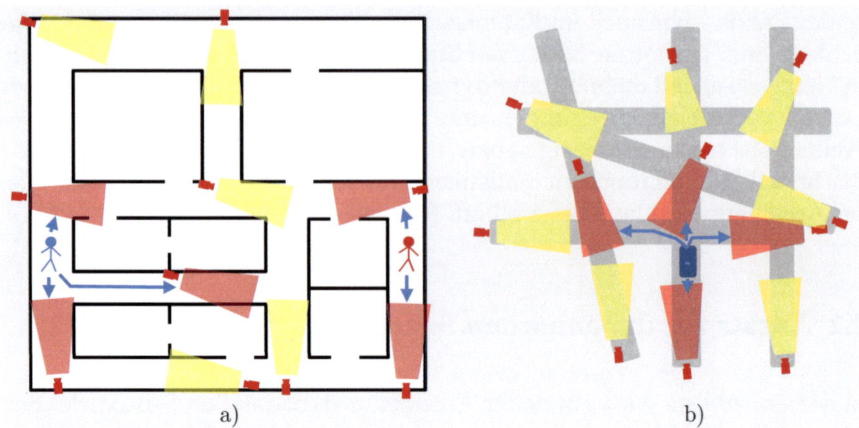

a)   b)

Abb. 4.1. Durch die „Umzingelung" eines Objektes durch physikalische (schwarze Linien) und virtuelle Begrenzungen (rot dargestellte Kamerasichtfelder) kann der Aufenthaltsbereich eines Objektes lokal eingegrenzt werden. Die durch gelbe Sichtfelder dargestellten Kameras sind hingegen für die lokale Informationsgewinnung nicht notwendig.

kann. In diesem Fall wäre eine neue Beobachtung des Objektes durch die alleinige Auswertung der Clustersensoren stets möglich.

Bei näherer Betrachtung des Problems kommt man zu dem Schluss, dass es essenziell ist, ein zu beobachtendes Objekt immer anhand der Erfassungsbereiche der Clustersensoren zu *umzingeln*, um die Bewegungsfreiheit dieses Objektes stets in einem lokalen Teilbereich der überwachten Liegenschaft einzugrenzen. Darüber hinaus gelten alle weiteren Kameras, die sich mit ihrem Sichtfeld innerhalb des Clusterbereiches befinden, ebenfalls als Clustersensoren, da das Objekt direkt vor einer dieser Kameras auftauchen kann. Abb. 4.1 zeigt zwei typische Anwendungen dieses Ansatzes. Das erste Bild zeigt, wie der Aufenthaltsbereich von Personen in einem Gebäude mit Wänden als physikalische und die Sichtfelder der Kameras als virtuelle Begrenzungen eingeschränkt wird. Das zweite Bild zeigt eine ähnliche Anwendung für Verkehrsmonitoring. Die physikalischen Begrenzungen sind hierbei durch die Fahrbahngrenzen gegeben, die virtuellen ebenfalls durch die Kamerasichtfelder. Es ist ersichtlich, dass durch die räumliche Eingrenzung des Objektes eine Auswertung der Clustersensoren, also der Kameras, die das Objekt umzingeln, völlig ausreichend ist, um dieses Objekt weiterhin zu beobachten.

Nun bleibt noch die Frage nach effizienten Methoden, um die *relevanten* Sensoren, also diejenigen, die das Objekt umzingeln, zu bestimmen. Hierfür wurde im Rahmen dieser Forschungsarbeit ein neues wissensbasiertes Verfahren entwickelt, welches anhand von geometrischen a-priori-Informationen gegeben durch Umgebungsmodell und dynamische Informationen über die aktuellen Erfassungsbereiche der Sensoren effizient die relevanten Clustersensoren bestimmen kann. Das Verfahren ist i. Allg. für jegliche Sensornetzwerke anwendbar, wird aber in dieser Arbeit explizit für ein Kameranetzwerk eingesetzt. Als Umgebungsmodell wird ein einfacher Gebäudegrundriss verwendet, um statische physikalische Begrenzungen (Wände und sonstige Hindernisse) zu repräsentieren.

In diesem Kapitel werden Algorithmen basierend auf diesem Verfahren im Detail vorgestellt. Die auftragsorientierten Prozesse werden anhand dieser Verfahren in die Lage versetzt, autonom die benötigten Informationsquellen zur Laufzeit zu bestimmen. Dies geschieht wiederum, ohne alle im Netzwerk verfügbaren Sensoren auszuwerten und auf ihre Relevanz hin untersuchen zu müssen, sondern lediglich durch die lokale Auswertung der im vorherigen Selektionsschritt bereits als Clustermitglieder klassifizierten Sensoren und unter Zuhilfenahme von a-priori-Wissen.

In den folgenden Abschnitten werden zunächst Grundlagen zu den eingesetzten Methoden aus der algorithmischen Geometrie vermittelt. Danach wird der neue wissensbasierte Ansatz in mehreren Stufen detailliert vorgestellt. Zunächst wird der Sensorselektionsalgorithmus in seiner Grundform beschrieben. Hierbei wird ein *fehlerfrei arbeitender* Personendetektor und -tracker zur Ermittlung der aktuellen Objektposition und ein statisches Sensornetzwerk vorausgesetzt. Aufbauend auf diesem Grundalgorithmus wird das Verfahren in zwei Stufen weiterentwickelt, zum einen, um die Einsetzbarkeit eines realen Personentrackers zu ermöglichen, und zum anderen, um dynamische Sensornetzwerke zu berücksichtigen (z. B. hier der Einsatz von Pan/Tilt-Kameras). Abschließend werden Simulationsergebnisse präsentiert und diskutiert.

4.3 Grundlagen

4.3.1 Arrangements von Linien und Liniensegmenten

Der Algorithmus zur wissensbasierten Kameraselektion, welcher in dieser Forschungsarbeit entwickelt und untersucht wurde, basiert auf sogenannten *Arrangements von Liniensegmenten*. Diese stellen eine Sonderform der allgemeinen *Linienarrangements* dar, welche anstatt aus Geraden aus räumlich begrenzten Liniensegmenten bestehen.

In diesem Abschnitt soll zunächst eine kurze, allgemeine Einführung zu den *Linienarrangements* gegeben werden. Anschließend wird der Übergang zu den *Arrangements von Liniensegmenten* durch eine räumliche Begrenzung der Linien verdeutlicht. Schließlich folgt eine kurze Erläuterung einer Repräsentation der Arrangements für eine effiziente computergestützte Verarbeitung.

Ein *Linienarrangement* ist eine Menge $\mathcal{L}$ von Geraden in der Ebene (2-D). Man spricht vom Arrangement, das durch $\mathcal{L}$ erzeugt und mit $A(\mathcal{L})$ bezeichnet wird. Ein Linienarrangement teilt eine Ebene in konvexe Elemente der Dimension 0, 1 und 2 auf. Die Elemente der Dimension 0 sind die Schnittpunkte der Linien und werden Knoten (engl.: vertices) genannt. Maximale knotenfreie Liniensegmente (Dimension 1) werden als Kanten (engl.: edges) und zusammenhängende Teile der Ebene (Dimension 2) ohne Linien- und Knotenpunkte werden als Zellen (engl. faces) bezeichnet. Diejenigen Kanten und Zellen, die die Ebene nicht endlich begrenzen, nennt man *unbegrenzt* (Abb. 4.2a).

Ein Arrangement ist demzufolge definiert durch $A(\mathcal{L}) = (\mathcal{E}, \mathcal{V}, \mathcal{F})$, mit $\mathcal{E}$ als die Menge der entstandenen Liniensegmente, $\mathcal{V}$ als die Menge der entstandenen Zellen und $\mathcal{E}$ als die Menge der entstandenen Knotenpunkten in der Ebene.

Ein Arrangement wird als *trivial* bezeichnet, wenn alle Linien aus $\mathcal{L}$ durch einen Punkt **p** verlaufen, also das Arrangement nur einen einzigen Knoten besitzt. Wenn kein Knoten existiert, welcher durch einen Schnittpunkt von mehr als zwei Linien entstanden ist, so wird das Arrangement als *einfach* bezeichnet (Abb. 4.2a).

In der Praxis der kombinatorischen Geometrie trifft man häufig auf Arrangements oder abgeleitete Methoden. Oft werden z. B. Punkte im Raum durch eine *Dualität* als Linien dargestellt. Mit dieser dualen Abbildung ist

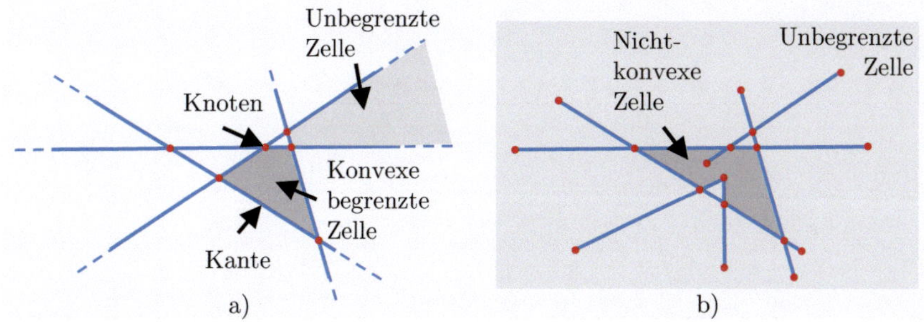

Abb. 4.2. Linienarrangements (a) bestehen aus Geraden und erzeugen somit ausschließlich konvexe Zellen in der 2-D Ebene. Arrangements von Liniensegmenten hingegen (b) bestehen aus Linien mit einer begrenzten Länge und erzeugen somit sowohl konvexe als auch konkave Zellen.

es uns nun möglich, eine beliebige Menge von Punkten in ein Arrangement zu überführen, und anders herum. Dadurch werden oft Relationen zwischen Punkten deutlich, die sonst weniger deutlich erkennbar gewesen wären [Felsner 04].

Ein Arrangement von Liniensegmenten ist gegeben durch eine Menge $\mathcal{L}$ an Liniensegmenten in der Ebene (Abb. 4.2b). Das erzeugte Arrangement $A(\mathcal{L})$ besteht nun aus konvexen und nicht-konvexen Zellen. Manche nicht-konvexe Zellen können dadurch auch *nicht-einfach* verbunden sein (ähnlich Polygonen mit Löchern).

Bleibt noch die Frage, wie man Arrangements für die computergestützte Verarbeitung effizient darstellen bzw. repräsentieren kann. Hierfür haben sich die *doubly-connected edge lists* (DCEL) als Datenstruktur bewährt und zu einem Standard in der algorithmischen Geometrie entwickelt [de Berg 08, Goodman 97].

4.3.2 Doubly-Connected Edge Lists (DCEL)

DCELs repräsentieren einzelne Kanten durch Paare von gerichteten Halbkanten (engl.: halfedges) (Abb. 4.3b), wobei eine Halbkante von einem Endknoten zum zweiten zeigt, während die zweite Halbkante (die sogenannte Zwillingskante oder „twin-edge") in die entgegengesetzte Richtung zeigt. Ein DCEL-Element besteht aus drei Datensatz-Containern, die jeweils Verknüpfungen zu anderen DCEL-Elementen über Knoten-, Halbkanten- oder

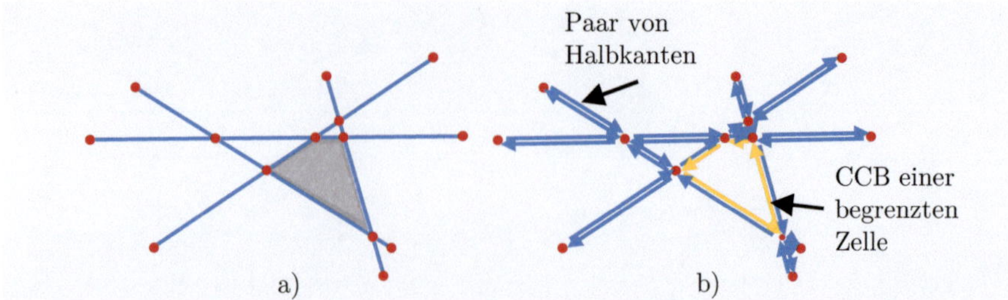

Abb. 4.3. Für eine effiziente Traversierung wird ein Arrangement von Liniensegmenten (a) in eine *Doubly-Connected Edge List* (DCEL) überführt (b).

Zellen-Relationen herstellen, wobei die Halbkanten speziell zur Verbindung von Knoten und zur Trennung von Zellen verwendet werden. D. h. zu jeder Halbkante gibt es immer direkt verknüpfte Knoten und Zellen.

Weiter folgt auf eine Halbkante stets eine weitere Halbkante, welche die gleiche Zelle begrenzt. Hierbei ist der Endknoten der einen Halbkante der Ursprungsknoten der nachfolgenden Halbkante. Mit dieser Struktur ist es möglich, sehr effizient sowohl Linienarrangements als auch Arrangements von Liniensegmenten nach Zellen zu traversieren[1] (siehe CCB[2] in Abb. 4.3b), indem man lediglich verknüpften Halbkanten sequenziell folgt. Diese Möglichkeit ist von besonderer Bedeutung für den hier vorgestellten Algorithmus.

Die Struktur und die damit zusammenhängende Flexibilität und Einsatzvielfalt der *Arrangements von Liniensegmenten* (in Form von DCELs) müssen jedoch teuer erkauft werden. Die Erzeugung eines kompletten Arrangements bedarf eines hohen Rechenaufwandes. Die kombinatorische Komplexität eines Arrangements ist direkt abhängig von der Anzahl an Kanten, Knoten und Zellen. Ein Arrangement erzeugt durch n Liniensegmente, kann aus bis zu $n(n-1)/2$ Knoten, n^2 Kanten und $n^2/2+n/2+1$ Zellen bestehen. Die maximale Zahl dieser Elemente wird erreicht bei einem *einfachen* Arrangement. In [de Berg 08] wurde allerdings gezeigt, dass ein *einfaches* Linienarrangement mit einer Rechenkomplexität von $O(n^2)$ mit n als Anzahl an Linien generiert werden kann.

---

[1] Mit Traversierung ist hierbei speziell die gezielte Suche nach Zellen im Arrangement gemeint.

[2] CCB steht für *connected component of the boundary* und bezeichnet eine Verkettung von aufeinander folgenden Halbkanten, welche der Berandung begrenzter Zellen entspricht.

Ein Vorteil der DCEL-Struktur und der Arrangements i. Allg. ist die Verfügbarkeit von hocheffizienten Methoden zur Punkt-, Kanten- oder Zellenlokalisierung und Manipulation [de Berg 08, Board 07, Wein 07]. Diese wurden in umfangreichen Forschungsarbeiten der letzten Jahrzehnte untersucht und stetig weiter entwickelt, sodass sie hier direkt als optimierte Basismethoden für einzelne Operationen eingesetzt werden können.

4.3.3 Kürzeste Pfade in löchrigen Polygonen

Eine weitere Methode aus der algorithmischen Geometrie, welche im Verfahren zur Kameraselektion zum Einsatz kommt, ist die Berechnung von kürzesten Pfaden in Polygonen mit Hindernissen (Löcher).

Als kürzesten Pfad versteht man i. Allg. den kürzesten Weg zwischen zwei Punkten. Dieser Weg führt ggf. um Hindernisse herum und besitzt eine minimale Distanz.

Algorithmen zur Bestimmung von kürzesten Pfaden bestehen üblicherweise aus zwei Teilen: einer Vorverarbeitung und einer Suchanfrage. Bei der Vorverarbeitung wird das a-priori-Wissen über Begrenzungen und Hindernisse in eine für die Suchanfrage effiziente Datenstruktur überführt. Die Erzeugung einer solchen Datenstruktur kann evtl. sehr rechenintensiv und somit zeitaufwändig sein. Da es sich allerdings um eine einmalige Vorverarbeitung handelt, kann dieser Aufwand vernachlässigt werden.

Eine solche Vorverarbeitung ist allerdings je nach Anwendung nicht immer möglich. Verändert sich die Datengrundlage (z. B. bei veränderlichen Umgebungsmodellen mit bewegten Hindernissen), so muss die effiziente Datenstruktur zur Laufzeit der Suchanfrage erstellt bzw. aktualisiert werden.

Als Vorverarbeitung wird üblicherweise ein sogenannter *Visibility-Graph* des Gebäudes berechnet. Die Knoten des Graphen sind durch Eckpunkte des Linienmodells des Gebäudeplans (Abb. 4.4a) gegeben. Zwei Knoten des Visibility-Graphen sind mit einer Kante verbunden, wenn die zugehörigen zwei Punkte im Gebäude Blickkontakt haben (Abb. 4.4b) [de Berg 08, O'Rourke 97]. Der Graph kann dann beispielsweise als Adjazenzmatrix hinterlegt werden.

Die Berechnung von kürzesten Wegen kann in großen Graphen sehr rechenintensiv sein. Im Kontext der auftragsorientierten lokalen Auswertung wurde deshalb eine Modifikation dieses klassischen Verfahrens vorgenommen.

Dieser Ansatz strebt eine maximale Reduzierung des Visibility-Graphen zur Beschleunigung der Pfadberechnung an.

Der generierte Visibility-Graph lässt sich durch Prüfung geometrischer Eigenschaften der Knoten auf ihre Relevanz für die Berechnung von kürzesten Pfaden minimieren. Stellt ein Knoten eine „konkave Ecke" innerhalb des Gebäudepolygons dar, d. h. weisen zwei aufeinander folgende Liniensegmente einen Winkel von $\leq 180°$ auf, so ist dieser Knoten für einen kürzesten Pfad nicht geeignet und somit für dessen Berechnung nicht von Relevanz. Ist ein Knoten hingegen eine „konvexe Ecke" innerhalb des Gebäudes, so wird dieser im Visibility-Graphen berücksichtigt. Abbildung 4.4c zeigt hierzu exemplarisch, wie eine solche Analyse der Knoten zu einer signifikanten Reduktion des Graphen führen kann. Abbildung 4.4d zeigt den resultierenden Visibility-Graphen, welcher nach dieser Filterung zur Verfügung steht.

In dieser Arbeit wird darüber hinaus eine weitere Reduktion des Visibility-Graphen durchgeführt. Dies bietet sich an, da der eingesetzte Objektzustandsschätzer die Bewegungsdynamik des Objektes in Form einer Positionsunsicherheit mit modelliert. Die Unsicherheit $\mathbf{P}^-(t_k)$ des prädizierten Objektzustands $\hat{\mathbf{x}}^-(t_k)$ (Objektposition) kann, wie in Abschnitt 3.4.3 beschrieben, dazu verwendet werden, anhand der Mahalanobis-Distanz zwischen $\hat{\mathbf{x}}^-(t_k)$ und einem beliebigen Punkt die Plausibilität für das Auftreten des Objektes an dieser Stelle zu bestimmen (Gating). Liegt die Mahalanobis-Distanz oberhalb eines vordefinierten Schwellwerts, so ist es aufgrund der Bewegungsdynamik des Objektes (maximale Geschwindigkeit) sehr unwahrscheinlich, dass die Person in der seither verstrichenen Zeit diese Position erreichen kann.

Ausgehend von der Startposition $\hat{\mathbf{x}}^-(t_k)$ werden im Folgenden alle Knoten des Visibility-Graphen auf ihre Relevanz für die aktuelle Anfrage geprüft.

Knoten, die aufgrund ihrer Distanz zum Startpunkt für ein Objekt „unerreichbar" sind, kommen auch für einen kürzesten Pfad nicht in Frage und können somit ausgeschlossen werden. Dadurch wird eine weitere Reduzierung des Visibility-Graphen auf eine lokale Untermenge der ursprünglichen Knoten erreicht (Abb. 4.4e-g).

In Abschnitt 4.2 wurde weiter die Idee eingeführt, dass für die lokale Beobachtung von Objekten die Kameras ausreichend sind, die das Objekt umzingeln. Kennt man die lokale Umgebung, in der sich das Objekt bewegen kann, so kann man dieses Wissen dazu verwenden, nur für diesen Bereich auch einen Visibility-Graphen zu berechnen. Im weiteren Verlauf dieses Kapitels werden basierend auf den Arrangements von Liniensegmenten Algorithmen entwickelt, mit denen man diese lokale Umgebung bestimmen kann. Die ermittelte Zelle, in der sich das Objekt aufhalten muss, dient dann wiederum als lokales Polygon für die Berechnung von kürzesten Pfaden.

Ist der Visibility-Graph ermittelt, so wird schließlich für jede Suchanfrage der Graph mit einem Objekt- und Eintrittspunkt im jeweiligen Kamerasichtfeld als zusätzlichen Knoten ergänzt (Abb. 4.4g, Objektpunkt in rot, Eintrittspunkte in blau dargestellt). Der aktualisierte Visibility-Graph steht dann für die Bestimmung des kürzesten Pfades zwischen Objekt- und Eintrittsknoten zur Verfügung.

Die Suche der kürzesten Wege zwischen Knoten in Graphen ist ein klassisches Problem aus der algorithmischen Geometrie mit Anwendung im Bereich der Navigationsunterstützung (Routenplanung), autonomen Navigation, Robotik, bis hin zur Optimierung von Datenverkehr in Netzwerke (Link State Routing) um nur einige zu nennen. Dementsprechend existieren zahlreiche Algorithmen zur Lösung dieses Problems [Mitchell 97, Klein 05, O'Rourke 98]. I. Allg. unterscheidet man hierbei drei Typen von Ansätzen:

- die *Single-Pair-Query* (SPQ),

- die *Single-Source-Query* (SSQ) und

- die *All-Pairs-Query* (APQ).

Bei der *Single-Pair-Query* wird eine Anfrage nach dem kürzesten Pfad zwischen zwei beliebigen Knoten im Graphen gesucht. Bei der *Single-Source-Query* sollen die kürzesten Pfade zwischen einem vorgegebenen Knoten und allen anderen Knoten ermittelt und bei der *All-Pairs-Query* sollen die kürzesten Pfade zwischen allen Knoten untereinander bestimmt werden.

Für die vorliegende Arbeit wird eine *Single-Source-Query* benötigt und es wurde der Algorithmus von Dijkstra's verwendet. Hierbei ist es aber wichtig zu erwähnen, dass je nach Problemstellung auch spezielle auf diese Probleme hin optimierten Verfahren zur effizienteren und schnelleren Berechnung des kürzesten Pfades exisitieren. Zur Berechnung von kürzesten Pfaden in Straßennetzen z.B., kann die hierarchische Unterteilung dieser in Autobahnen, Landstraßen, etc. genutzt werden, um die Suche effizienter zu gestalten [Sanders 07]. Weiter kann es z.B. in der Bahnplanung autonomer Fahrzeuge oder Roboter in ggf. unbekannten Umgebungen notwendig sein den Visibility-Graphen aufgrund neu entdeckter Objekte dynamisch anzupassen und zu erweitern. Hierfür sind spezielle Strategien wie z.B. in [Koenig 02]

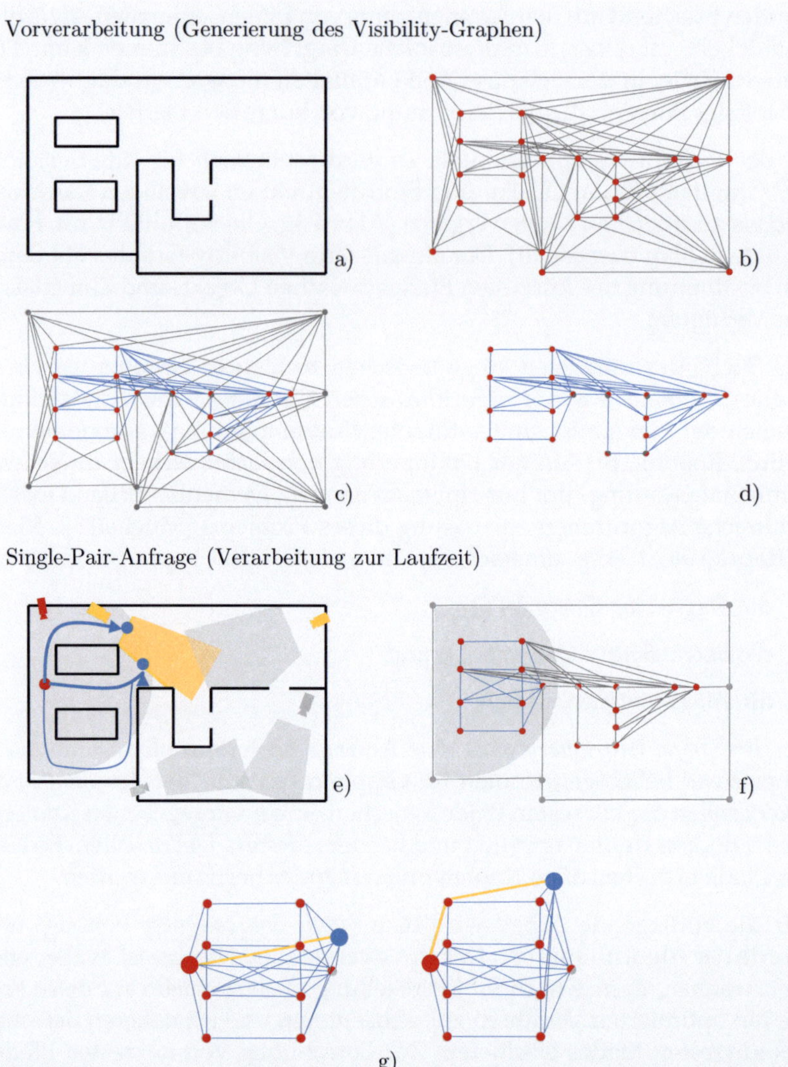

Abb. 4.4. Generierung eines Visibility-Graphen zur Berechung von kürzesten Pfaden in Polygonen mit Hindernissen: Abbildungen a) bis d) zeigen die Reduktion der Knoten anhand der Aussortierung „konkaver Ecken" des Gebäudes, die für einen kürzesten Pfad ausgeschlossen werden können. Abbildungen e) bis f) zeigen eine weitere Reduktionsmöglichkeit durch das Einbeziehen der Bewegungsdynamik eines Objektes. Abbildung g) zeigt den resultierenden Visibility-Graphen durch Hinzufügen des roten Objekt- und des blauen Eintrittsknotens.

vorgestellt notwendig. Weitere Verfahren versuchen durch Wahrscheinlich-
keitschätzungen für das Auftreten eines Hindernisses auf dem Pfad und dynamischer Anpassung von Kantengewichten, Routen zu optimieren. Hierfür können ebenfalls spezielle Verfahrenoptimierungen durchgeführt werden [Schroder 08], welche in der Praxis i. Allg. bessere Ergebnisse liefern
können. Die Verwendung des Standardverfahrens von Dijkstra soll deshalb
an dieser Stelle einen exemplarischen Charakter haben.

An dieser Stelle soll der Algorithmus von Dijkstra in aller Kürze erläutert
werden. Für eine detaillierte Beschreibung sei auf [Dijkstra 59] verwiesen.

Dijkstras Algorithmus geht wie folgt vor: Zunächst werden allen Knoten
des Graphen die Eigenschaften *Distanz*, *Vorgänger* und *besucht* zugewiesen.
Die Eigenschaft *Vorgänger* eines Knotens ist ein Verweis auf den im aktuell berechneten Pfad vorangegangenen Knoten. Daraus lässt sich von einem
Knoten der kürzeste Pfad zurück zum Objektknoten verfolgen. Die Distanz
ist hierbei die Summe aller Gewichte der Kanten, die durch die Vorgänger-
Verweise zum Objektknoten führen. Sie entspricht also der Länge des kürzesten Pfades vom Objektknoten zum jeweiligen Knoten. Die Eigenschaft
besucht ist eine boolsche Variable zur Feststellung, ob der Algorithmus einen
Knoten bereits verarbeitet bzw. untersucht hat.

In einem ersten Schritt werden die Knoten initialisiert. Der Objektknoten besitzt die initiale Distanz 0 und alle anderen Knoten die Distanz ∞. Im Initialzustand haben die Knoten keine Vorgänger und gelten alle als unbesucht.

Der Algorithmus wertet in einem zweiten rekursiven Schritt die Knoten des
Graphen wie folgt aus:

1. Speichere, dass der Knoten besucht wurde.

2. Berechne für alle noch unbesuchten Nachbarknoten die Summe des jeweiligen Kantengewichtes und die Distanz zum aktuellen Knoten.

3. Ist dieser Wert für einen Knoten kleiner als die dort gespeicherte Distanz,
   aktualisiere sie und setze den aktuellen Knoten als Vorgänger.

4. Fahre mit dem Knoten mit der minimale akkumulierte Distanz fort.

Dies wird solange wiederholt, bis alle Knoten als *besucht* deklariert wurden.
Sind keine unbesuchten Knoten mehr vorhanden, so kann man an der Dis-
tanzeigenschaft die kürzeste Weglänge eines jeden Knotens zum Startknoten
ermitteln. Weiter kann man durch die Verkettung der Vorgänger-Verweise
auf die kürzesten Pfade zum Startknoten schließen.

Man erkennt, dass Dijkstras Algorithmus im Prinzip ein *Single-Source-Query*-Verfahren ist. Für eine *Single-Pair-Query* hingegen kann der Algorithmus bei Schritt 2 abgebrochen werden, wenn der gesuchte Knoten der aktive, d. h. der mit der aktuell minimalen Distanz ist.

4.4 Eine wissensbasierte Lösung für das Kameraselektionsproblem

4.4.1 Wissens- und Objektzustandsmodellierung

Nach der kurzen Einführung in die Grundlagenmethoden wird nun der entwickelte Algorithmus zur wissensbasierten Sensorselektion vorgestellt (siehe auch [Monari 09a, Monari 10b]). Zunächst werden in den folgenden Abschnitten die verfügbaren a-priori Kenntnisse und die zur Laufzeit gewonnenen Informationen beschrieben, welche für die dynamische Kameraselektion eingesetzt werden. Es handelt sich hierbei um das vorab verfügbare Gebäude oder Umgebungsmodell, die Sensorzustandsinformationen (Kamerasichtfelder und die sogenannte *Sensorverfügbarkeit*) und zuletzt die Zustandsschätzung über das OdI (Objekttrack). Zunächst erfolgt die Beschreibung der Sensorzustandsinformationen. Die daraus erzeugten Kamerasichtfelder werden im anschließenden Abschnitt mit dem a-priori-Wissen über statische räumliche Begrenzungen (Gebäude- oder Umgebungsmodell) zu einem Arrangement von Liniensegmenten verschmolzen, welches die Grundlage für den entwickelten wissensbasierten Ansatz darstellt. Zuletzt steht die Zustandsschätzung über das OdI als Ergebnis des Trackingmoduls, beschrieben in Kapitel 3, dem Sensorselektionsverfahren zur Verfügung. All diese statischen und dynamischen Informationen werden von den Algorithmen zur Selektion der temporär auftragsrelevanten Kameras (bzw. i. Allg. Sensoren) mit einbezogen.

Sensorzustandsinformationen

In Abschnitt 1.3 wurde bereits die Annahme getroffen, dass jeder Sensor im Netzwerk als eine intelligente Kamera (IVP) konzipiert ist. Neben der Videoanalyse wurden auch Fähigkeiten zur Selbstlokalisierung und -kalibrierung vorausgesetzt. D. h. dass jede intelligente Kamera in der Lage ist, selbstständig (bzw. durch Zuhilfenahme von a-priori-Wissen) die eigene Position und

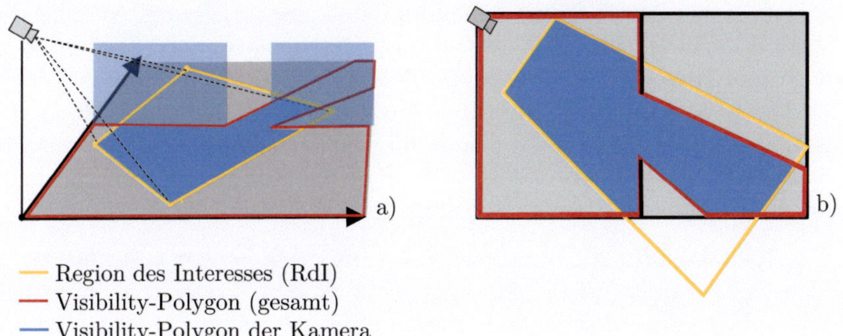

Abb. 4.5. Berechnung der Sichtbarkeitspolygone: Abbildung a) skizziert die Projektion der Region des Interesses (RdI) in der 2-D Bodenebene (gelbes Polygon). Ausgehend von der Kameraposition und durch Zuhilfenahme eines Gebäudemodells wird der Sichtbarkeitsbereich ermittelt (rotes Polygon). Die Schnittmenge dieser zwei Polygone ergibt den gesuchten Sichtbarkeits- oder Visibility-Polygon (blaue Fläche). Abb. b) skizziert diese Methode als 2-D Draufsicht.

Ausrichtung in einem globalen Koordinatensystem zu ermitteln. Bei Kenntnis der Kamerakalibrierungsparameter ist es möglich, die jeweiligen Sichtfelder als Polygone in der 2-D Bodenebene zu schätzen.

Für die wissensbasierte Sensorselektion werden von den intelligenten Kameras allerdings sogenannte Sichtbarkeitspolygone (*Visibility-Polygone*) in der 2-D Bodenebene benötigt. Während ein Sichtfeld den maximalen Erfassungsbereich einer Kamera durch die gegebene Orientierung und optischen Eigenschaften repräsentiert, ist das Sichtbarkeitspolygon eine Untermenge des Field-of-Views, das die direkt von der Kamera sichtbaren Bereiche darstellt. Ein Sichtbarkeitspolygon berücksichtigt also Einschränkungen der Sicht, gegeben durch Hindernisse (z. B. Verdeckungen durch Objekte, Wände usw.), aber auch zusätzliche Anforderungen an die Auflösung oder die Vorgabe einer Region des Interesses (RdI). Durch die verfügbare Kamerakalibrierung ist es möglich, das FoV einer Kamera in der 2-D Bodenebene zu berechnen. Diese wurden im hier eingesetzten Verfahren allerdings durch Regionen des Interesses (RdI) eingeschränkt, welche sich aus Vorgaben über die Abbildungseigenschaften des Objektes im jeweiligen Kamerabild ergeben (Mindestauflösung, maximale Objektgröße, Sichtwinkel etc.). Die RdIs werden durch Polygone in der 2-D Bodenebene repräsentiert (in Abb. 4.5 als gelbes Polygon skizziert).

Zusätzlich steht allen IVPs ein Gebäudemodell zur Verfügung. Anhand dieses Modells ermittelt jede IVP entweder vorab (bei statischen Sensoren) oder zyklisch (bei beweglichen Sensoren) die zugehörigen Sichtbarkeitsbereiche (Abb. 4.5, rotes Polygon). Hierfür wurde das Verfahren von Obermayer [Obermeyer 10, Obermeyer 08] eingesetzt. Die benötigten Sichtbarkeitspolygone ergeben sich nun aus der Schnittmenge der RdI mit den Sichtbarkeitsbereichen (in Abb. 4.5 in blau dargestellt).

Als Ergebnis wird für die Sensorselektion für jeden Sensor s_i im Netzwerk ein Sichtbarkeitspolygon $\mathcal{L}_i$ bestimmt (siehe Abb. 4.5). Dabei ist zu erwähnen, dass dieses für bewegliche Sensoren über die Zeit veränderlich ist und für eine korrekte Sensorselektion zyklisch aktualisiert werden muss.

Neben den Sichtbarkeitspolygonen liefern die IVPs zusätzlich ein Maß für die *Verfügbarkeit* des intelligenten Sensors. Die *Verfügbarkeit* ist als eine Kombination aus Qualitätsmetrik der im IVP eingesetzten Detektionsverfahren und Plausibilität der Detektionsergebnisse zu verstehen. Durch die *Verfügbarkeit* lässt sich eine Schätzung darüber abgeben, ob sich eine Kamera temporär zur Detektion und Wiedererkennung des Objektes des Interesses eignet bzw. hierfür eingesetzt werden kann.

Die *Verfügbarkeit* einer Kamera sei wie folgt definiert:

- Eine Kamera ist prinzipiell eingeschränkt verfügbar, wenn sie Objekte im Sichtbereich aufweist. Der Grund hierfür ist, dass, wenn Personen oder andere detektierte Objekte sich im Sichtbereich der Kamera befinden, prinzipiell die Möglichkeit besteht, dass diese Objekte (Personen, Fahrzeuge) das OdI verdecken. Deshalb ist die Verfügbarkeit in diesem Augenblick eingeschränkt.

- Eine Kamera ist auch dann eingeschränkt verfügbar, wenn diese Detektionen aufweist, die von sonstigen (nicht auftragsrelevanten) Objekten oder Störungen stammen. Beleuchtungsänderungen, Kameraregelung oder auch i. Allg. Falschdetektionen schränken die Detektions- und Erkennungsfähigkeit der intelligenten Kamera ein. Dies könnte unter Umständen dazu führen, dass das OdI nicht erfasst werden kann.

Für den in dieser Arbeit exemplarisch realisierten Personenverfolgungsauftrag wurde die *Verfügbarkeit* aus den Ergebnissen der Detektionsverfahren aus 3.4.1 abgeleitet. Die erzeugten Binärmasken m^{blob} werden evaluiert und ein einfaches Schwellwertverfahren entscheidet, ob die Kamera als verfügbar oder nicht verfügbar einzustufen ist:

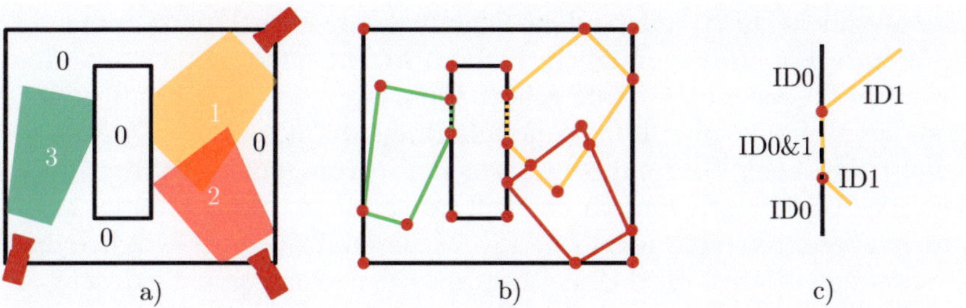

Abb. 4.6. Aus den verfügbaren Gebäudemodell sowie der Sichtbarkeitspolygonen der Kameras (a) wird ein Arrangement von Liniensegmenten generiert (b). Die Liniensegmente werden mit Indizes der jeweiligen Quelle versehen (c).

$$\vartheta_i = \begin{cases} 0 \text{ falls } |O_i| > 0 \vee \frac{\sum_{x,y} m_i^{blob}}{w_i^{img} h_i^{img}} > \tau^{falsedet} \\ 1 \text{ sonst.} \end{cases} \tag{4.1}$$

Gleichung 4.1 definiert hierbei eine Kamera als nicht verfügbar ($\vartheta_i = 0$), wenn entweder die Personen im Sichtbereich detektiert wurden ($|O_i| > 0$) oder sonstige Störungen bzw. Fehldetektionen in Form von Vordergrundspixel in m^{blob}, die nicht als Personen klassifiziert wurden, einen definierten Anteil $\tau^{falsedet}$ der Bildfläche $w_i^{img} h_i^{img}$ überschreiten.

Geometrische Wissensrepräsentation als Arrangement von Liniensegmenten

Ein weiterer zentraler Punkt des vorgestellten wissensbasierten Sensorselektionsverfahrens ist die Modellierung der Umgebung (hier ein Gebäude) und der Kamera-Sichtbarkeitspolygone in einer gemeinsamen geometrischen Repräsentation. Das Gebäudemodell sei gegeben durch die Menge der Liniensegmente $\mathcal{G}$. Für jede IVP, d. h. jede intelligente Kamera $s_i \in \mathcal{S}$, sind wie in Abschnitt 4.4.1 beschrieben die Sichtbarkeitspolygone durch Mengen von Liniensegmenten $\mathcal{L}_i$ gegeben.

Alle Liniensegmente werden nun verwendet, um ein Arrangement von Liniensegmenten $A(\mathcal{L} \cup \mathcal{G}) = (\mathcal{E}, \mathcal{V}, \mathcal{F})$ zu erzeugen. Die Liniensegmente des Gebäudes sowie die der Kamera-Sichtbarkeitspolygone werden zusätzlich mit einer eindeutigen Identifikationsnummer versehen (Abb. 4.6a und b). Die entstandenen Kanten im Arrangement übernehmen diese ID, auch wenn ein

Liniensegment durch entstandene Schnittpunkte in mehrere Kanten aufgeteilt wurde. Somit ist es möglich, auch im Arrangement zurückzuverfolgen, zu welchem Sensor eine Kante gehört. Liniensegmente, die sich überlappen, generieren eine einzige Kante, die allerdings die IDs beider Quellen beinhaltet (Abb. 4.6c). Wird ein Sensor aus dem Arrangement entfernt, so werden alle zugehörigen Kanten entfernt, es sei denn, diese gehören auch zu anderen Sensoren oder dem Gebäude. In diesem Falle wird lediglich die ID-Zuweisung entfernt. Wird eine Kante aus dem Arrangement gelöscht, kann dies dazu führen, dass durch das Wegfallen eines Knotens die Nachbarkanten verschmelzen. Dies geschieht ebenfalls nur, falls alle IDs der beiden benachbarten Kanten übereinstimmen.

Für dynamische Kameranetzwerke kann eine Aktualisierung der Sichtbarkeitspolygone und somit der zugehörigen Kanten im Arrangement nur durch das Entfernen und neu Hinzufügen von Liniensegmenten zuverlässig durchgeführt werden. Dies stellt den größten Aufwand für die Instandhaltung eines dynamischen Arrangements dar.

Beobachtungsinformationen (Objekt-Zustandsschätzung)

Da es sich bei der Sensorselektion um ein Verfahren basierend auf geometrischen Relationen zwischen Objekt, Kameras und Gebäude handelt, wird die Objektposition wie in Abschnitt 3.4.3 als Objektzustand interpretiert. Sowohl die Zustandsprädiktion $\hat{\mathbf{x}}^-(t_k) = \hat{\mathbf{x}}(t_{k-1}) = \mathbf{z}(t_{k-1})$ als auch die geschätzte Positionsunsicherheit $\mathbf{P}^-(t_k)$ werden in die Sensorselektion mit einbezogen. Durch die Auswertung der Zustandsprädiktion anstatt der Zustandsschätzung wird darüber hinaus erreicht, dass im Falle einer Objektverdeckung und somit ausbleibender neuer Positionsschätzungen dennoch eine Sensorselektion durchgeführt werden kann, wobei eine wachsende Unsicherheit gegeben durch das integrierte Bewegungsmodell den ungünstigsten Fall einer Positionsänderung des Objektes mit modelliert.

Allerdings kann die Unsicherheit der prädizierten Objektposition als bivariate Normalverteilung in einem Gebäude mit physikalischen Hindernissen nicht direkt eingesetzt werden. Aus diesem Grund wurde für die Sensorselektion anstatt der geschätzten Positionsunsicherheit $\mathbf{P}^-(t_k)$ die Annahme des ungünstigsten Falles verwendet. Dazu reduziert man die Fehlerkovarianzmatrix des prädizierten Zustands auf einen skalaren Wert, welcher die maximale Positionsabweichung wiedergibt.

Sei die Kovarianzmatrix durch

$$\mathbf{P}^-(t_k) = \begin{pmatrix} \sigma_1^2 & \rho\sigma_1\sigma_2 \\ \rho\sigma_1\sigma_2 & \sigma_2^2 \end{pmatrix} \tag{4.2}$$

gegeben. Für den ungünstigsten Fall erhält man eine maximale Positionsabweichung von

$$\sigma^{max} = \sqrt{\max\left(a_1^2, a_2^2\right)}, \tag{4.3}$$

mit

$$a_1^2 = \left(1 - \rho^2\right)\left(\frac{\cos^2\phi}{\sigma_1^2} - \frac{2\rho\sin\phi\cos\phi}{\sigma_1\sigma_2} + \frac{\sin^2\phi}{\sigma_2^2}\right)^{-1}, \tag{4.4}$$

$$a_2^2 = \left(1 - \rho^2\right)\left(\frac{\sin^2\phi}{\sigma_1^2} + \frac{2\rho\sin\phi\cos\phi}{\sigma_1\sigma_2} + \frac{\cos^2\phi}{\sigma_2^2}\right)^{-1} \tag{4.5}$$

und

$$\phi = \frac{1}{2}\arctan\left(\frac{2\rho\sigma_1\sigma_2}{\sigma_1^2 - \sigma_2^2}\right). \tag{4.6}$$

σ^{max} wird als die vom Objekt bis zum Zeitpunkt t_k maximal zurückgelegte Strecke interpretiert. Die Objekt-Zustandsschätzung ist somit durch die Positionsschätzung $\hat{\mathbf{x}}^-(t_k)$ und die maximale Positionsabweichung σ^{max} gegeben. Anhand dieser Angaben kann später ermittelt werden, ob ein Objekt einen beliebigen (auch nicht geradlinigen) Pfad zu einem Kamerasichtfeld zurückgelegt haben kann.

4.4.2 Sensorselektionsalgorithmus

Nach der Einführung der zur Verfügung stehenden Informationen werden nun Kameraselektionsalgorithmen vorgestellt, die als unabhängige Prozesse (d. h. entkoppelt von der Multisensor-Tracking Funktionalität) zyklisch auftragsrelevante Sensoren ermitteln und von diesen neue Beobachtungen abfragen. Diese Teilaufgabe wird durch den *dynamischen Sensor Manager* des PRCs übernommen.

Gegeben sind die geschätzte (prädizierte) Objektposition und die a-priori-Informationen über Sichtbarkeitspolygone der Kameras sowie die statische Umgebung (z. B. Gebäude). Diese Algorithmen ermitteln diejenigen Kameras, die eine fortlaufende Beobachtung des Objektes garantieren. Insbesondere werden neben den Kameras mit dem OdI im Sichtbereich zusätzlich die Kameras ermittelt, die man benötigt, um das Objekt wieder zu finden, wenn dieses sich temporär in nicht erfassten Bereichen eines lückenbehafteten Kameranetzwerkes aufhält.

Zunächst wird der Grundalgorithmus erläutert, der den allgemeinen Ansatz plakativ beschreibt. Hierbei werden zunächst vereinfachte Annahmen getroffen, darunter ein „perfekt" funktionierender Objektdetektor und -tracker sowie ein statisches Kameranetzwerk, um den Kerngedanken des Verfahrens zu verdeutlichen.

In einem zweiten Schritt wird der Grundalgorithmus in einer erweiterten und praxistauglichen Form für weiterhin statische Kameranetzwerke vorgestellt, wobei zusätzlich Implementierungsaspekte im Detail erläutert werden. Mit praxistauglicher Form ist hierbei gemeint, dass von einem nicht perfekten Objektdetektor bzw. -tracker ausgegangen werden muss.

In einem dritten und letzten Schritt wird dann auf die besondere Herausforderung des Einsatzes dieses Verfahrens für nicht-statische Sensornetzwerke eingegangen.

Grundalgorithmus

Zur formalen Beschreibung des Grundalgorithmus sei $\mathcal{S}$ eine endliche Menge an Sensoren. Zunächst werden die Sensoren $s_i \in \mathcal{S}$ in drei disjunkte Teilmengen aufgeteilt $\mathcal{S} = \mathcal{S}^{active} \cup \mathcal{S}^{passive} \cup \mathcal{S}^{inactive}$, wobei die Elemente der ersten Teilmenge als *aktive*, die Zweite als *passive* und die Dritte als *inaktive Clustersensoren* bezeichnet werden.

Zunächst soll eine Beschreibung der Klassen erfolgen, die auf der vereinfachten Annahme eines optimalen Objektdetektors bzw. -trackers basiert:

- Als *aktiv* werden all jene Sensoren klassifiziert, die das OdI im Erfassungsbereich haben – unabhängig davon, ob ein Sensor selbst die zugehörige Beobachtung zu einem bestimmten Zeitpunkt durchführen kann (z. B. aufgrund temporärer Teilverdeckungen des Objektes). Die *aktiven Sensoren* sind somit für die direkte Gewinnung von Beobachtungsinformationen über das überwachte Objekt verantwortlich.

- Als *passive Sensoren* werden solche bezeichnet, die zum Zeitpunkt der Sensorselektion das überwachte Objekt nicht im Sichtbereich aufweisen, die allerdings benötigt werden, um die mögliche Bewegungsfreiheit des Objektes im Überwachungsbereich lokal zu beschränken (d. h. um das

Objekt durch virtuelle Begrenzungen „einzukreisen"). Die *passiven Sensoren* werden demnach aus zwei Gründen ermittelt: Zum einen, um zu ermöglichen, dass lediglich eine Auswertung der Clustersensoren zur Bestimmung späterer aktiver Sensoren benötigt wird (rekursive lokale Auswertung); und zum anderen, um im Falle eines Verschwindens des Objektes aus allen Kamerasichtfeldern (z. B. wenn dieses sich zwischen Kamerasichtfeldern aufhält) den möglichen Aufenthalt des Objektes einzuschränken und somit weiterhin lokale Auswertung betreiben zu können. D. h. konkret: im Fall, dass der Aufenthalt des Objektes temporär nicht beobachtet werden kann, wird garantiert, dass ein Wiederauftauchen in einer aktiven oder passiven Kamera stattfindet.

- Die restlichen Sensoren werden als *inaktive Sensoren* bezeichnet und stellen die temporär nicht auftragsrelevanten Sensoren dar. Zu diesen Sensoren existiert keinerlei Kommunikation. Neue Beobachtungsinformationen werden ausschließlich bei den Clustersensoren (aktiven und passiven) abgefragt.

Jedem Sensor s_i ist eine Menge an Liniensegmenten $\mathcal{L}_i$ als Repräsentation des zugehörigen Sichtbarkeitspolygons auf der 2-D Bodenebene zugeordnet. Die Gesamtheit der Sichtbarkeitspolygone sei zusammengefasst als $\mathcal{L} = \bigcup_i \mathcal{L}_i$. Zusätzlich sei eine weitere Menge an Liniensegmenten $\mathcal{G}$ für das statische Umgebungsmodell oder den Gebäudeplan gegeben, welche durch die Liniensegmente physikalische Begrenzungen in der 2-D Bodenebene definiert.

Mit diesem Vorwissen führt der Sensorselektionsalgorithmus zunächst eine einmalige Initialisierung (Schritt 1) durch. Zu diesem Zeitpunkt wurde das OdI noch nicht selektiert und das *Trackingmodul* kann somit noch keine initiale Objektzustandsschätzung liefern. $\mathcal{S}^{active}$ ist somit eine leere Menge, während $\mathcal{S}^{passive}$ alle Sensoren im Sensornetzwerk beinhaltet, da ohne eine Objektposition keine räumliche Eingrenzung zur lokalen Auswertung möglich ist. Weiter wird ein komplettes *Arrangement von Liniensegmenten $A(\mathcal{L} \cup \mathcal{G})$* erzeugt, welches aus Liniensegmenten des Gebäudemodells und der Sichtbarkeitspolygone zum Zeitpunkt der Initialisierung besteht. Es sei hier noch einmal erwähnt, dass es jederzeit möglich ist, zurückzuverfolgen, aus welcher Informationsquelle eine Kante im Arrangement entstanden ist, d. h. ob sie von einem Sensor und wenn ja, von welchem sie stammt.

Nach einer initialen Schätzung der Objektposition und bei jeder neuen Aktualisierung dieser Zustandsschätzung (durch neue Objektdetektionen und -assoziationen) wird nur noch Schritt 2 durchlaufen.

In Schritt 2 wird zunächst die aktuell aktive Zelle $\mathcal{F}_{t_k}^{active}$ im Arrangement $A(\mathcal{L} \cup \mathcal{G})$ ermittelt, welche die aktuelle Positionsschätzung beinhaltet. Eine effiziente Punktlokalisierungsanfrage (engl.: point location query), wie in [Haines 94] beschrieben, wurde hierfür eingesetzt. Die Punktlokalisierungsanfrage gibt eine Liste an Kanten zurück, die die Umrandung der Zelle, genannt *connected component of the boundary* oder CCB, darstellt. $\mathcal{F}_{t_k}^{active}$ repräsentiert hierbei die Zelle (Punktmenge), welche die aktuelle Objektpositionsschätzung beinhaltet und von der ermittelten CCB umschlossen wird.

Unter der vereinfachten Annahme eines statischen Sensornetzwerkes und eines perfekt funktionierenden Objektdetektors und -trackers ist eine Neuberechnung der Clustersensoren nur dann notwendig, wenn sich das Objekt in einer anderen Zelle befindet als im vorangegangenen Schritt, d. h. wenn sich $\mathcal{F}_{t_k}^{active}$ von $\mathcal{F}_{t_{k-1}}^{active}$ unterscheidet. Ist dies der Fall, so wird eine neue Sensorselektion durchgeführt, in der zunächst die aktiven Sensoren bestimmt werden (Schritt 2b). Bei gegebener Objektpositionsschätzung $\hat{x}$ wird mit jedem Sichtbarkeitspolygon $\mathcal{L}_i$ der aktuellen Clustersensoren eine *Punkt-in-Polygon-Prüfung* durchgeführt, um die Sensoren zu bestimmen, die das Objekt im Sichtbereich haben. Hierfür wurde eine Implementierung des bekannten *Ray Casting Algorithm* [Wein 07] verwendet. Die Sensoren mit dem Objekt im Erfassungsbereich werden als neue aktive Sensoren deklariert (Abb. 4.7a).

Es ist wichtig zu erwähnen, dass bei der ersten Iterationsschleife, d. h. nach der Initialisierung des Objektes, alle Sensoren im Netzwerk als passive Sensoren und somit als Clustersensoren deklariert sind. Daraus folgt, dass die *Punkt-in-Polygon-Prüfung* für alle Sensoren durchgeführt wird. Allerdings wird in den folgenden Iterationen diese Prüfung bei einer stark reduzierten Anzahl an Clustersensoren durchgeführt, was eine hohe Effizient mit sich bringt.

Sind die aktiven Sensoren erst einmal ermittelt, werden die passiven in einem Folgeschritt (2c) bestimmt. Hierzu wird zuerst das *Arrangement* $A(\mathcal{L} \cup \mathcal{G})$ manipuliert. Dieses sei gegeben durch $A(\mathcal{L}' \cup \mathcal{G})$ mit $\mathcal{L}' \cup \mathcal{G}$ als die Vereinigungsmenge der Liniensegmente aus Umgebungsmodell $\mathcal{G}$ und den Sichtbarkeitspolygonen aller Sensoren im Netzwerk mit Ausnahme derer, die nun als aktiv klassifiziert sind. Die Subtraktion der Liniensegmente der aktiven Sensoren aus dem Arrangement ist ein entscheidender Teil des Algorithmus. Durch die Entfernung der aktiven Sensoren wird gewährleistet, dass die übrigen Kanten als physikalische (z. B. Wände) oder virtuelle Grenzen (*entry-edges* von Kameras) betrachtet werden können (Abb. 4.7c).

Algorithmus 1

---

1. Initialisierung (keine Initialposition verfügbar)

   a) Alle Sensoren sind als passiv definiert:

      $$\mathcal{S}^{active} = \emptyset,\ \mathcal{S}^{passive} = \mathcal{S},\ \mathcal{F}^{active} = \emptyset,\ \text{mit}$$
      $$\mathcal{S}^{active} \subseteq \mathcal{S},\ \mathcal{S}^{passive} \subseteq \mathcal{S} \backslash \mathcal{S}^{active}$$

      und $\mathcal{F}^{active}$ als Zelle des Arrangements, welche die Objektposition einschließt.

   b) Generiere ein komplettes Arrangement von Liniensegmenten:

      $$A(\mathcal{L} \cup \mathcal{G}) = (\mathcal{E}, \mathcal{V}, \mathcal{F})$$

2. Endlosschleife:
   Wenn eine neue Objektzustandsschätzung $\hat{\mathbf{x}}(t_k)$ verfügbar ist, dann

   a) ermittle $\mathcal{F}_{t_k}^{active}$ in $A(\mathcal{L} \cup \mathcal{G})$, welche die geschätzte Objektposition einschließt:

      $$\mathcal{F}_{t_k}^{active} = \{\mathcal{F}_u \in \mathcal{F} \mid \hat{\mathbf{x}}(t_k) \cap \mathcal{F}_u \neq \emptyset\}$$

      Wenn $\mathcal{F}_{t_k}^{active} = \mathcal{F}_{t_{k-1}}^{active}$, dann wiederhole Schritt 2, sonst

   b) ermittle die neuen aktiven Sensoren:

      $$\mathcal{S}^{active} = \{s_i \in \mathcal{S}^{cluster} \mid \hat{\mathbf{x}} \cap \text{Face}(\mathcal{L}_i) \neq \emptyset\}$$

      mit $\mathcal{S}^{cluster} = \mathcal{S}^{active} \cup \mathcal{S}^{passive}$ und mit der Face()-Funktion als die Menge der Punkte in der 2-D Ebene umschlossen von den Linien des Sichtbarkeitspolygons $\mathcal{L}_i$.

   c) ermittle die passiven Sensoren:

      i. Manipuliere das Arrangement von Liniensegmenten:

         $$A(\mathcal{L}' \cup \mathcal{G}) = (\mathcal{E}', \mathcal{V}', \mathcal{F}') \text{ mit } \mathcal{L}' = (\mathcal{L} \setminus CCB(\mathcal{F}_{t_k}^{active}))$$

      ii. Finde die Zelle $\mathcal{F}^{passive}$ in $A(\mathcal{L}' \cup \mathcal{G})$, welche die geschätzte Objektposition einschließt und ermittle die beteiligten Sensoren:

         $$\mathcal{F}^{passive} = \{\mathcal{F}_u \in \mathcal{F}' \mid \hat{\mathbf{x}} \cap \mathcal{F}_u \neq \emptyset\}$$
         $$\mathcal{S}^{passive} = \{s_i \in \mathcal{S} \mid \mathcal{L}_i \cap CCB(\mathcal{F}^{passive}) \neq \emptyset\}$$

   d) Fordere Beobachtungen der Clustersensoren $\mathcal{S}^{com} = \mathcal{S}^{cluster}$ an.

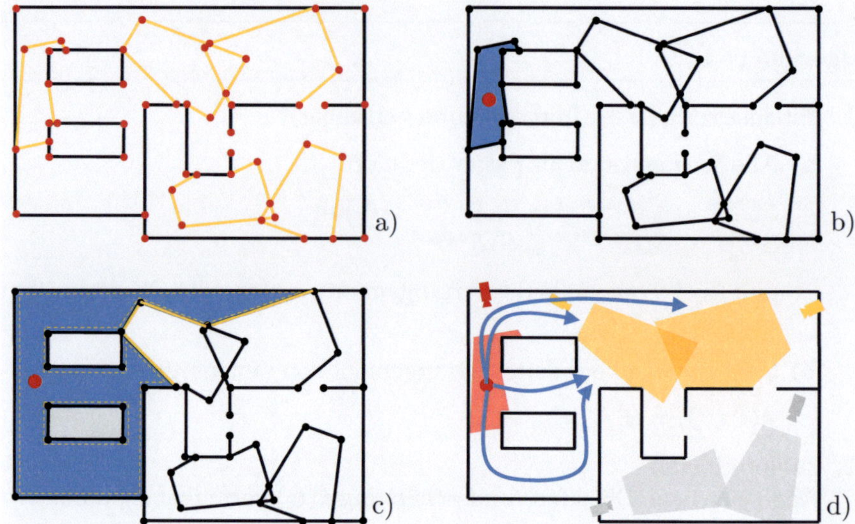

Abb. 4.7. Grundalgorithmus: In einem initialen Schritt wird ein Linienarrangement durch Verschmelzung von Sichtbarkeitspolygonen mit dem Gebäudemodell erzeugt (a). Die aktiven Sensoren werden durch eine Punkt-in-Polygon-Prüfung ermittelt (b) und aus dem Arrangement entfernt (c), was eine Berechnung der *aktiven Zelle* ermöglicht. Die Sensoren, welche am Rand der Zelle durch Kanten beteiligt sind, werden als passive Sensoren klassifiziert (d).

Das manipulierte Arrangement kann sehr effizient durch eine temporäre Entfernung einzelner Liniensegmente durchgeführt werden, die zu aktiven Sensoren gehören. Dadurch kann selbst in sehr großen Sensornetzwerken die benötigte Rechenkapazität deutlich reduziert werden.

Nach der Erzeugung des modifizierten Arrangements $A(\mathcal{L}' \cup \mathcal{G})$ wird die Zelle $\mathcal{F}^{passive}$ bestimmt, die die geschätzte Position des Objektes des Interesses beinhaltet. Die Zelle wird hierbei als Polygon (evtl. mit Löchern) beschrieben - d. h. ebenfalls als Menge von Kanten, die in diesem Fall aus Untermengen der Sichtbarkeitspolygone der Sensoren ($\mathcal{L}$) bzw. aus einer Untermenge der Kanten des Gebäudemodells ($\mathcal{G}$) stammen. Diese Mengen an Kanten werden als die *connected component boundary* (CCB) der Zelle $\mathcal{F}^{passive}$ bezeichnet.

Im Folgeschritt kann dann die CCB ausgewertet und insbesondere können die an der Objektumrandung beteiligten Sensoren bestimmt werden (Abb. 4.7c, blau gekennzeichnete Fläche), die daraufhin als passive Sensoren $\mathcal{S}^{passive}$ klassifiziert werden (Abb. 4.7d).

Der dynamische Sensor Manager fordert daraufhin Beobachtungen aller als aktiv oder passiv deklarierten Sensoren an. Zur Aktualisierung der Clustersensoren wird nun Schritt 2 zyklisch wiederholt, sobald neue Objektpositionsschätzungen zur Verfügung stehen. Durch die vereinfachte Annahme des perfekten Objektdetektors ist garantiert, dass das Objekt auch in einem lückenbehafteten Sensornetzwerk irgendwann in der Zukunft im Sichtbereich einer aktiven oder passiven Kamera wieder auftauchen muss und durch die Detektion und Positionsschätzung eine neue Selektionsiteration auslöst.

Es sei hier noch einmal darauf hingewiesen, dass dieses Verfahren offensichtlich in der Lage ist, relevante Sensoren lediglich anhand einer rekursiven Evaluierung der Clustersensoren (also durch eine rein lokale Sensorauswertung) und einer zusätzlichen effizienten Manipulation des a-priori-Wissens in Form des Arrangements zu ermitteln.

Ungeachtet dessen ist diese Variante des Algorithmus in der Praxis so nicht direkt anwendbar. Die Gründe hierfür liegen in den vereinfachten Rahmenbedingungen, die einen optimalen Detektor und Objektverfolgungsverfahren voraussetzen. In der Praxis kann es allerdings vorkommen, dass ein Objekt ein Kamerasichtfeld durchquert, ohne dabei detektiert bzw. als das OdI erkannt zu werden. In einem solchen Fall könnte das Objekt den lokal eingegrenzten Teilbereich und somit den aktiv überwachten Bereich unbemerkt verlassen. Dies hätte zur Folge, dass das Objekt ggf. nicht mehr erfasst werden könnte, da von inaktiven Sensoren keine Beobachtungen angefragt werden. Selbst eine Neuorganisation des Sensorclusters wäre nicht garantiert, da diese im Grundalgorithmus nur durch eine neue Detektion ausgelöst werden kann. Das Objekt wäre somit verloren.

Weiter ist im Grundalgorithmus eine Modellierung der Bewegungsdynamik des Objektes nicht berücksichtigt. Diese kann verwendet werden, um die Clustergröße zusätzlich zu optimieren und somit eine effizientere Sensorselektion durchzuführen.

Um diesen Nachteilen entgegen zu wirken, wurde der Grundalgorithmus so erweitert, dass die Unsicherheit über den Aufenthaltsbereich des Objektes in die Sensorselektion mit einbezogen wurde. Die Sensorselektion wird somit auf Basis der Prädiktion über den Objektzustand $\hat{x}^-$ durchgeführt. Die wachsende Unsicherheit über die Objektposition ist hierbei an das Bewegungsmodell des Objektzustandsschätzers aus Gleichung (3.26) gekoppelt und bezieht somit die Bewegungsdynamik des Objektes mit ein.

Im nächsten Abschnitt wird die erweiterte Version des Algorithmus vorgestellt. Zunächst wird allerdings weiter von einem statischen Sensornetzwerk ausgegangen.

Erweiterung des Algorithmus für suboptimale Objektdetektoren

Der erweiterte Algorithmus unterscheidet sich vom Basisalgorithmus primär in drei Punkten: Erstens, wie bereits erwähnt, wird die Objektpositionsschätzung durch deren Prädiktion $\hat{x}^-$ ersetzt. Zweitens ist es durch die Prädiktion einer mit einem Unsicherheitsfaktor versehenen Objektposition nun möglich, eine quantitative Aussage über die Plausibilität bzgl. des Vorhandenseins des Objektes in einer der passiven Kameras zu treffen. Diese wird als *Aufenthaltsplausibilität* (PoP, für *Plausibility of Presence*) bezeichnet und gibt Auskunft darüber, mit welchem Grad des Dafürhaltens das Objekt sich vor einer passiven Kamera aufhalten könnte. Übersteigt der Koeffizient der Aufenthaltsplausibilität für einen passiven Sensor einen vordefinierten Schwellwert, so muss man davon ausgehen, dass aufgrund der Bewegungsdynamik des überwachten Objektes ein Aufenthalt in dieser Kamera prinzipiell möglich ist. Als Maß für die Aufenthaltsplausibilität für einen Sensor $s_i \in \mathcal{S}^{passive}$ sollen zwei Varianten betrachtet werden:

- Bei Umgebungen ohne physikalische Begrenzungen existiert stets ein direkter Weg zwischen Objekt und Sensorerfassungsbereich. Für solche Fälle wird die Aufenthaltsplausibilität mit Hilfe der minimalen Mahalanobis-Distanz zwischen der prädizierten Objektzustandsschätzung $\mathcal{N}(\hat{x}^-, \mathbf{P}^-)$ und dem Sichtbarkeitspolygon $\mathcal{L}_i$ wie folgt definiert:

$$\mathrm{PoP}_i(\hat{x}^-, \mathbf{P}^-) = 1/\left(1 + \min_{\mathbf{p} \in \mathcal{L}_i}\left(d^{mah}(\mathbf{p}, \mathcal{N}(\hat{x}^-, \mathbf{P}^-))\right)\right). \tag{4.7}$$

  Hierbei wird der prädizierte Objektzustand als bivariate Wahrscheinlichkeitsdichtefunktion interpretiert, welche nur in einer unbeschränkten Umgebung gültig ist.

- Für Umgebungen mit physikalischen Begrenzungen (z. B. Gebäudemodell) kann eine Annahme für den ungünstigsten Fall über die Positionsunsicherheit getroffen werden. Diese wird beschrieben durch die maximale Positionsabweichung σ^{max} (nach Gleichung 4.3) in Kombination mit einer geeigneten Abstandsmessung zwischen geschätzter Objektposition und Sensorkandidat. Zur Abstandsmessung wird ein *Kürzester-Pfad-Algorithmus* eingesetzt, welcher ausgehend von der Objektposition auch in beschränkten Umgebungsmodellen den kürzesten Weg zum

Sichtfeld einer passiven Kamera berechnen kann. Die Aufenthaltsplausibilität ergibt sich demzufolge durch

$$\text{PoP}_i(\hat{\mathbf{x}}^-, \mathbf{P}^-) = 1/\left(1 + \frac{\text{ShortestPathLength}(\hat{\mathbf{x}}^-, \mathcal{L}_i)}{\sigma^{max}(\mathbf{P}^-)}\right). \tag{4.8}$$

In diesem Zusammenhang kommt die in Abschnitt 4.4.1 vorgestellte *Sensorverfügbarkeit* zum Tragen. Die als passiv ermittelten Sensoren werden hinsichtlich der Aufenthaltsplausibilität des Objektes hin geprüft. Wird der Aufenthalt des Objektes des Interesses in einer Kamera als plausibel eingestuft, so wird evaluiert, ob diese auch als passive Kamera verfügbar ist. Ist dies der Fall, so wird diese als gültige passive Kamera deklariert. Ist die Kamera hingegen nicht verfügbar (d. h. es sind Objekte im Sichtbereich oder Fehldetektionen zu verzeichnen), so kann diese Kamera nicht als passiver Sensor eingesetzt werden, da ein Objekt sich unerkannt aus dem Clusterbereich entfernen könnte. Aus diesem Grund wird diese passive Kamera nachträglich als aktiv reklassifiziert (Schritt 2(b)iv) und es wird nach alternativen passiven Kameras gesucht.

Durch die Reklassifikation von passiven Sensoren entsteht allerdings eine Rekursion im Selektionsalgorithmus. Um die alleinige Auswertung von Clustersensoren zu gewährleisten, ist es notwendig, dass die räumliche Ausdehnung des Sensorclusters immer durch passive Sensoren begrenzt wird. Wird ein passiver Sensor zum aktiven, so hat dies zur Folge, dass wie im Basisalgorithmus seine Kanten temporär aus dem manipulierten Arrangement $A(\mathcal{L}' \cup \mathcal{G})$ entfernt werden und somit eine Lücke in der „Umrandung" des Objektes entsteht. Um dies zu verhindern, muss Schritt 2b des erweiterten Algorithmus iterativ so lange wiederholt werden, bis der Cluster *stabil* ist - d. h. keine weiteren passiven Sensoren nachträglich als aktive neu klassifiziert werden.

Der dritte Aspekt ist, dass durch die Auswertung der Aufenthaltsplausibilität und Sensorverfügbarkeit sowie die darauf folgende Neuklassifikation evtl. relevanter passiver Sensoren als aktive Sensoren jetzt nur noch Beobachtungsinformationen von einer Teilmenge der Clustermitglieder angefordert werden müssen. Daraus folgt eine nochmalige Reduktion der für den Überwachungsauftrag einbezogenen Sensoren.

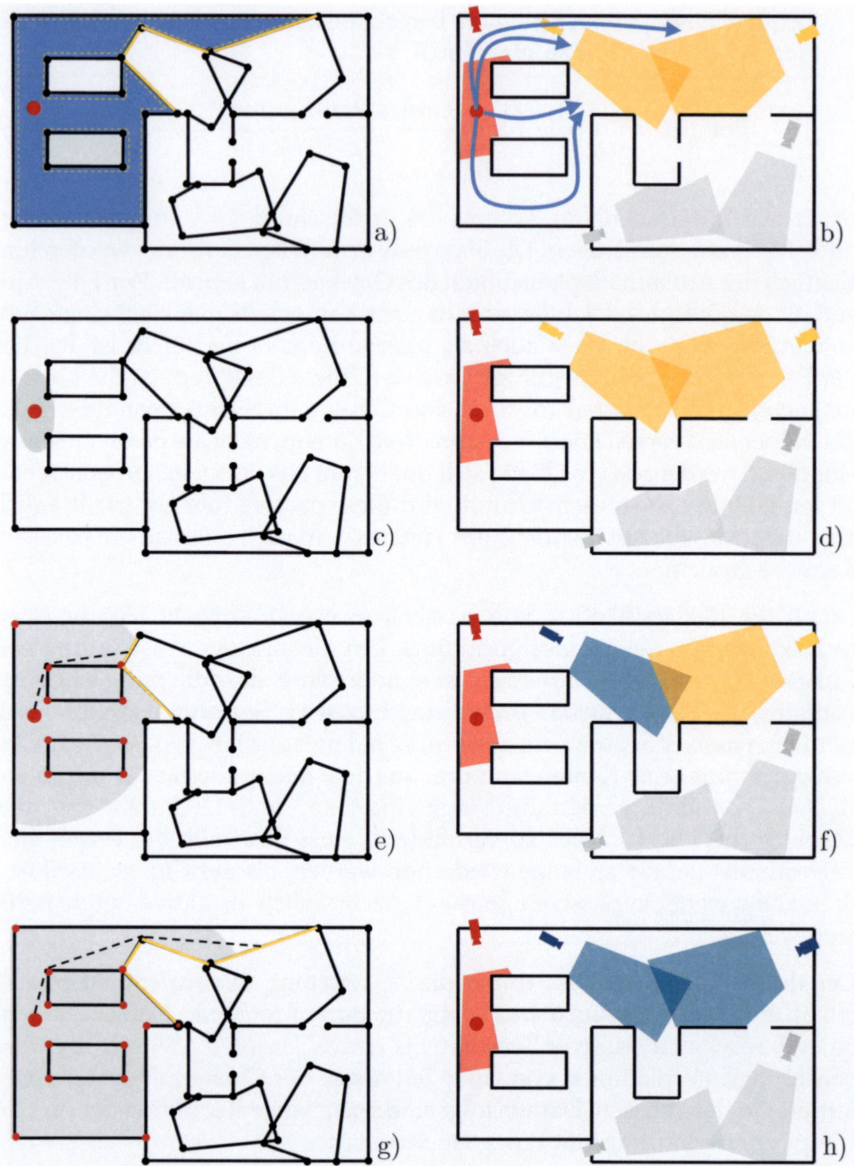

Abb. 4.8. Der erweiterte Algorithmus bezieht die Bewegungsdynamik des Objektes in Form der maximal angenommen Positionsunsicherheit mit ein, und berechnet für passive Sensoren die Aufenthaltsplausibilität bzgl. des Objektes des Interesses.

Algorithmus 2

---

1. Initialisierung (wie in Grundalgorithmus)

   a) $\mathcal{S}^{active} = \emptyset,\ \mathcal{S}^{passive-} = \mathcal{S}$

   b) $A(\mathcal{L} \cup \mathcal{G}) = (\mathcal{E}, \mathcal{V}, \mathcal{F})$

2. Endlosschleife:
   Gegeben sei eine Prädiktion über die Objektposition $(\hat{\mathbf{x}}^-, \mathbf{P}^-)$, dann

   a) ermittle die **vorläufig** aktiven Sensoren $\mathcal{S}^{active}$:

   $$\mathcal{S}^{active-} = \{\mathcal{S}_i \in \mathcal{S}^{cluster} \mid \hat{\mathbf{x}}^- \cap \text{Face}(\mathcal{L}_i) \neq \emptyset\}$$

   b) Wiederhole bis $\mathcal{S}^{active+} = \emptyset$ (Cluster stabil):
   Ermittle die **vorläufig** passiven Sensoren:

      i. Manipuliere das Arrangement von Liniensegmenten:

      $$A(\mathcal{L}' \cup \mathcal{G}) = (\mathcal{E}', \mathcal{V}', \mathcal{F}')$$

      ii. Finde die Zelle in $A(\mathcal{L}' \cup \mathcal{G})$, welche die prädizierte Objektposition beinhaltet:

      $$\mathcal{F}^{passive} = \{\mathcal{F}_u \in \mathcal{F}' \mid \hat{\mathbf{x}}^- \cap \mathcal{F}_u \neq \emptyset\}$$

      iii. Ermittle die Sensoren, die am Rand von $\mathcal{F}^{passive}$ beteiligt sind bzw. komplett innerhalb von $\mathcal{F}^{passive}$ liegen:

      $$\mathcal{S}^{passive-} = \{s_i \in \mathcal{S} \mid \mathcal{L}_i \cap \text{CCB}(\mathcal{F}^{passive}) \neq \emptyset\}$$

      iv. Bestimme den Koeffizienten für die Aufenthaltsplausibilität ψ der vorläufig passiven Sensoren und reklassifiziere diejenigen, die nicht „verfügbar" sind als aktive Sensoren:

      $$\mathcal{S}^{active+} = \{s_i \in \mathcal{S}^{passive-} \mid (\psi_i > \tau^{PoP}) \wedge (\vartheta_i \neq 1)\}$$

      $$\mathcal{S}^{active} = \mathcal{S}^{active-} \cup \mathcal{S}^{active+}$$

      $$\mathcal{S}^{passive} = \mathcal{S}^{passive-} \setminus \mathcal{S}^{active+}$$

   c) Wenn Cluster stabil, dann fordere Beobachtungen von den aktiven sowie den passiven Sensoren mit einer ausreichend hohen Aufenthaltsplausibilität an:

   $$\mathcal{S}^{com} = \{s_i \in \mathcal{S}^{cluster} \mid s_i \in \mathcal{S}^{active} \vee (\psi_i > \tau^{PoP})\}$$

Obwohl nur ein Teil der Clustersensoren für die Gewinnung der Beobachtungsinformationen angefordert wird, ist die Bestimmung aller passiven Sensoren weiterhin ein essenzieller Teil des hier vorgestellten Verfahrens. Ohne diese wäre es notwendig, bei jedem Selektionsschritt die Aufenthaltsplausibilität für alle Netzwerksensoren zu bestimmen, was sehr schnell zur Erschöpfung der Rechenkapazität führen würde. Durch die effiziente Bestimmung der passiven Sensoren hingegen wird eine Vorselektion der potenziell relevanten Sensoren durchgeführt, sodass der Koeffizient für die Aufenthaltsplausibilität nur für diese Untermenge berechnet werden muss.

Diese Vorselektion macht sich besonders bemerkbar, wenn man kürzeste Wege berechnen muss, um die Aufenthaltsplausibilität zu bestimmen, da diese Wegbestimmung relativ rechenintensiv ist. Weiter ermöglicht die effiziente Arrangement-basierte Ermittlung der passiven Sensoren eine lückenlose „Umzingelung" des Objektes und garantiert somit, dass sich das Objekt stets in einem definierten Teilbereich des überwachten Gebietes aufhält. Dies ist insbesondere von Vorteil, wenn sich das Objekt in einem lückenbehafteten Kameranetzwerk zwischen den Erfassungsbereichen von Kameras aufhält. Ohne Ermittlung der passiven Kameras würden immer mehr Sensoren aufgrund der wachsenden Positionsunsicherheit und der somit steigenden Aufenthaltsplausibilität in den Cluster einbezogen werden. Dies würde nach kurzer Zeit dazu führen, dass der Cluster sehr groß wird und demzufolge die abonnierten Beobachtungen das Trackingmodul überlasten.

Durch die Ermittlung der passiven Sensoren wird der Cluster solange minimal gehalten, wie passive Sensoren auch verfügbar sind. Sind einzelne dieser passiven Sensoren kurzfristig nicht verfügbar, wird der Cluster erweitert.

Die Modifikationen des Grundalgorithmus ziehen des Weiteren eine Neudefinition der Sensorklassen nach sich:

- Als *aktiv* werden nun alle Sensoren definiert, die das OdI im Erfassungsbereich haben oder Sensoren, die durch eine ausreichend hohe Aufenthaltsplausibilität und nicht vorhandene Sensorverfügbarkeit hinzugezogen wurden. Die *aktiven Sensoren* sind somit für die direkte Gewinnung von Beobachtungsinformationen über das überwachte Objekt verantwortlich und werden stets zur Übertragung der Beobachtungsinformationen aktiviert.

- Als *passive Sensoren* werden solche bezeichnet, die zum Zeitpunkt der Sensorselektion das überwachte Objekt nicht im Sichtbereich aufweisen, die allerdings benötigt werden, um die Bewegungsfreiheit des Objektes im Überwachungsbereich lokal zu beschränken. Passive Sensoren müssen stets eine ausreichend hohe Verfügbarkeit aufweisen. Die Sensorverfügbarkeit wird als Maß für die Zuverlässigkeit eines Sensors, ein Objekt zu detektieren und ggf. zu erkennen, interpretiert.

- Die Definition der *inaktiven Sensoren* bleibt unverändert. Zu diesen Sensoren existiert wie nun auch zu *passiven* keinerlei Kommunikations- und Informationsaustausch.

Der Nachteil, dass das OdI „verloren gehen könnte", konnte mit diesem Ansatz teilweise gelöst werden. Wenn ein Objekt über eine längere Zeit nicht detektiert bzw. erkannt werden kann, so hat dies zunächst keine direkte Auswirkung auf die Clustergröße und somit die in die Auswertung einbezogenen Informationsquellen. Wenn einzelne Sensoren von einem Objekt überlistet werden, d. h. das OdI wird nicht als solches wieder erkannt (z. B. aufgrund von Verdeckungen), so hat dies allerdings zur Folge, dass die Verfügbarkeit dieser Sensoren nachlässt, was zu einer Erweiterung des Sensorclusters führt. In Verbindung mit der stetig wachsenden Positionsunsicherheit des Objektzustandsschätzers hat dies wiederum zur Folge, dass sukzessive die Koeffizienten für die Aufenthaltsplausibilität bisheriger passiver Sensoren über den vordefinierten Schwellwert steigt und somit in die Wiedererkennung des Objektes mit einbezogen werden. Dies erfolgt solange, bis ein Sensor das Objekt wieder detektiert und erkannt hat.

Allerdings ist dieses Problem mit dem hier vorgestellten Ansatz nur teilweise gelöst. Bleibt z. B. ein Objekt in einem lückenbehafteten Sensornetzwerk zwischen zwei Erfassungsbereichen über eine sehr lange Zeit stehen und lässt gleichzeitig die Verfügbarkeit der passiven Clustersensoren aufgrund von Detektionen anderer Objekte oder auch Fehldetektion nach, so folgt hieraus ebenfalls eine Vergrößerung des Sensorclusters (siehe Abb. 4.9). Über eine sehr lange Zeit bzw. durch eine hohe Objektdichte im Überwachungsbereich führt dies dazu, dass der Cluster immer größer wird, bis schließlich zu viele Sensoren im Netzwerk in die Suche nach dem Objekt einbezogen würden. Dies wiederum stellt das klassische Problem der Überlastung des quasizentralen auftragsorientierten Multisensor-Trackingprozesses dar. Hier kann nur eine heuristische Lösung Abhilfe schaffen, indem man das Basisverfahren und den erweiterten Algorithmus kombiniert, z. B. indem man eine Prädiktion und vorläufige Vergrößerung des Clusters bis zu einer maximalen Anzahl an Sensoren zulässt, in der Hoffnung, dass mittelfristig das Objekt wieder erkannt wird.

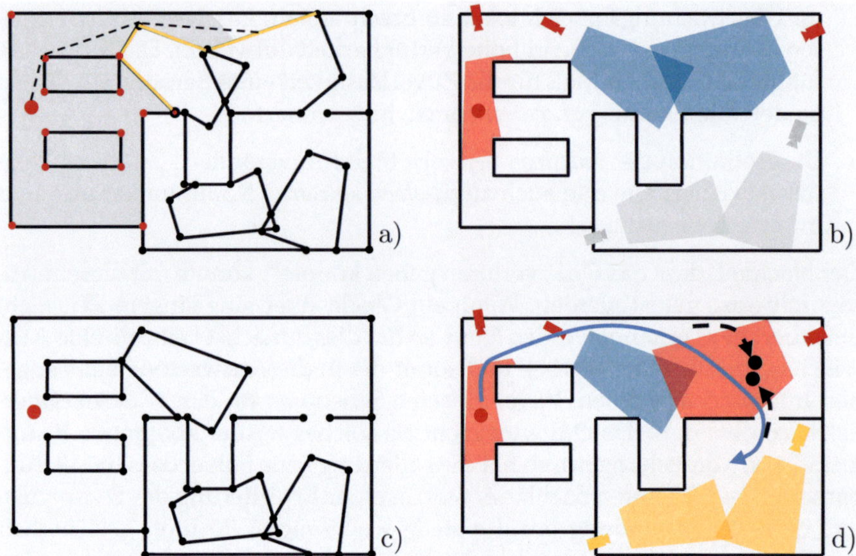

Abb. 4.9. Eine wachsende Objektpositionsunsicherheit führt dazu, dass die Aufenthaltsplausibilität in passiven Sensoren steigt (a). Sind diese passiven Sensoren (blau) nicht von Störungen betroffen und somit *verfügbar* (b), so ist die Clustergröße stabil. Sind diese Sensoren hingegen aufgrund von Störeinflüsse im Blickfeld nicht verfügbar, so folgt eine Reklassifikation der Sensoren als aktive, und zusätzliche passive Sensoren werden im Cluster eingebunden (c und d).

Erweiterung des Algorithmus für dynamische Sensornetzwerke

In einer weiteren Ausbaustufe wird der Algorithmus für den Einsatz in Kameranetzwerken mit nicht-statischen Sichtfeldern angepasst und optimiert. Dabei ist er aus logischer Sicht mit dem in Abschnitt 4.4.2 vorgestellten Algorithmus identisch. Allerdings sind Anpassungen und Modifikationen einzelner Verfahrensschritte notwendig, um einen praxistauglichen Einsatz zu ermöglichen.

Der Hauptunterschied liegt in der Informationsgewinnung über sich ändernde Sichtbarkeitspolygone bewegter Sensoren. Während bisher in einem Initialisierungsschritt ein statisches Arrangement von Liniensegmenten aufgebaut werden konnte (Schritt 1), ist nun eine zyklische Aktualisierung des a-priori-Wissens notwendig, um eine optimale Interpretation der geometrischen Relationen zwischen Objektposition und Sensorerfassungsbereichen zu erzielen. D. h. um eine optimale Sensorselektion zu erreichen, ist es in einem dynamischen Sensornetzwerk, in dem sich im allgemeinsten Fall alle Sensoren bewegen, notwendig, den Initialisierungsschritt nicht als einmaligen Vorverarbeitungsschritt durchzuführen, sondern teilweise in die zyklische Prozessschleife mit einzubeziehen. Dies würde allerdings bedeuten, dass bei jedem Selektionsschritt ein komplettes Arrangement erzeugt werden müsste, was die Komplexität des Algorithmus und die benötigte Rechenkapazität um Potenzen ansteigen ließe. Weiter lässt sich die hier vorgestellte lokale Informationsgewinnung, als spezielle Ausprägung des auftragsorientierten Ansatzes, nicht mit einer globalen Aktualisierung des a-priori-Wissens über Sensoren und Umgebung vereinbaren. Eine globale Aktualisierung der Sichtbarkeitspolygone würde eine dauerhafte Kommunikation zu allen Sensorknoten nach sich ziehen, die dem Gedanken der autonomen clusterbasierten Sensorauswertung widerspräche.

Die Alternative, die sich mit der lokalen auftragsorientierten Sichtweise vereinbaren lässt, sieht hingegen eine lokale Aktualisierung der Sensordaten vor. Diese entspricht theoretisch dem in Abschnitt 2.2 vorgestellten Szenario der „dynamischen Wegsuche durch eine bekannte Stadt". Das Gedächtnis als eine Informationsquelle für den Fahrer bzgl. evtl. Hindernisse oder Straßensperren auf der geplanten Strecke entspricht hierbei dem dynamisch sich verändernden a-priori-Wissen über die Kamerasichtfelder. Der Fahrer muss sich hier zunächst auf ggf. nicht mehr aktuelle Informationen verlassen, die er erst aktualisieren kann, wenn er die entsprechenden Orte noch einmal besucht. Die statischen a-priori-Informationen (d. h. das Umgebungsmodell) können dauerhaft als gültig betrachtet und somit in einem Initialisierungsschritt vorverarbeitet werden.

Dieser Ansatz wird nun auf das Sensorselektionsverfahren übertragen: Zunächst wird wie bisher ein einmaliger Initialisierungsschritt durchgeführt, bei dem von allen Sensoren die aktuellen Erfassungsbereiche abgerufen werden. Daraus wird ein initiales Arrangement $A(\mathcal{G} \cup \mathcal{L})$ erzeugt. Im dynamischen Arrangement wird die Aktualisierung der Liniensegmente (also die Aktualisierung des Wissens über die Sensoren) durch einfaches Löschen und neu Hinzufügen von Sichtbarkeitspolygonen durchgeführt.

Die Aktualisierung und Instandhaltung eines dynamischen Arrangements ist jedoch mit einem hohen Rechenbedarf verbunden, wobei insbesondere das Enfernen einzelner Elemente effizienter durchzuführen ist als deren Hinzufügen.

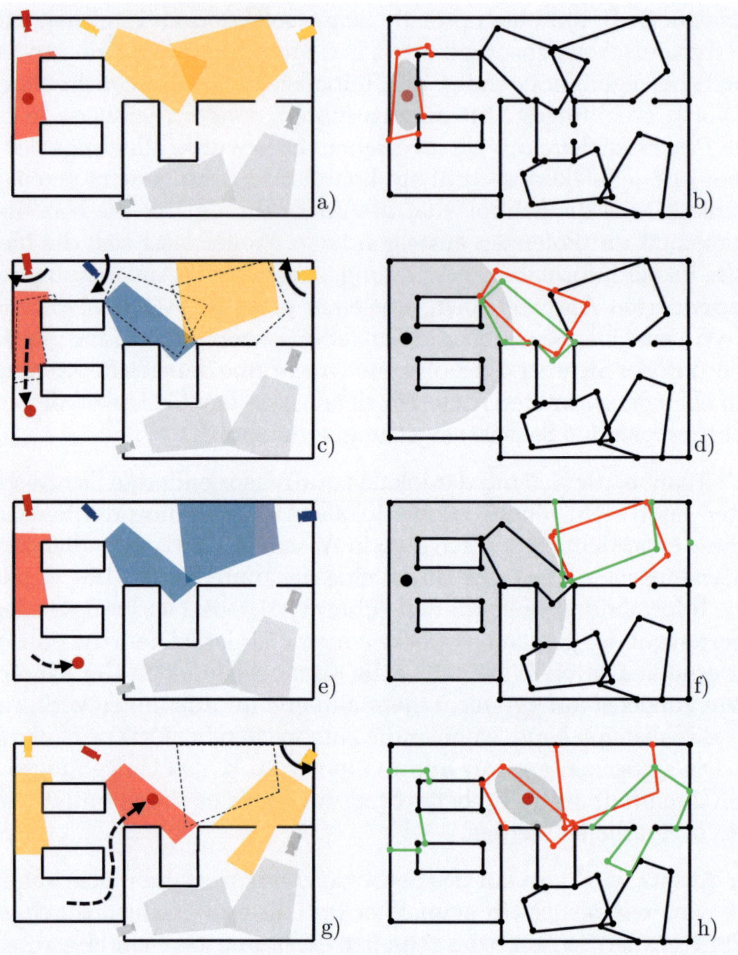

Abb. 4.10. Liniensegmente aktiver Sensoren werden stets aus dem aktuellen Linien-arrangement entfernt (a). Diese müssen somit nicht fortlaufend aktualisiert werden, sondern lediglich bei einer erneuten Detektion des Objektes in einem anderen Sicht-feld (g und h). Für jeden Iterationsschritt hingegen müssen die passiven Sensoren mit ausreichend hoher Aufenthaltsplausibilität aktualisiert werden, da diese die lokale „Umzingelung" des Objektes gerantieren müssen (c-f).

Algorithmus 3 - Dynamische Sensornetzwerke

---

1. Initialisierung (wie im Grundalgorithmus)

   a) $\mathcal{S}_{t_0}^{active} = \emptyset,\ \mathcal{S}_{t_0}^{passive} = \mathcal{S}$

   b) $A_{t_0}(\mathcal{L}_{t_0} \cup \mathcal{G}) = (\mathcal{E}, \mathcal{V}, \mathcal{F})$

2. Sensorselektionszyklus (Endlosschleife): Gegeben sei eine Prädiktion über die Objektposition $(\hat{\mathbf{x}}^-, \mathbf{P}^-)$ zum Zeitpunkt t_k

   a) Aktualisiere dynamisches Arrangement:

      i. Ermittle die veralteten Kanten der passiven Sensoren:

      $$\mathcal{L}^{remove} = \{\mathcal{L}_i \in \mathcal{L}'_{t_{k-1}} \mid s_i \in \mathcal{S}_{t_{k-1}}^{passive}\}$$

      ii. Bei der ersten Prädiktion nach einer Wiedererkennung wird eine komplette Aktualisierung durchgeführt, bei der auch Liniensegmente der aktiven Sensoren wieder hinzugefügt werden. Bei einer Folgeprädiktion werden lediglich Liniensegmente der relevanten passiven Sensoren aktualisiert.

      $$\mathcal{L}^{update} = \{\mathcal{L}_i \subseteq \mathcal{L}_{t_k} \mid s_i \in \mathcal{S}^{update}\}$$

      mit

      $$\mathcal{S}^{update} = \begin{cases} \mathcal{S}_{t_{k-1}}^{cluster} & \text{falls erste Prädiktion nach Wiedererkennung} \\ \mathcal{S}_{t_{k-1}}^{cluster} \backslash \mathcal{S}_{t_{k-1}}^{active} & \text{sonst} \end{cases}$$

      iii. Das neue Arrangement ist dann gegeben durch:

      $$A_{t_k} = A((\mathcal{L}' \backslash \mathcal{L}^{remove}) \cup \mathcal{L}^{update} \cup \mathcal{G})$$

   b) Ermittle die Clustersensoren sowie die zu aktivierenden Kameras $\mathcal{S}_{t_k}^{com}$ basierend auf A_{t_k} (wie in 4.4.2).

Beim Hinzufügen werden die Schnittpunkte der neuen Liniensegmente mit den bereits bestehenden Kanten im Arrangement ermittelt und die betroffenen Kanten aufgetrennt, indem neue Knoten hinzugefügt werden. Durch Setzen der einzelnen Halbkanten-, Knoten- und Zellen-Verknüpfungen in den betroffenen DCEL-Elementen wird das neue Element Teil des Arrangements. Diese Operation kann mit der Komplexität $O(n)$ durchgeführt werden, wobei n die Anzahl der Kanten im Arrangement ist. Beim Löschen eines Liniensegments muss man lediglich die entstandenen Kanten (maximal n an der Zahl) durch eine Traversierung des Arrangements finden. Dies kann näherungsweise in $O(\sqrt{n})$ durchgeführt werden. Weiter müssen entstandene Knotenpunkte ebenfalls entfernt werden, was eine Verschmelzung einzelner Kanten nach sich zieht. Diese Operation ist im Rechenaufwand vernachlässigbar.

Wegen des hohen Rechenbedarfs bei der Aktualisierung einzelner Kamerasichtfelder muss ein Kompromiss zwischen einer im Sinne der vorgestellten Algorithmen stets optimalen Clusterselektion und niedriger Rechenlast geschlossen werden. Demnach ist ein optimaler Cluster dann gegeben, wenn $\mathcal{S}^{com}$ ausschließlich auftragsrelevante Sensoren umfasst und die Kameras von $\mathcal{S}^{cluster}$ das OdI anhand der kleinstmöglichen Anzahl an Sensoren „umzingelt" und beobachtet. Eine optimale Clusterselektion nach den bisher vorgestellten Algorithmen verlangt allerdings, dass auch passive Sensoren stets durch das aktuelle Sichtbarkeitspolygon repräsentiert werden. Dies würde bedeuten, dass bei jedem Zyklus der Kameraselektion die Aktualisierung aller aktiven und passiven Sensoren durchgeführt werden muss. Der Algorithmus aus 4.4.2 würde hierfür durch einen Aktualisierungsschritt zu Beginn eines jeden Durchlaufs erweitert (siehe Algorithmus 3).

In der Praxis ist aber eine temporäre suboptimale Selektion von Clustersensoren, welche durch die ausschließliche Aktualisierung der aktiven und plausiblen passiven Sensoren zustande kommt, zweckmäßig. D. h. es werden nur die Sichtbarkeitspolygone der Sensoren aktualisiert, von denen auch Beobachtungsinformationen angefordert wurden. Das erfüllt wiederum den lokalen auftragsorientierten Ansatz. Allerdings werden hierbei die restlichen passiven Sensoren auf Basis von evtl. veralteten Daten ermittelt.

Bei diesem Ansatz wären die zu entfernenden Liniensegmente in Verarbeitungsschritt (2a) aus Algorithmus 3 gegeben durch:

$$\mathcal{L}^{remove} = \{\mathcal{L}_i \in \mathcal{L}'_{t_{k-1}} \mid s_i \in \mathcal{S}^{com}_{t_{k-1}} \backslash \mathcal{S}^{active}_{t_{k-1}}\} \tag{4.9}$$

und die zu aktualisierenden Sensoren $\mathcal{S}^{update}$ wie folgt definiert:

$$\mathcal{S}^{update} = \begin{cases} \mathcal{S}^{com}_{t_{k-1}} & \text{falls erste Prädiktion} \\ & \text{nach Wiedererkennung} \\ \\ \mathcal{S}^{com}_{t_{k-1}} \backslash \mathcal{S}^{active}_{t_{k-1}} & \text{sonst.} \end{cases} \qquad (4.10)$$

Diese Variante hat prinzipiell den Vorteil, dass die Bewegungsdynamik des Objektes des Interesses bei der Aktualisierung der Clustersensoren berücksichtigt wird. Dies geschieht dadurch, dass die Aufenthaltsplausibilität darüber entscheidet, ob passive Sensoren aktiviert werden oder nicht (d. h. zu $\mathcal{S}^{com}$ gehören, siehe Algorithmus 2, Schritt 2c). Demnach werden ausschließlich Sensoren aktualisiert, welche eine ausreichende Aufenthaltsplausibilität bzgl. des Objektes des Interesses aufweisen. Daraus folgt, dass $|\mathcal{S}^{com}|$ stets $\leq |\mathcal{S}^{cluster}|$ und die benötigte Rechenlast für die Instandhaltung des Arrangements minimiert wird. Allerdings sind die selektierten Sensoren der zweiten Variante aus logischer Sicht nachteilig, da bisher nicht relevante passive Sensoren durch ihre Bewegung in der Zwischenzeit ggf. als relevant einzustufen wären. In der Praxis ist der dadurch entstehende Nachteil für die Sensorauswahl zu vernachlässigen, während der Zuwachs an Rechenkomplexität des optimalen Verfahrens signifikant wäre.

4.5 Evaluation und Ergebnisse

Sowohl der Bedarf an Rechenkapazität als auch die erzielten Ergebnisse bei der Reduktion an involvierten Kameras lassen sich nur schwer quantitativ erfassen. Die Verfahrensergebnisse hängen unter anderem von den folgenden System- und Umgebungsparametern ab:

- Sensorabdeckung (Anzahl an Sensoren und Sensordichte),

- Anzahl an Personen im Überwachungsbereich,

- Zuverlässigkeit der Detektionsverfahren,

- Beobachtbarkeit des Objektes des Interesses,

- maximale Geschwindigkeit des Objektes (Parameter des Bewegungsmodells) sowie

- Anzahl an statischen und beweglichen Sensoren.

Darüber hinaus kann die Sensorselektion abhängig von der gegebenen Gebäudestruktur durch geeignete Positionierung und Ausrichtung der Sensoren optimiert werden. Die Modellierung, Simulation und Gegenüberstellung all dieser möglichen Umgebungsparameter würde allerdings den Rahmen dieser Arbeit sprengen. Deshalb werden Messungen und Simulationen für eine Untermenge der oben aufgeführten Freiheitsgrade durchgeführt, die einen repräsentativen Charakter aufweisen. D. h. die vorgestellten Ergebnisse sollen weniger als vollständige Evaluation verstanden werden, sondern vielmehr als exemplarische Bewertung dienen, um die Potentiale sowie die Grenzen der vorgestellten Methoden zu verdeutlichen.

4.5.1 Simulationsumgebung

Zur Evaluation des Sensorselektionsverfahrens sind reproduzierbare Testdaten unabdingbar, die auch Fehlerquellen anderer Teilfunktionalitäten wie des Trackingmoduls und Einschränkungen durch die Kommunikationsinfrastruktur kategorisch ausschließen. Um dies zu ermöglichen, wird die Evaluation des Verfahrens anhand einer Simulationsumgebung durchgeführt.

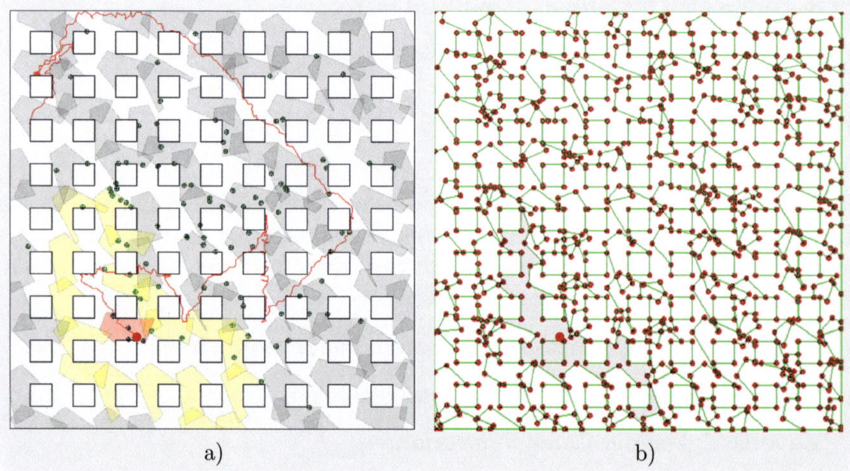

Abb. 4.11. Simulation von 100 Tracks in einem Kameranetzwerk aus 100 Kameras (links). Die Trajektorie des zu verfolgenden Objektes ist rot dargestellt. Die grünen Punkte stellen zusätzliche Objekte im Überwachungsbereich dar. Das zugehörige Arrangement von Liniensegmenten ist rechts dargestellt. Die aktuelle Zelle für das OdI ist grau markiert. Aus dieser Zelle ergeben sich passive Sensoren (gelb markiert).

Die Simulationsumgebung erstellt zunächst ein einfaches Gebäudemodell, welches als statische Umgebungsinformation dient. Die Größe des Gebäudemodells ist abhängig von der ebenfalls frei wählbaren Anzahl an Kameras des simulierten Sensornetzwerkes. Das automatisch generierte Gebäude ist quadratisch mit zusätzlichen Hindernissen im Inneren, die zufällig platziert werden. Abb. 4.11 zeigt ein Beispiel eines generierten Gebäudemodells für 100 Kameras. Die Größe des Sensornetzwerkes wird für die Verfahrensevaluation zwischen 10 und 500 Kameras mit einer konstanten Abdeckungsdichte variiert. Die Sichtbarkeitspolygone der simulierten Kameras werden anhand eines Kameramodells erzeugt. Ein Zufallsprozess generiert für eine Untermenge der Modellparameter Werte, die innerhalb vordefinierter Intervalle liegen dürfen. Die Intervalle sorgen lediglich dafür, dass die Zufallswerte für eine Videoüberwachungskamera plausibel für das vordefinierte Gebäudemodell sind. Die Parameter und deren Intervalle zur Generierung zufälliger Sichtbarkeitspolygone sind wie folgt gewählt:

- Position der Kamera in der 2-D Bodenebene: Durch ein gegebenes Gebäudemodell wird anhand eines Zufallsprozesses mit gleichverteilter Wahrscheinlichkeitsfunktion nach einer gültige Stichprobe für die jeweilige Kameraposition bestimmt. Gültig bedeutet hierbei, dass die Position sich innerhalb von Fluren oder Räumen des Gebäudemodells, aber nicht „in Wänden" oder „Hindernissen" befinden darf.

- Die Kamerapositionierung über der Bodenebene wurde als Konstante definiert (3,0 m).

- Der Neigewinkel wurde zufällig durch einen normalverteilten Zufallsprozess mit einem mittleren Neigungswinkel von 30° und einer Standardabweichung von 10° bestimmt. Werte die allerdings um mehr als 20° vom mittleren Neigungswinkel abgewichen sind wurden verworfen.

- Der Schwenkwinkel wurde mit einem gleichverteilten Zufallsprozess bestimmt (zwischen -90° und +90°).

- Die Öffnungswinkel der Kameras wurden entsprechend den Standardwerten handelsüblicher Objektive von Videoüberwachungskameras (Horizontal: 48°, 4:3 Verhältnis) als Konstanten definiert.

- Anhand dieser Parameter werden ein Sichtfeld (FoV) sowie in Kombination mit dem Gebäudemodell ein Sichtbarkeitspolygon in der 2-D Bodenebene (wie in Abschnitt 4.4.1 beschrieben) berechnet. Ein nachgeschalteter Plausibilitätstest prüft zusätzlich, ob das Sichtbarkeitspolygon Mindestanforderungen erfüllt - darunter die Abdeckung einer Mindestfläche des Gebäudes (5m x 5m). Ist das nicht gegeben, so wird die Kamerapsition und -ausrichtung als nicht plausibel erachtet und der Parametersatz verworfen.

Wurden für die vorgegebene Anzahl an Kameras plausible Sichtbarkeitspolygone bestimmt, so werden diese als a-priori-Informationen über die Sensorerfassungsbereiche übernommen.

Zusätzlich besteht die Möglichkeit, den Schwenkwinkel zur Simulationslaufzeit zu verändern, um bewegliche Kameras zu simulieren. Durch einen Winkelintervall wird definiert, in welchem Bereich die Kameras eine periodische Schwenkbewegung um die a-priori bestimmte Referenzausrichtung durchführen (z. B. +/- 20°).

Neben der Gebäude- und Kameramodellierung bietet ein zusätzliches Modul der Simulationsumgebung die Möglichkeit, künstliche Objekttrajektorien zu erzeugen. Hierbei wird im Gebäudemodell jeweils zufällig ein Startpunkt $\mathbf{r}^{start} = (x^{start}, y^{start})^T$ und ein Zielpunkt $\mathbf{r}^{target} = (x^{target}, y^{target})^T$ bestimmt. Ein mittelwertbehafteter normalverteilter Zufallsprozess im Intervall [-3,3] erzeugt eine zufällige Positionsänderung mit „Vorzugrichtung".

Der Mittelwert der Normalverteilung ist definiert durch

$$\boldsymbol{\mu}^{dir} = (\Delta x^{dir}, \Delta y^{dir})^T$$

mit

$$\Delta x^{dir} = \mathrm{sgn}(x^{target} - x^{start})$$
$$\Delta y^{dir} = \mathrm{sgn}(y^{target} - y^{start}) \,.$$

Die Kovarianzmatrix als Beschreibung der Bewegungsdynamik des Objektes (mit 1.5 m/sek. Standardabweichung) ist definiert durch

$$\boldsymbol{\Sigma}^{sim} = \begin{pmatrix} 2,25 & 0 \\ 0 & 2,25 \end{pmatrix} \,.$$

Die Positionswerte der Zufallstrajektorie ergeben sich demnach aus

$$\mathbf{r}_k^{sim} = \mathbf{r}_{k-1}^{sim} + \mathcal{N}(\boldsymbol{\mu}^{dir}, \boldsymbol{\Sigma}^{sim}) \,. \tag{4.11}$$

Wurde das Ziel (bis auf einen erlaubten Restfehler von 1m) erreicht, so wird ein neues zufälliges Ziel ermittelt und die Verfolgung aufgenommen. Zur Simulation von dichtem Personenverkehr (Generierung von Objektdetektionen und Beobachtungen) ist es möglich, die Anzahl an „bewegten Objekten" im Gebäude zu variieren.

Für die Evaluation wurde die Anzahl zwischen 10 und 100 variiert und eine Statistik über die anfallende Rechenlast für die auftragsorientierte Datenassoziation und -fusion ermittelt.

4.5.2 Reduktion irrelevanter Beobachtungen durch Sensorselektion

Mit der vorgestellten Simulationsumgebung können die einzelnen Sensorselektionsalgorithmen in den unterschiedlichen Variationen quantitativ untersucht werden. In einer ersten Simulation wird der Bedarf nach einer dynamischen Sensorselektion zunächst einmal verifiziert. Hierfür wird die Anzahl erfasster Objektbeobachtungen aller Kameras im Netzwerk mit unterschiedlicher Objektdichte und Sensoranzahl ermittelt. Dies entspricht der Anzahl der Personendetektionen und somit der Objektkandidaten, welche die IVPs durch die Bewegungs- und Personendetektion erzeugen würden. Mit der Simulation wurde empirisch die Auslastung eines Trackingmoduls mit bzw. ohne eine dynamische Sensorselektion geprüft. Dabei wird für die erste Verifikation von einem perfekten Tracker ausgegangen.

Aus Abb. 4.12 und Abb. 4.13 ist ersichtlich, dass ohne Sensorselektion die Anzahl an Objektbeobachtungen im Mittel einem konstanten Prozentsatz der Anzahl an simulierten Objekten entspricht. Die ca. 80% entsprechen der prozentualen Flächenabdeckung der Sensoren. Darüber hinaus ist die Standardabweichung (Schwankung der beobachteten Objekte) unabhängig von der Größe des Netzwerkes, was in der konstanten Dichte der Sensorabdeckung begründet ist.

Die Anwendung der Sensorselektion hingegen erreicht durch eine signifikante Reduktion der involvierten Kameras eine dementsprechend drastische Verringerung der anfallenden Beobachtungen. Durch die lokale Eingrenzung des Objektes des Interesses werden nur die Beobachtungen der relevanten Kameras erfasst und ausgewertet. Erst jetzt ist eine Schritt haltende Datenassoziation erst möglich.

Im Falle eines perfekten Trackers (wie in dieser Simulation angenommen) besteht der Kamera-Cluster lediglich aus den Sensoren, die das Objekt direkt „umzingeln". Die niedrige Anzahl an Clustersensoren (insbesondere solche, die zur Menge $\mathcal{S}^{com}$ gehören) spiegelt sich direkt in einer sehr niedrigen Anzahl an Objektbeobachtungen wider. In der Praxis muss jedoch von nicht perfekten Tracking-Verfahren ausgegangen werden.

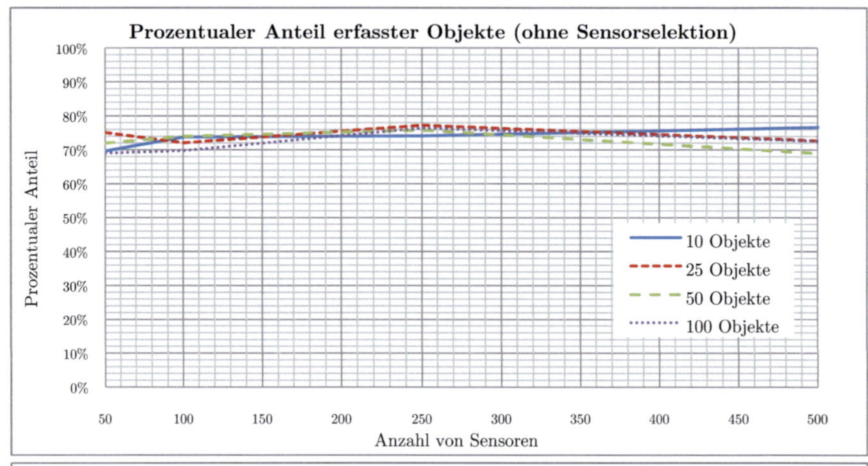

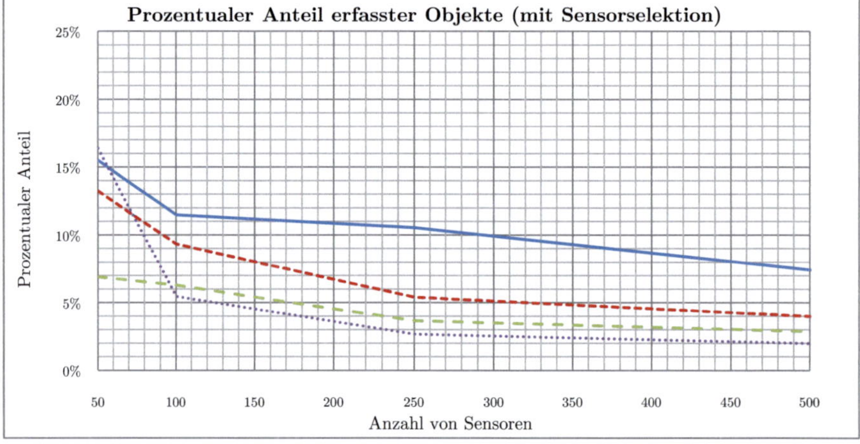

Abb. 4.12. Die Diagramme zeigen den prozentualen Anteil erfasster Objekte in Netzwerken unterschiedlicher Größe (50-500 Kameras) und bei unterschiedlicher Personendichte (10-100 Personen), ohne (oben) bzw. mit Sensorselektion (unten).

Hierfür wurde in 4.4.2 die Sensorverfügbarkeit und Aufenthaltsplausibilität eingeführt, um die Clustergröße für nicht perfekte Detektions- und Tracking-Verfahren zu minimieren. Um diese Methoden genauer zu untersuchen, bietet das Simulationsframework die Möglichkeit, Detektoren oder Tracker mit

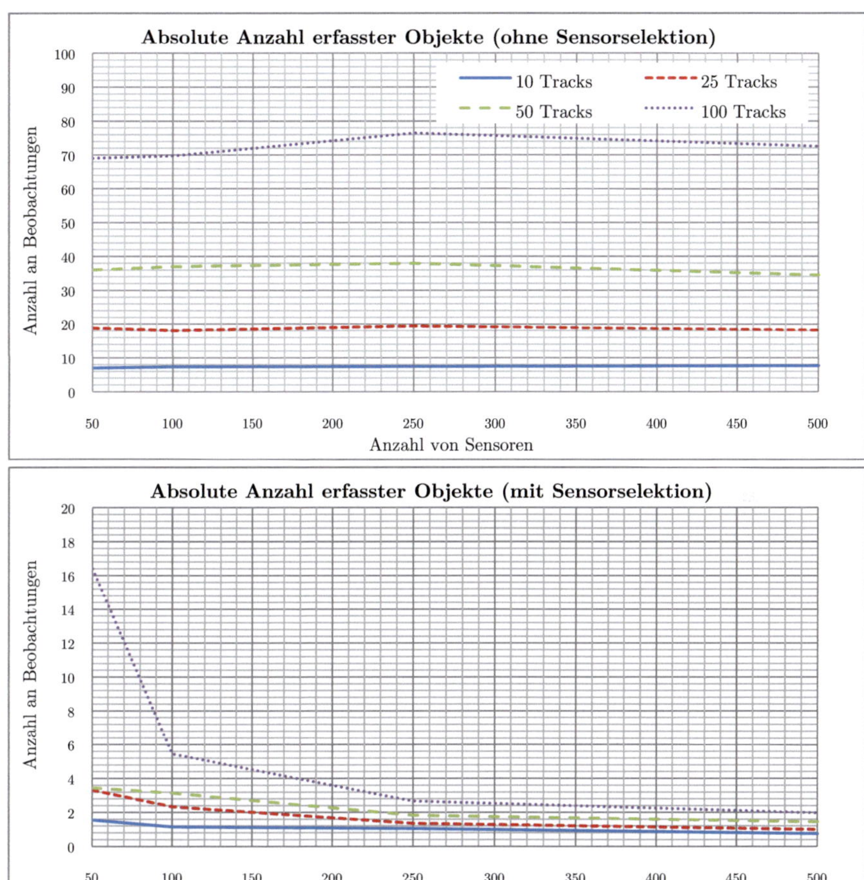

Abb. 4.13. Die Diagramme zeigen die absolute Anzahl der durchschnittlich erfassten Objekte in Netzwerken unterschiedlicher Größen (50-500 Kameras) und unterschiedlicher Personendichte (10-100 Personen), ohne bzw. mit Sensorselektion.

unterschiedlicher Zuverlässigkeit zu simulieren. Dadurch lassen sich die Auswirkungen nicht perfekter Tracking-Verfahren auf die Clustergröße und somit auf die Anzahl zu verarbeitender Beobachtungen veranschaulichen.

4.5.3 Einfluss der Tracker-Zuverlässigkeit auf die Clustergröße

Mit der Einführung der Sensorverfügbarkeit und der Aufenthaltsplausibilität (*Plausibility of Presence* , kurz *PoP*) wird erreicht, dass passive Sensoren, die als nicht zuverlässig deklariert werden müssen (z. B. aufgrund von Störeinflüssen), als aktiv reklassifiziert werden und der Cluster sicherheitshalber erweitert wird. Diese Reklassifikation ist allerdings nur für Sensoren sinnvoll, die eine Mindestaufenthaltsplausibilität aufweisen (siehe Algorithmus 2, Schritt 2c).

Relevante Objektbeobachtungen fallen demnach ausschließlich von den aktiven Sensoren und den passiven Sensoren mit einer Mindestaufenthaltsplausibilität an (in Abb. 4.14 blau und rot gekennzeichnet). Die restlichen passiven Sensoren (in grün dargestellt) begrenzen zwar räumlich die Bewegungsfreiheit des Objektes, die Beobachtungen sind allerdings vorerst nicht relevant und werden demzufolge nicht verarbeitet. D. h. konkret, dass für die Anzahl zu verarbeitender Objektbeobachtungen nur die zwei erstgenannten Sensorklassen verantwortlich sind. Es gilt deshalb zunächst, die Anzahl dieser Clustersensoren für Tracking-Verfahren mit unterschiedlicher Zuverlässigkeit zu untersuchen.

Abb. 4.14 und Abb. 4.15 zeigen die Ausprägung der drei Sensorklassen im Cluster. Jedes Diagramm veranschaulicht die durchschnittliche Größe der Sensorklassen für eine variierende Anzahl an Objekten in der Szene, die bis auf das OdI als Störeinflüsse wirken. Die Diagramme unterscheiden sich untereinander allerdings durch die unterschiedliche Zuverlässigkeit des simulierten Detektions- und Tracking-Verfahrens. Das Diagramm oben links weist eine Detektionswahrscheinlichkeit von 100% auf. Die restlichen weisen eine Detektionswahrscheinlichkeit von 20%, 10% und 5% auf, was zu entsprechenden selteneren Detektionen des zu verfolgenden Objektes führt. Diese Werte sind für Trackingverfahren realistisch, da diese eine robuste Wiedererkennung des Objektes im Mittel bei jedem fünften, zehnten bzw. zwanzigsten Videoframe darstellen. Bei einer Bildwiederholfrequenz von z.B. 10 BpS würde das Objekt demnach im Mittel zweimal in der Sekunde (bei 20%), einmal in der Sekunde (bei 10%) bzw. einmal jede zweite Sekunde (bei 5%) erfolgreich wiedererkannt und lokalisiert werden.

Zunächst lässt sich ein genereller Anstieg der Gesamtgröße des Sensorclusters sowohl bei steigender Anzahl von Objekten in der Szene als auch bei sinkender Zuverlässigkeit des Detektionsverfahrens erkennen. Dieser Anstieg ist darin begründet, dass eine steigende Anzahl von Objekten stets dazu führt, dass passive Sensoren als nicht verfügbar und somit nachträglich als aktiv eingestuft werden, was eine Vergrößerung des Clusters durch neue passive Sensoren zur Folge hat – allerdings nur wenn diese auch eine Aufenthaltsplausibilität überschreiten.

Bei einem perfekten Detektor (Diagramm oben links) kann man davon ausgehen, dass das OdI mit einer höheren Detektionsrate verfolgt werden kann und somit eine durchschnittlich niedrigere Positionsunsicherheit erzielt. Diese führt nach Gleichung 4.8 direkt zu einer niedrigeren Aufenthaltsplausibilität der umliegenden passiven Sensoren. Dadurch lässt sich der relativ geringe Anstieg der Clustergröße beim perfekten Detektionsverfahren im Vergleich zu den weniger zuverlässigen Detektoren erklären.

D. h. je unzuverlässiger das Tracking-Verfahren ist, desto höher ist die mittlere Positionsunsicherheit des Objektes aufgrund ausbleibender Detektionen. Das führt i. Allg. zu einer (durchschnittlich) höheren Aufenthaltsplausibilität in den passiven Sensoren. Ist nun gleichzeitig eine wachsende Anzahl von Störeinflüssen (hier in Form von Objekten in der Szene) zu verzeichnen, steigt die Wahrscheinlichkeit, dass passive Sensoren als nicht verfügbar reklassifiziert werden und eine Vergrößerung des Cluster nach sich ziehen.

Dieser Mechanismus ist direkt auf die Sensoren der Menge S^{com} übertragbar – sprich auf die Sensoren, die relevante Beobachtungen bereitstellen (in Abb. 4.14, rot und blau dargestellt). Abb. 4.16 stellt die Anzahl der Objektbeobachtungen dar, die von diesen Sensoren erstellt werden und somit von einem Tracking-Modul verarbeitet werden müssen. Alle Kurven zeigen analog zur Clustergröße einen Anstieg bei einer wachsenden Anzahl von Objekten in der Szene. Die Steilheit des Anstieges ist ebenfalls analog zur Anzahl der Sensoren in S^{com} abhängig von der Zuverlässigkeit des Trackers.

Hier kann man noch einmal erkennen, dass bei einer geringeren Anzahl von Störeinflüssen die passiven verfügbaren Sensoren (rot) gegenüber den aktiven Sensoren (blau) deutlich überwiegen. Wobei es wichtig zu erwähnen ist, dass verfügbare passive Sensoren stets für eine stabile Clustergröße stehen, auch wenn ein Objekt über einen längeren Zeitraum nicht detektiert werden kann. Eine hohe Anzahl von verfügbaren passiven Sensoren ist somit immer anzustreben.

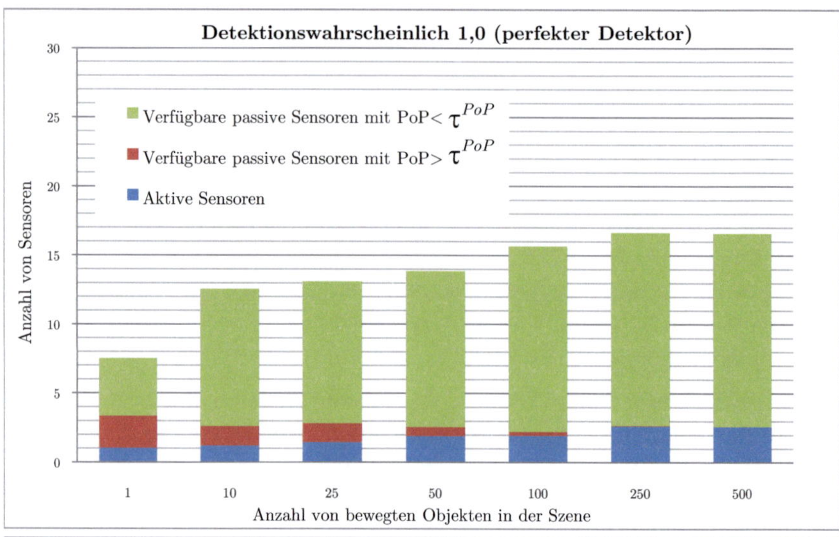

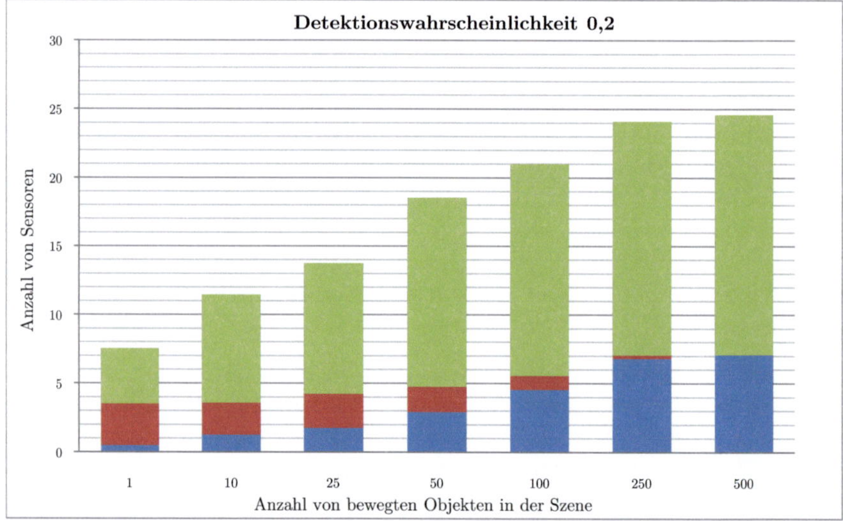

Abb. 4.14. Die Balkendiagramme zeigen die Zusammensetzung der Sensorcluster bei unterschiedlicher Detektionswahrscheinlichkeit (1,0 und 0,2). Bei einer Verarbeitungstaktung von 10 Hz würde hierbei der perfekte Tracker (oben) zehnmal pro Sekunde eine Lokalisierung durchführen. Der reale Tracker (unten) hingegen im Schnitt fünfmal. Die Balken zeigen, abhängig von der Anzahl an Objekten in der Szene, die durchschnittliche Anzahl an aktiven Sensoren (blau), passiven Sensoren mit einer ausreichend hohen Aufenthaltsplausibilität des Objektes (rot) und die restlichen passiven Sensoren, zu denen keine Kommunikation erforderlich ist (grün).

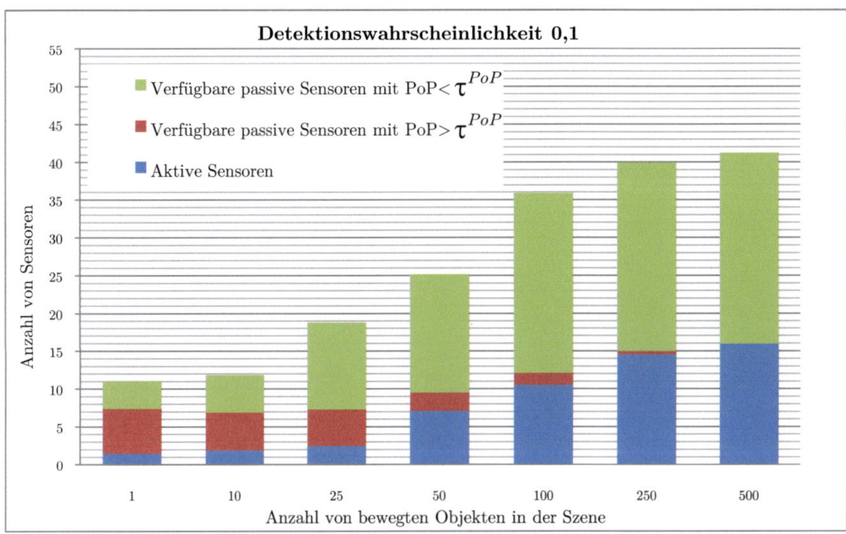

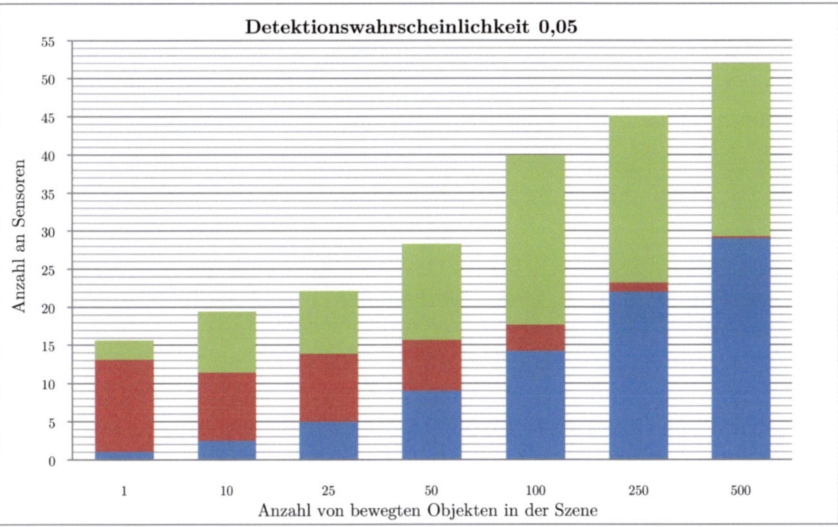

Abb. 4.15. Die Balkendiagramme zeigen die Zusammensetzung der Sensorcluster bei niedriger Detektionswahrscheinlichkeit 0,1 und 0,05. Bei einem Tracker mit einer Verarbeitungstaktung von 10 Hz würde hierbei im Durchschnitt einmal pro Sekunde bzw. einmal jede zweite Sekunde eine erfolgreiche Datenassotiation durchgeführt werden, was in der Praxis realisitisch ist. Jedes Diagramm zeigt, abhängig von der Anzahl an Objekten in der Szene, die durchschnittliche Anzahl an aktiven Sensoren (blau), passiven Sensoren mit einer ausreichend hohen Aufenthaltsplausibilität des Objektes (rot) und die restlichen passiven Sensoren, zu denen keine Kommunikation erforderlich ist (grün).

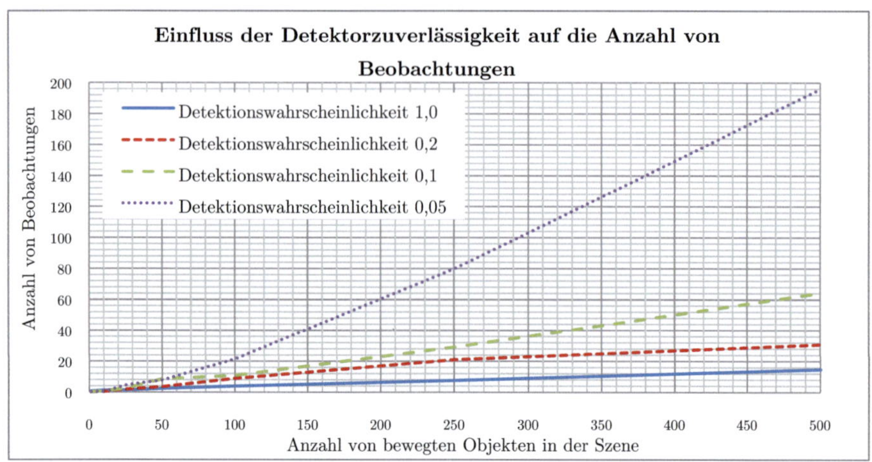

Abb. 4.16. Bei einer wachsenden Anzahl von Objekten ist eine sinkende Verfügbarkeit der passiven Sensoren zu erwarten. Dadurch werden durchschnittlich mehr Sensoren in die Auswertung eingebunden und die Anzahl zu verarbeitender Beobachtungen steigt. Das Diagramm zeigt, dass bei wachsender Objektdichte eine hohe Zuverlässigkeit des Trackers von hoher Wichtigkeit ist, um die Anzahl der zu verarbeitenden Beobachtungen auf einem niedrigen Niveau zu halten.

Bei wachsender Anzahl von Störeinflüssen werden aber aufgrund der sinkenden Verfügbarkeit gerade diese passiven Sensoren als aktiv reklassifiziert, was im Extremfall zu einem signifikanten Überhang der aktiven Sensoren führt (blau dargestellt). In solchen Fällen beinhaltet der Cluster alle Sensoren, deren Erfassungsbereiche das Objekt aufgrund seiner maximalen Geschwindigkeit seit der letzten Detektion hätte erreichen können. Dieser Effekt ist unabhängig von der Zuverlässigkeit des Detektors. Die niedrigere Anzahl an aktiven Sensoren beim perfekten Detektor wird lediglich durch die ständige Bewegung des Objektes (*random walk*) erzielt, was zu häufigeren Detektionen führt. Würde das Objekt sich über einen längeren Zeitraum in einer Lücke der Sensorabdeckung aufhalten, wären die Folgen identisch mit denen eines nicht zuverlässigen Detektors.

Das verdeutlicht die Grenze des hier vorgestellten Ansatzes. Die Kombination aus Zuverlässigkeit des Detektions- und Tracking-Verfahrens, Beobachtbarkeit des Objektes (z. B. durch die Sensorabdeckung) sowie Anzahl von Störquellen (z. B. durch Personendichte in der Szene) entscheidet über die Größe des Clusters bzw. der relevanten Clustermitglieder.

Unter der Annahme, dass die Objekte gleichermaßen über den kompletten Überwachungsbereich verteilt sind, führt eine Clusterminimierung statistisch stets zu einer Minimierung der zu verarbeitenden Beobachtungen.

Zusammenfassend lässt sich somit festhalten, dass bei einer hohen Personendichte (d. h. einer hohen Anzahl von Störereignissen und somit einer niedrigen Verfügbarkeit der Sensoren) eine hohe Beobachtbarkeit und ein sehr zuverlässiger Detektor und Tracker notwendig sind, damit die Positionsunsicherheit durch eine hohe Detektionsrate niedrig gehalten werden kann. Dies erzielt man in der Praxis typischerweise durch eine höhere Sensordichte mit überlappenden Sichtbereichen, was allerdings oft aus Kostengründen nicht erwünscht ist.

Bei einer relativ niedrigen Personendichte und somit hoher Verfügbarkeit der Sensoren hingegen sind größere Lücken in der Sensorabdeckung sowie weniger zuverlässige Detektionsverfahren weniger problematisch, da die verfügbaren passiven Sensoren für eine stabile lokale „Umzingelung" des Objektes sorgen und somit der stetigen Vergrößerung des Clusters entgegen wirken.

4.5.4 Rechenressourcen für die Ermittlung der Clustersensoren

Die vorgestellten Simulationen haben gezeigt, dass durch den Einsatz einer dynamischen Sensorselektion die Anzahl zu verarbeitender Beobachtungen signifikant gesenkt werden kann. Dadurch wird der Bedarf an Rechenkapazität des Tracking-Moduls minimiert. Nun darf man allerdings nicht vernachlässigen, dass die Ermittlung der Clustersensoren ebenfalls Rechenressourcen bindet.

Zur Quantifizierung der benötigten Rechenkapazität werden in den folgenden Unterkapiteln Laufzeitmessungen durchgeführt, anhand derer die benötigte Rechenzeit für die einzelnen Verfahrensschritte der Sensorselektion untersucht wird.

Rechenzeit für die Ermittlung der Clustersensoren

In einer ersten Messung wurde die Verarbeitungszeit des vorgestellten Verfahrens gemessen, um die Praxistauglichkeit des Ansatzes zu untersuchen.

Zur besseren Interpretation wurde die Gesamtverarbeitungszeit eines Selektionszyklus in vier Teilschritte aufgeteilt:

- Bestimmung der aktiven Sensoren (Punkt-in-Polygon-Prüfung)

- Manipulation des Arrangements (Entfernung von Kanten aktiver Sensoren)

- Bestimmung passiver Sensoren (Berechnung der Zelle)

- Berechnung der Aufenthaltsplausibilität und rekursive Entfernung der Kanten neuer aktiver Sensoren.

Es ist wichtig, an dieser Stelle zu erwähnen, dass die Rechenkomplexität der einzelnen Verfahrensschritte von unterschiedlichen Gegebenheiten abhängt. Die Bestimmung der aktiven Sensoren hängt direkt mit der Anzahl von *Visibility-Polygonen* zusammen. Die Manipulation des Arrangements sowie die Bestimmung der passiven Sensoren hingegen hängt von der Anzahl von Liniensegmenten im Arrangement ab. Die Berechnung der Aufenthaltsplausibilität wiederum ist stark von der Ausprägung des Visibility-Graphen abhängig, insbesondere von dessen Anzahl an Knoten. Aufgrund der Vielfalt an Möglichkeiten, wird die Verfahrenskomplexität auf Basis von Laufzeitmessungen für eine exemplarische und repräsentative Untermenge an Konfigurationen ermittelt. Alle Laufzeitmessungen in dieser Arbeit wurden mit einem Intel Xeon Prozessor mit 3 GHz Takt durchgeführt.

Abb. 4.17 zeigt die gemessene Rechenzeit für die Ermittlung der aktiven und passiven Sensoren, wobei von einem aktualisierten Arrangement ausgegangen wird. Die Größe des Sensornetzwerkes und somit des Arrangements wurde von 10 bis 500 Sensoren variiert, was bei den simulierten Umgebungen und den Kamerasichtfeldern ca. 150-8000 Liniensegmenten entspricht.

Das Diagramm zeigt, dass selbst bei einer Anwendung des Verfahrens in sehr großen Sensornetzwerken die Verarbeitungszeit für die Sensorselektion deutlich unterhalb der Videoechtzeit von 25 fps liegt. Hierbei nimmt die Evaluation des passiven Sensors den größten Teil der Verarbeitungszeit ein, gefolgt von der benötigten Rechenzeit für das Entfernen von Kanten aus dem Arrangement.

Für statische Sensornetzwerke ist die Bestimmung des Sensorclusters somit hocheffizient durchzuführen und der benötigte Rechenbedarf zu vernachlässigen – insbesondere wenn man berücksichtigt, dass die Cluster-Berechnung aufgrund der Bewegungsdynamik des Objektes nicht mit der Bildwiederholfrequenz Schritt haltend durchgeführt werden muss.

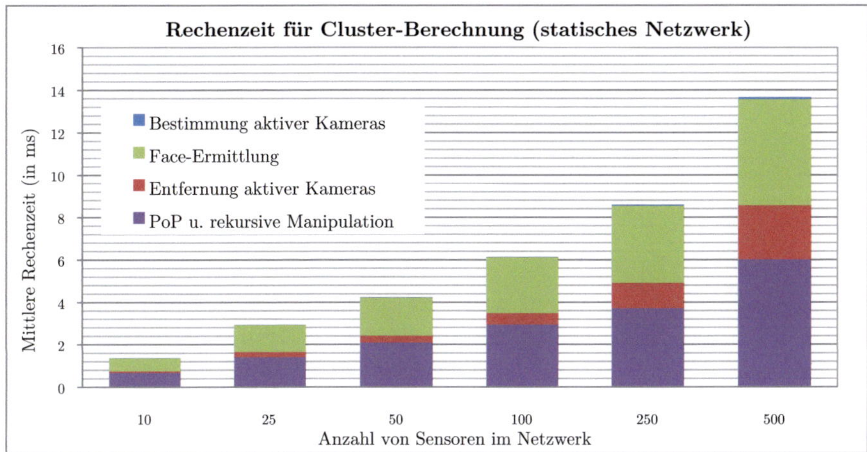

Abb. 4.17. Die benötigte Rechenzeit für die Berechnung der Clustersensoren ist selbst in Kameranetzwerken mit 500 Sensoren sehr gering (ca. 14ms). Es zeigt sich aber auch, dass die Komplexität für das Entfernen von Kantensegmenten (Manipulation des Arrangements) nicht zu unterschätzen ist (roter und lila Anteil).

Für nicht-statische Sensornetzwerke hingegen kommt ein zusätzlicher Rechenaufwand für die dynamische Aktualisierung des Arrangements hinzu. Aufgrund der hohen Rechenkomplexität für das Hinzufügen und Entfernen von Liniensegmenten stellt die Instandhaltung des Arrangements die Hauptherausforderung dar.

Rechenzeit für die Arrangement-Aktualisierung

Für die Untersuchung des Rechenaufwandes für die Aktualisierung des Arrangements bei nicht-statischen Kameranetzwerken werden für alle Kameras Schwenkbewegungen simuliert. Es wird angenommen, dass das komplette Sensornetzwerk aus sich bewegenden Sensoren besteht, was in der Praxis den schwierigsten Fall darstellt. Für diese Untersuchung wird, analog zur Simulation für statische Sensoren, die Anzahl der Kameras im Netzwerk zwischen 10 und 500 variiert.

Zunächst sei noch einmal erwähnt, dass der Mehraufwand an benötigter Rechenkapazität bei nicht-statischen Sensornetzwerken ausschließlich bei der Instandhaltung des Arrangements aufzubringen ist, da aufbauend auf

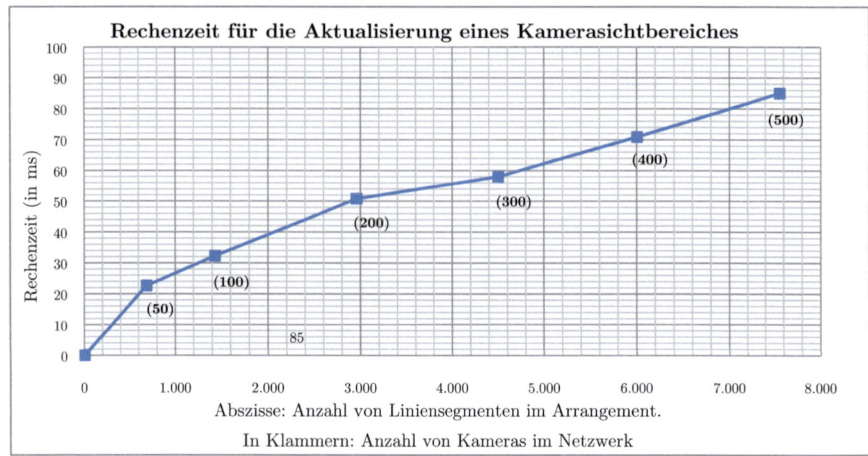

Abb. 4.18. Bei den simulierten Kameranetzwerken mit 50 bis 500 Kameras ergeben sich Arrangements mit ca. 800 bis 7500 Liniensegmenten. Das Diagramm zeigt die jeweils benötigte mittlere Rechenzeit zur Entfernung und zum Hinzufügen eines Kameraerfassungsbereiches.

einem aktualisierten Arrangement die Ermittlung der Clustersensoren mit dem Verfahren für statische Sensoren identisch ist.

Während die Komplexität für die Ermittlung der Clustersensoren primär von der Größe des Arrangements abhängig ist, besteht beim Aktualisierungsschritt eine starke Abhängigkeit von der Anzahl der zu aktualisierenden Sensoren. Nach Gleichung 4.10 ist diese Anzahl gegeben durch die Sensoren in $\mathcal{S}^{com}$. Dabei wird zusätzlich unterschieden, ob das OdI zuletzt erfolgreich detektiert wurde oder ob es sich um eine Folgeprädiktion handelt. Das Verhältnis dieser zwei Möglichkeiten ist statistisch durch die Detektionswahrscheinlichkeit gegeben und wird somit vom Simulator mit modelliert. Es ergibt sich dadurch eine durchschnittliche Anzahl der zu aktualisierenden Clustersensoren von

$$N^{update} = P(TP)N^{active} + N^{com} - N^{active}. \tag{4.12}$$

N^{active} steht für die durchschnittliche Anzahl an aktiven Clustersensoren (in Abb. 4.14 blau dargestellt), $(N^{com} - N^{active})$ ist die durchschnittliche Anzahl an passiven Sensoren mit einer Mindestaufenthaltsplausibilität des Objektes (in Abb. 4.14 rot dargestellt). $P(TP)$ steht für die Detektionswahrscheinlichkeit.

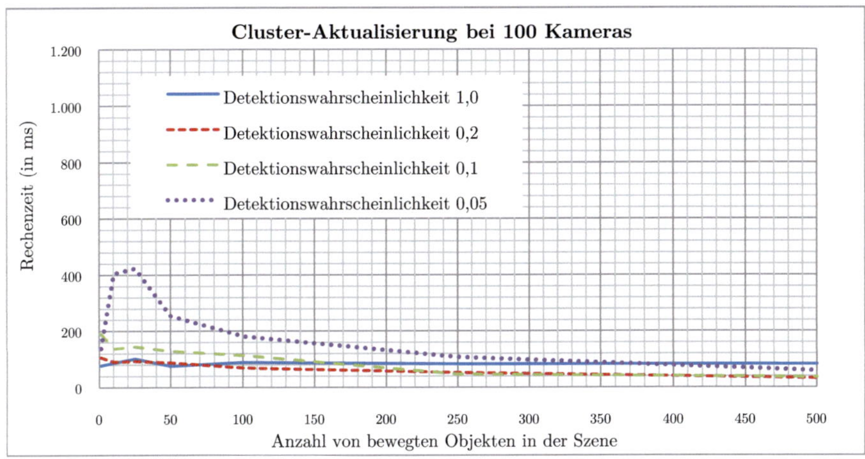

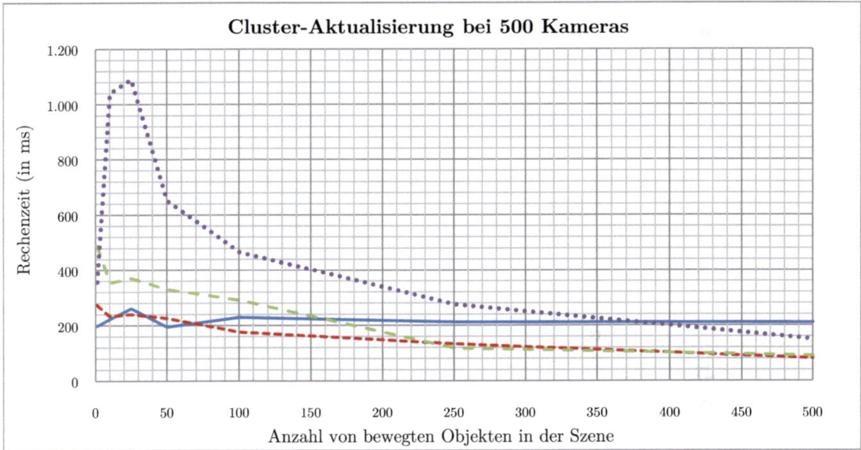

Abb. 4.19. Die Diagramme zeigen die gemessene mittlerere Rechenzeit für die Aktualisierung des Arrangements für ein Netzwerk mit 100 Kameras (oben) und 500 Kameras (unten). Es zeigt sich, dass die benötigte Rechenzeit direkt abhängig von der Anzahl an verfügbaren passiven Sensoren im Cluster ist (siehe Abb. 4.14). Die höchste Rechenzeit wird somit dann benötigt, wenn aufgrund niedriger Detektionsraten eine hohe Positionsunsicherheit herrscht, und gleichzeitig eine hohe Anzahl der passiven Sensoren als verfügbar einzustufen sind (wenige Objekte in der Szene).

Um zunächst aber eine von der Clustergröße unabhängige Darstellung des Rechenaufwandes zu geben, zeigt Abb. 4.18 die Rechenzeit für die Aktualisierung eines einzelnen Sensorsichtfeldes in Kameranetzwerken unterschiedlicher Größe und somit in Arrangements mit einer variierenden Anzahl an Liniensegmenten. Die Ergebnisse zeigen, dass die Aktualisierung der Sichtfelder in großen Arrangements deutlich mehr Rechenaufwand benötigt als die Traversierung (Ermittlung der Clustersensoren).

In Kombination mit den Ergebnissen der Clustergrößen aus Abb. 4.14 lässt sich nun der mittlere Rechenbedarf für die Arrangement-Aktualisierung in Netzwerken unterschiedlicher Größe und unter Berücksichtigung von Tracking-Verfahren mit unterschiedlicher Zuverlässigkeit bestimmen.

Abb. 4.19 zeigt exemplarisch die resultierende mittlere Rechenzeit für Kameranetzwerke mit 100 und 500 Kameras. Jedes Diagramm zeigt darüber hinaus den Einfluss der Zuverlässigkeit des Tracking-Verfahrens in Kombination mit der Anzahl von Störeinflüssen durch zusätzliche bewegte Objekte in der Szene auf die benötigte Rechenzeit.

Es ist ersichtlich, dass die benötigte Rechenzeit sich primär an der Anzahl der passiven Sensoren mit hoher Verfügbarkeit orientiert (vgl. Abb. 4.14, rot dargestellt). Dies ist nachvollziehbar, da es gerade diese Sensoren sind, die für die Berechnung der lokalen Objektbegrenzung im Arrangement aktualisiert werden müssen. Aktive Sensoren werden hingegen aus dem Arrangement entfernt und erst mit der nächsten erfolgreichen Detektion in aktualisierter Form wieder eingefügt (siehe Gleichung 4.10). Eine Erhöhung der Personendichte führt bei gleichbleibender Trackerzuverlässigkeit wie bereits erläutert zur Reklassifikation dieser passiven Sensoren zu aktiven, was i. Allg. zu einer Senkung des Rechenbedarfs führt, da die aktiven Sensoren seltener aktualisiert werden müssen. Eine Ausnahme ist hierbei die Verwendung eines „perfekten" Trackers, der für jeden Verarbeitungsschritt eine erfolgreiche Objektdetektion durchführen kann.

Zusammenfassend lässt sich somit festhalten, dass beim Einsatz nicht perfekter Tracker die Stabilität des Clusters nur durch die passiven verfügbaren Sensoren erreicht werden kann, welche wiederum bei niedrigerer Personendichte zur Verfügung stehen. Diese Stabilität muss aber durch eine hohe Rechenkomplexität teuer erkauft werden. Eine Reduktion der Rechenzeit kann auf zwei Wegen erfolgen. Die erste Möglichkeit ist der Einsatz zuverlässigerer Tracker, die durch höhere Detektionsraten zu kleineren Positionsunsicherheiten des Objektes führen und somit zu insgesamt kleineren Sensorclustern. Diese Möglichkeit ist auch gleichzeitig für das Gesamtsystem anzustreben. Die zweite Möglichkeit hingegen ergibt sich bei hoher Personendichte oder Störeinflüssen aufgrund der Reklassifikation der passiven Sensoren zu aktiven. Dies ist natürlich nicht wünschenswert, weil es mit einer starken Vergrößerung des gesamten Sensorclusters verbunden ist, was zu einer Überlastung des Trackingmoduls führt.

Abschließend ist es wichtig zu erwähnen, dass für die simulierten Netzwerk-Konfigurationen mit 10 bis 500 Kameras die maximale durchschnittliche Rechenzeit etwas über einer Sekunde liegt. Dies ist in der Praxis völlig ausreichend, da ein Objekt typischerweise deutlich länger in einem Sensorerfassungsbereich zu beobachten ist.

4.6 Schlussbetrachtungen

In diesem Kapitel wurde ein neues Verfahren zur effizienten wissensbasierten Selektion von Sensoren (hier speziell Kameras) vorgestellt. Dieses Verfahren verwendet Arrangements von Liniensegmenten, um durch eine geometrische Analyse der Sichtbarkeitspolygone der Kameras auf die Sensoren zurück zu schließen, die zum einen das OdI erfassen und zum anderen die räumliche Bewegungsfreiheit des Objektes eingrenzen. Dadurch ist es möglich, multisensorielle Objektbeobachtungen in großen verteilten Sensornetzwerken durch eine lokale Auswertung weniger auftragsrelevanter Sensoren effizient zu analysieren. Das entwickelte Verfahren zur Sensorselektion wurde zunächst für statische Sensornetzwerke geprüft. Durch die spezielle Datenstruktur der Arrangements (DCEL) ist die Suche nach den relevanten Kameras (Clustersensoren) ohne weiteres in Videoechtzeit möglich. Die Simulationsergebnisse haben gezeigt, dass selbst bei Sensornetzwerken mit 500 Kameras die Sensorselektion in weniger als 15ms durchgeführt werden kann.

Das vorgestellte Verfahren entfaltet sein Alleinstellungsmerkmal gegenüber anderen Selektionsverfahren durch seine Einsetzbarkeit in nicht-statischen Sensornetzwerken, da für statische Sensornetzwerke jederzeit vorab berechnete Look-Up-Tables eingesetzt werden könnten. Bei bewegter Sensorik ist das vorgestellte Verfahren in der Lage, die auftragsrelevanten Sensoren effizient und mit einem für praktische Anwendungen vertretbarem Aufwand zu ermitteln. Weiter wird die Anforderung an ein lokal agierendes auftragsorientiertes System, welches eine ausschließlich Prozess-Kommunikation und Datenauswertung auftragsrelevanter Sensoren erlaubt, erfüllt.

Der entwickelte Ansatz wurde anhand von Simulationen im Detail untersucht. Insbesondere wurde der Einfluss von nicht perfekten Tracking-Verfahren in Kombination mit unterschiedlichen Personendichten auf die Anzahl der ermittelten auftragsrelevanten Sensoren analysiert. Es konnte gezeigt werden, dass durch die Sensorselektion eine signifikante Reduktion der auszuwertenden Beobachtungen erreicht werden kann, was insbesondere bei mittleren und hohen Personendichten eine schritthaltende Objektverfolgung erst ermöglicht.

Die Grenzen des Sensorselektionsverfahrens sind primär bei gleichzeitigem Vorhandensein hoher Personendichten und niedriger Detektionsraten durch das Trackingmodul zu beobachten. Dadurch wächst die Unsicherheit über den Aufenthaltsbereich des Objektes, während gleichzeitig das Cluster aufgrund der Störeinflüsse in den passiven Kameras nicht stabil gehalten werden kann. Dies führt zu einem ständigen Anwachsen des Clusters bis hin zur Überlastung des Trackingmoduls. In diesem Fall können nur noch heuristische Verfahren eingesetzt werden, bei denen die Suche nach dem OdI durch eine zufällige, stichprobenartige Selektion der Kameras fortgesetzt wird.

Obwohl die vorgestellten Algorithmen bereits in der hier präsentierten Form ihre Praxistauglichkeit gezeigt haben, gibt es noch weitere Verbesserungsmöglichkeiten, die zu einer nochmals verringerten Clustergröße und somit zu einer reduzierten Rechenlast des PRCs führen. Eine Möglichkeit zur Verminderung der Anzahl an Clusterteilnehmern ist, die genaue Position zu bestimmen, an der das Objekt einen aktiven Sensor verlässt. Im einfachsten Fall wäre diese Information gegeben durch die sogenannten Eingangs- bzw. Ausgangskanten (engl.: entry/exit edges) der Kamerasichtbereiche. Diese Information gibt Auskunft, in welchem unbewachten Bereich sich das Objekt bewegt hat. Dadurch hat man die Möglichkeit, den bisher aktiven Knoten als Begrenzung einzusetzen und andere umliegende Erfassungslücken auszuschließen. Die Schwierigkeit hierbei liegt vor allem in der zuverlässigen Ermittlung der genauen Position, an der das Objekt das Sichtfeld verlassen hat.

Eine weitere Möglichkeit ist die Berücksichtigung der Dynamik der Sensoren selbst. Sowohl fest positionierte Schwenk-Neige-Kameras als auch mobile Sensorplattformen können durch ein Bewegungsmodell beschrieben werden. Dadurch könnte man berücksichtigen, ob ein Großteil der Sensoren im Netzwerk (und vor allem der passiven Sensoren) temporär als potenziell relevant einzustufen ist bzw. ab wann eine Aktualisierung der Sensorkonfiguration (d. h. der Sichtbarkeitspolygone) zweckmäßig wäre.

Schließlich ergibt sich für zukünftige Untersuchungen die Frage, ob die hier eingesetzten Methoden aus der kombinatorischen Geometrie für Anwendungen im Bereich der Sensoreinsatzplanung verwendet werden können. Die Sensoreinsatzplanung ist mit der Sensorselektion insofern verwandt, weil während es bei der Selektion um die Informationsabfrage von Sensoren geht, die Einsatzplanung die aktive Steuerung beweglicher oder mobiler Sensoren übernimmt. Bei der aktiven Steuerung sind aber ebenfalls geometrische Modellierungen der beobachteten Umgebung und der Bewegungsdynamik der Sensorplattformen essenziell (z. B. für eine Bahnplanung). Es liegt deshalb die Vermutung nahe, dass die hier vorgestellten Linienarrangements und die zugehörigen Methoden eine gemeinsame Basis für beide Anwendungen bieten könnten.

Teil III

Realisierung eines Demonstrators und abschließende Betrachtungen

Experimentelle Validierung

Die entwickelte auftragsorientierte Prozess- und Systemarchitektur, das Verfahren zur Multikamera-Personenverfolgung und die Methoden zur dynamischen Sensorselektion in Kameranetzwerken wurden bislang einzeln betrachtet und auf ihre Leistungsfähigkeit hin untersucht. In diesem Kapitel werden die Teilkomponenten in ein real existierendes Videoüberwachungssystem integriert und es werden sowohl der Funktionsnachweis unter Realbedingungen erbracht als auch die Praxistauglichkeit geprüft. Eine Evaluation wird zeigen, dass selbst in kleinen Sensornetzwerken der auftragsorientierte Ansatz Vorteile gegenüber klassischen sensororientierten Systemen aufweisen kann.

5.1 Experimentalsystem NEST

Im Rahmen des Forschungsprojektes NEST des Fraunhofer IOSB wurde in den vergangenen Jahren ein Experimentalsystem für automatisierte auftragsorientierte Sensorauswertung und Situationsanalyse entwickelt. Das NEST-System besteht aus einer service-orientierten Softwarearchitektur (SOA), bei der Teilaufgaben modular als einzelne Software-Dienste integriert werden können [Moßgraber 10, Bauer 08, Bauer 09, Bauer 10, Vagts 10]. Durch eine automatisierte Steuerung und Koordination der Dienste bzw. des Informationsflusses zwischen den Modulen werden komplexe Analyse- und Situationsbewertungsaufgaben auf weniger komplexe Teilaufgaben zurückgeführt und es wird darüber hinaus erreicht, dass die spezialisierten Dienste für unterschiedliche Aufgaben eingesetzt werden können.

Ein solches Teilmodul des NEST-Demonstrationssystems ist der *Person-Tracking-Service* (PTS). Dieser Service ist auf die Verfolgung einer vordefi-

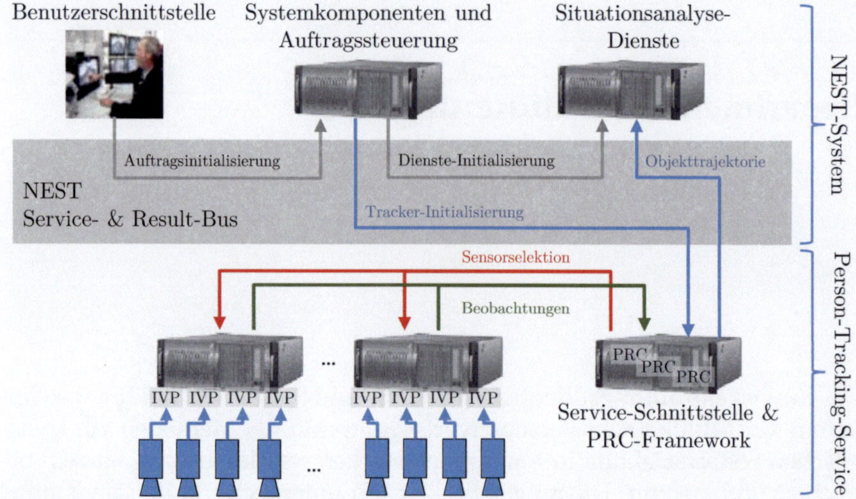

Abb. 5.1. Das NEST-System besitzt eine service-orientierte Systemarchitektur und besteht unter anderem aus Systemkomponenten (z. B. Geo-Server, Kommunikationsdienste) und Auftragssteuerungsdiensten zur Koordination von Situations- und Sensoranalysediensten. Die in dieser Arbeit vorgestellte Multi-Kamera Personenverfolgung ist als *Person-Tracking-Service* im NEST-System eingebunden.

nierten Person in einem Kameranetzwerk spezialisiert. Nach einer Initialisierung der zu verfolgende Person übernimmt der PTS die komplette Überwachungsaufgabe und liefert als Ergebnis die Trajektorie des Objektes. Die Analyse der Situation anhand der beobachteten Trajektorie obliegt in NEST den sogenannten Situationsanalysediensten.

Als Sensornetzwerk stehen dem NEST-System 20 kommerziell erhältliche IP-Kameras zur Verfügung. Diese sind fest installiert und verteilt auf 3 Etagen des Fraunhofer IOSB. Das System ist aber jederzeit erweiterbar und nicht auf die fest installierten Kameras beschränkt. Die fest installierten Kameras bestehen aus 14 statischen und 6 Schwenk-/Neige-Einheiten.

Für den Einsatz des Sensorselektionsverfahrens über mehrere Stockwerke wurde eine Heuristik verwendet. Die dynamischen Sensormanager der PRCs verwalten für jedes Stockwerk ein zugehöriges 2-D Linienarrangement. Je nachdem auf welchem Stockwerk das zu verfolgende Objekt wieder erkannt wurde, wird die Sensorselektion auf Basis des zugehörigen Arrangements durchgeführt. Hierfür muss es aber möglich sein, das Auftauchen des Objektes auf anderen Stockwerken zu prädizieren, um auf diesen Stockwerken die Personen erstmalig wieder zu erkennen – d. h. der dynamische Sensormanager muss in der Lage sein, passive Clustersensoren stockwerksübergreifend zu aktivieren. Dies wird durch eine Look-Up-Tabelle erreicht, aus der man entnehmen kann, welche Sensoren die stockwerksübergreifenden Wege überwachen (Fahrstühle, Treppenzugänge). Wird ein solcher Sensor als Clustersensor deklariert, so werden die korrespondierenden Kameras auf den anderen Stockwerken ebenfalls aktiviert und in die Wiedererkennung eingebunden.

Für die in dieser Arbeit vorgestellten Arrangement-basierten Verfahren zur Sensorselektion kann jedes Stockwerk somit getrennt betrachtet werden. Der Funktionsnachweis am Demonstrator wird deshalb exemplarisch durch die Personenverfolgung auf einem Stockwerk des IOSB erbracht. Hierfür wurde das Stockwerk mit der höchsten Anzahl an Kameras (insgesamt sechs) gewählt. Mit diesen Kameras wurden auch die Testdatensätze aus 3.5 erstellt (siehe Abb. 3.12).

Da zur Zeit der Inbetriebnahme des NEST-Kamerasystems keine einsetzbaren (d. h. ausreichend leistungsfähigen) intelligenten Kameras kommerziell erhältlich waren, wurden die IVPs auf externen Recheneinheiten emuliert. Hierfür stehen dem NEST-System fünf Server-Rechner mit je vier Prozessorkernen zur Verfügung. Jedem NEST-Server sind somit vier Kameras zur Videoanalyse zugeordnet. Die Kameras wurden jeweils mit einer Bildwiederholungsrate von 10 fps und einer Auflösung von 4CIF[1] (756x520 Pixel) betrieben. Die Videoanalyse wurde hierbei in Echtzeit durchgeführt.

Mit einem weiteren Rechner werden Rechenressourcen für den *Person-Tracking-Service* zur Verfügung gestellt. Dieser stellt eine Dienst-Schnittstelle zwischen NEST-System und den autonomen auftragsorientierten PRCs dar. Somit werden Trackingaufträge, die über das NEST-System an den *Person-Tracking-Service* übertragen werden, intern auf autonomen auftragsorientierten Prozessen in Form von PRCs abgebildet.

Die vorliegende Arbeit beschäftigt sich ausschließlich mit der Funktionalität des Personentrackers. Somit wird an dieser Stelle ausschließlich die Praxistauglichkeit der entworfenen Architektur, der auftragsorientierten Videoauswertung sowie der lokalen dynamischen Sensorselektion verifiziert. Für die Funktionalität der restlichen NEST-Dienste sei an dieser Stelle auf die Arbeiten von Bauer und Moßgraber et al. [Bauer 08, Moßgraber 10] verwiesen.

---

[1] Common Intermediate Format (CIF) der Internationalen Fernmeldeunion (ITU) im Videokonferenz-Standard H.261.

5.2 Evaluation und Ergebnisse

Bei der Evaluation der Architektur und der integrierten Verfahren unter realen Bedingungen liegt der Fokus weniger auf der Bewertung der einzelnen Komponenten, sondern vielmehr auf dem Funktionsnachweis des gesamten Tracking-Systems („proof of concept") und der Untersuchung des realen Datendurchsatzes im quasi-zentralen PRC sowie den benötigten Rechenressourcen durch temporäre Selektion der IVPs.

5.2.1 Entlastung des Tracking-Moduls

Zunächst soll der Mehrwert der auftragsorientierten Sensorselektion unter realen Bedingungen verdeutlicht werden. Hierfür wird der benötigte Datendurchsatz eines Tracking-PRCs unter Verwendung eines dynamischen Sensor Managers dem Datenaufkommen eines klassischen zentralen Ansatzes gegenübergestellt.

Die blaue Kurve in Abb. 5.2 zeigt die Anzahl an Detektionen über der Zeit, welche von allen aktivierten NEST-Kameras während einer Testmessung erzeugt wurden. Diese entsprechen somit der Menge an Beobachtungsnachrichten, die von den IVPs zum Tracking-PRC übertragen werden. Die Personendichte während der Testmessung war niedrig (ca. zehn Personen im Überwachungsbereich). Die rote Kurve stellt die Anzahl von Beobachtungen der Clustersensoren dar, welche vom Tracking-PRC für die Verfolgung einer Person selektiert wurden.

Trotz des relativ kleinen Kameranetzwerkes des NEST-Systems kann das vorgestellte Konzept der dynamischen Sensorselektion bestätigt werden. Durch die gezielte Auswahl der relevanten Sensoren lässt sich am Demonstrator eine deutliche Reduktion der benötigten Rechenressourcen beobachten. Diese liegen bei den durchgeführten Testmessungen im Mittel bei ca. 36%. Gleichzeitig zeigen die Messungen aber auch eine relativ hohe Schwankung bei der Clustergröße und somit bei der Reduktion der zu verarbeitenden Beobachtungen (Standardabweichung von ca. 25%). Dies ist zum einen dadurch zu begründen, dass wegen der kleinen Anzahl an Kameras im NEST-System aufgrund von Störungen bereits die Reklassifikation einer nicht verfügbaren passiven Kamera zur Einbindung fast aller anderen Sensoren führt, da keine große räumliche Verteilung und keine Redundanzen durch weitere passive Sensoren existieren.

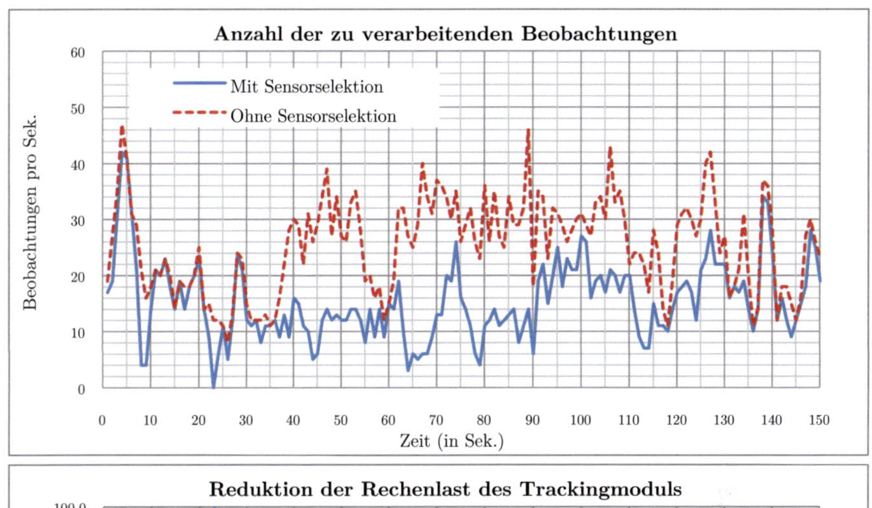

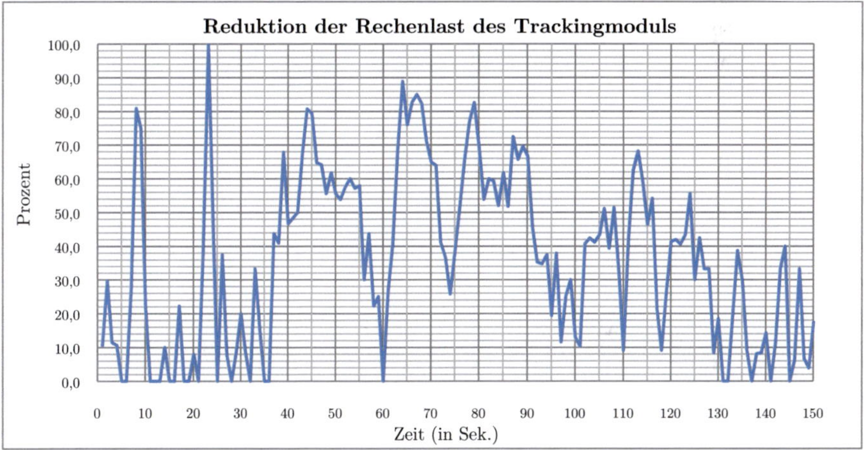

Abb. 5.2. Das Diagramm oben zeigt die zu verarbeitenden Beobachtungen durch einen PRC bei der Verfolgung einer Person. Die rot gestrichelte Kurve zeigt die Anzahl an Objektbeobachtungen von allen Kameras. Die blaue Kurve zeigt die Beobachtungen der auftragsrelevanten Clustersensoren. Das Diagramm unten zeigt die erreichte prozentuale Reduktion der zu verarbeitenden Beobachtungen.

Zum anderen ist die räumliche Ausdehnung des NEST-Kameranetzwerkes sehr gering. Es ist ohne weiteres möglich für eine Person, in ca. 10 Sekunden das Kameranetzwerk (auf einem Stockwerk) zu durchqueren. Dadurch führen auch kurzzeitige Verdeckungen oder Störungen bei der Objektdetektion und -segmentierung sehr schnell zu signifikanten Unsicherheiten bei der Positionsschätzung und somit zur Einbindung weiterer Sensoren in die Multi-Kamera-Auswertung.

Dennoch zeigen die Ergebnisse, dass bei einer ausreichend hohen Wiedererkennungsrate des Objektes in Kombination mit der Sensorselektion eine zentrale auftragsorientierte Objektverfolgung bei niedriger Rechenauslastung durchgeführt werden kann.

5.2.2 Clustergröße

In der Praxis ist eine niedrige Anzahl auszuwertender Kameras ebenfalls von hohem Interesse. Eine intelligente dynamische Sensorselektion ermöglicht nicht nur eine Optimierung der Rechenressourcen für die auftragsorientierten Prozesse, sondern auch eine Ressourcen-Priorisierung und Steuerung für das Gesamtsystem. Z. B. ist es denkbar, weitere Komponenten des Gesamtsystems wie die Videoarchivierung und die Sensorselektion zu koppeln und eine Priorisierung bei der Videospeicherung einzuführen. Hierbei könnten Videodaten der auftragsrelevanten Sensoren mit einer höheren Auflösung oder Bildwiederholfrequenz archiviert werden als Videodaten auftragsirrelevanter Kameras. Gleichermaßen wäre es vorstellbar, abhängig von der Auftragsrelevanz Rechenressourcen an einzelne IVPs dynamisch zuzuordnen, um die Gesamtperformance des Systems zu optimieren. Solche Möglichkeiten setzen allerdings voraus, dass die autonomen auftragsorientierten Prozesse prinzipiell versuchen, den eigenen Bedarf an Informationsquellen zu minimieren.

Die diesbezüglich erzielten Ergebnisse sollen am Demonstratorsystem in Form der Clustergröße für einen Tracking-Auftrag als auch durch die Allokierung von Kameras über die Zeit dargestellt werden. Abb. 5.3 zeigt für die oben bereits beschriebenen Messungen die selektierten IVPs sowie die sich daraus ergebende Clustergröße über der Zeit.

Es ist zu erkennen, dass trotz des relativ kleinen verfügbaren Kamerasystems die Sensorselektion eine Minimierung der Clustersensoren erreicht. Es gilt hierbei allerdings festzuhalten, dass in kleinen Sensornetzwerken die Abhängigkeit der Clustergröße sehr stark von der Aufenthaltsplausibilität des Objektes in passiven Sensoren (sprich von der Detektionsrate) abhängt.

Der Demonstrator erreicht demzufolge insgesamt eine sehr hohe Reduktion der Anzahl der Clustersensoren bei niedriger Personendichte, während eine höhere Anzahl an Personen im Überwachungsbereich aufgrund von Objektverdeckungen zu einer niedrigeren Detektionsrate und Verfügbarkeit der wenigen passiven Sensoren führt.

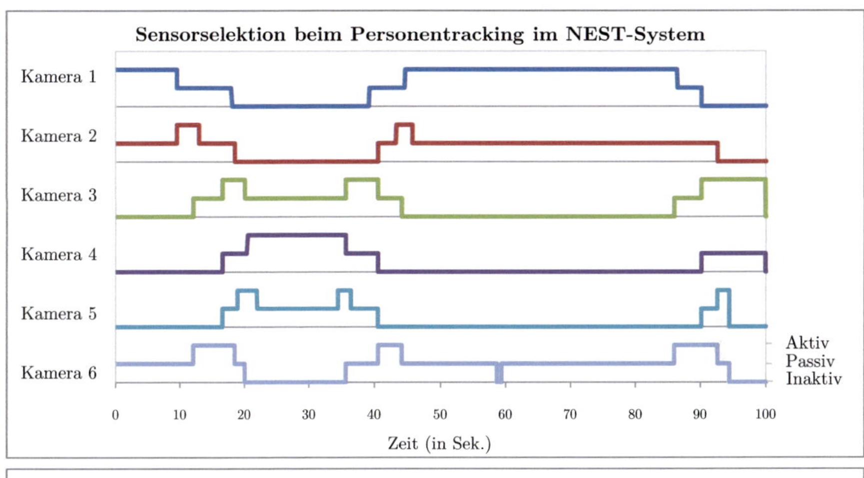

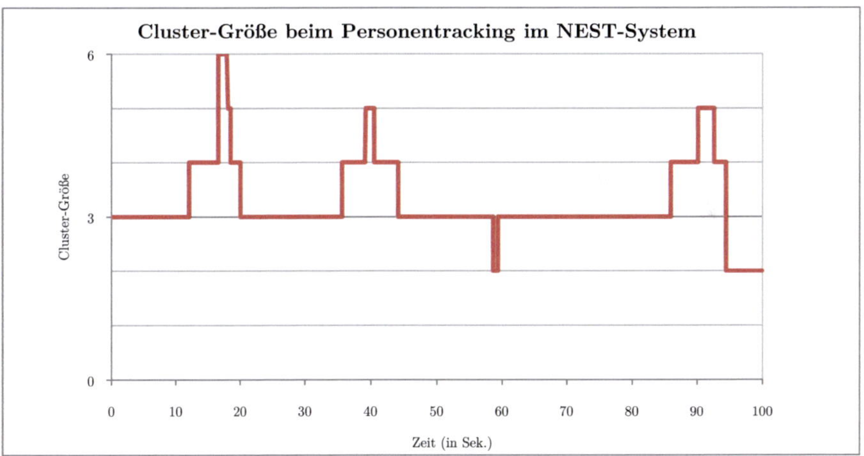

Abb. 5.3. Das Diagramm oben zeigt die temporäre Aktivierung einzelner IVPs für die exemplarisch durchgeführte Personenverfolgung. Die meisten Sensoren weisen durch das Sensorselektionsverfahren freie Ressourcen für weitere Überwachungsaufgaben auf. Das Diagramm unten zeigt die Clustergröße bei der durchgeführten Personenverfolgung. Hier zeigt sich insbesondere, dass selbst im kleinen Sensorentzwerk eine signifikante Reduzierung der Ressourcennutzung erreicht werden kann.

Eine Aktivierung aller verfügbaren Sensoren ist in diesem Fall unumgänglich. In größeren Sensornetzwerken hingegen ist eine deutlich höhere Reduktionsrate zu erwarten, sofern das zu verfolgende Objekt über eine extrem lange Zeit in keiner Kamera zu beobachten ist.

Mit dem NEST-Demonstrator konnte dennoch der Funktionsnachweis des Gesamtkonzepts erbracht sowie die Praxistauglichkeit der entwickelten Videoanalyse-, Tracking- und Sensorselektionsmethoden unter realen Bedingungen nachgewiesen werden.

6

Zusammenfassung und Ausblick

6.1 Zusammenfassung

Die automatische Videoauswertung für Überwachungs- und Sicherheitsaufgaben ist seit Jahrzehnten Gegenstand zahlreicher Forschungsaktivitäten, wobei in jüngster Zeit die automatische Auswertung von Kameranetzwerken stark an Bedeutung gewonnen hat. Kostengünstige intelligente Sensoren ermöglichen eine effiziente verteilte Videoanalyse, welche essenziell für den Einsatz von Kameranetzwerken in der Praxis ist.

Der Trend zur dezentralen Videoauswertung durch Einsatz von intelligenten Kameras hat allerdings zu einer verstärkt sensororientierten Sichtweise bezüglich der Analyseaufgabe geführt. Existierende, kommerziell erhältliche Verfahren zur Videoanalyse, integriert in intelligente Kameras, beschränken sich auf die Auswertung einzelner Kameradaten, während der Aspekt der Multikamera-Videoanalyse kaum berücksichtigt wird. Eine Möglichkeit zur dezentralen Multikamera-Auswertung bieten sogenannte selbstorganisierende Kameranetzwerke, die allerdings aufgrund der sehr komplexen Kommunikationsstrukturen weiterhin Forschungsgegenstand sind und sich in der Praxis bisher kaum durchsetzen konnten.

In der vorliegenden Arbeit wurde der auftragsorientierte Ansatz, welcher im Rahmen des Forschungsprojektes NEST des Fraunhofer IOSB entwickelt wurde, auf die spezielle Anwendung des Multi-Kamera-Trackings erstmals übertragen. Dieser besteht aus einer hybriden Prozessstruktur mit intelligenten Kameras als verteilte (dezentrale) Beobachter und autonomen auftragszentrierten Prozessen zur automatisierten Multisensor-Analyse. Diese Struktur kombiniert die Vorteile der verteilten Videoauswertung, welche zu einer effizienten Bandbreitenreduktion und Minimierung der benötigten (zentralen) Rechenressourcen führt, mit den Vorteilen einer zentralen Multisensor-Auswertung. Die entworfene Prozessstruktur führt dazu, dass in einem auftragsorientierten System die benötigten (zentralen) Rechenressourcen nicht mehr von der Anzahl an eingesetzten Sensoren, sondern allein von der Anzahl der parallel durchgeführten Analyseaufträge abhängen.

Des Weiteren wurde durch die Autonomie der auftragsorientierten Prozesse (PRCs) erreicht, dass eine zentrale Verwaltung, insbesondere hinsichtlich der Sensor-Auftrags-Zuordnung, nicht benötigt wird. Es gilt als eine der Errungenschaften dieser Forschungsarbeit gezeigt zu haben, dass ein autonomer auftragsorientierter Prozess durch die Multisensor-Auswertung und -Fusion in Kombination mit einer dynamischen Sensorselektion in die Lage versetzt wird, selbst in großen Sensornetzwerken die aufgetragene Analyseaufgabe effizient durchzuführen. Dieses Prinzip wurde am Beispiel des Multikamera-Personentrackings exemplarisch realisiert und als nützlich belegt.

Der Sensorselektion kommt im auftragsorientierten Ansatz eine besondere Rolle zu. Die Selektion von auftragsrelevanten Sensoren ermöglicht die Beschränkung des Datenaustauschs und der Datenanalyse auf eine stark reduzierte Anzahl an Sensoren. Dadurch ist es erst möglich, in sehr großen Netzwerken einzelne Aufträge als quasi-zentrale Prozesse einzusetzen.

Der entwickelte Ansatz und die entwickelten Algorithmen zur wissensbasierten Kameraselektion gelten deshalb als Kern dieser Forschungsarbeit. Dies ist sowohl in der Neuheit des Ansatzes begründet als auch in der Wichtigkeit der autonomen Sensorselektion für die auftragsorientierte Informationsauswertung.

Die Neuheit liegt zum einen im Einsatz eines deterministischen anstatt stochastischen Verfahrens zur Sensorselektion. Zum anderen wurden Methoden aus der algorithmischen Geometrie, im Speziellen *Arrangements of Lines*, zur Kameraselektion verwendet, die nachweislich eine hohe Flexibilität, vielfältige Anwendungsmöglichkeiten und Effizienz aufweisen.

Was die Wichtigkeit dieser Methoden für die auftragsorientierte Informationsauswertung betrifft, so steht und fällt der vorgestellte Ansatz für eine auftragsorientierte Videoauswertung durch einen autonom agierenden Prozess mit dessen Fähigkeiten, dynamisch Informationsquellen bestimmen zu können. Nur dadurch können Beobachtungs- und Informationsfusionsaufgaben lokal und somit in Sensornetzwerken beliebiger Größe eingesetzt werden. Dies führt wiederum zu einer Entkopplung bzw. Unabhängigkeit von der Sensoranzahl, die zu den Charakteristika der Auftragsorientierung gehören.

Der auftragsorientierte Ansatz wurde in dieser Arbeit am Beispiel des Multikamera-Personentrackings gezeigt. Die Prozessarchitektur und der allgemeine Ansatz lassen sich allerdings auf vielfältige Anwendungsfälle übertragen. Fast alle Anwendungen aus dem Bereich der Videoüberwachung lassen sich auftragsorientiert gestalten: Gesichtsdetektion und -identifikation (Suche und Identifikation von Personen in einem Kameranetzwerk), Fahrzeugtracking oder Verhaltenserkennung. Aber nicht nur die automatische Analyse von Sensordaten, sondern auch deren Visualisierung und Archivierung kann durch einen auftragsorientierten Prozess optimiert werden. Durch die integrierte dynamische Sensorselektion können Sensordaten einem Objekt oder Auftrag direkt zugeordnet werden. Dadurch ist es völlig ausreichend, nur diese Videodaten auf einer Monitorwand zu zeigen bzw. zu archivieren. Auch die eventuell nachträgliche Recherche kann somit deutlich vereinfacht und effizienter gestaltet werden.

Neben der klassischen Videoüberwachung können weitere Anwendungsfelder wie Verkehrsmonitoring ebenfalls auftragsorientiert gestaltet werden. Ist eine Datenerfassung als Auftrag formulierbar (z. B. Erfassung des Fahrverhaltens von LKWs mit mehr als 12t zulässigem Gesamtgewicht), so kann ein videogestütztes System sich speziell für diese Aufgabe konfigurieren, indem die intelligenten Kameras nach genau diesen Fahrzeugen Ausschau halten, während der Auftragsprozess die evtl. kameraübergreifende Analyse des Fahrverhaltens übernimmt.

Weiter eröffnet die Übertragung der Auftragsorientierung auf andere Sensorsysteme neue Anwendungsmöglichkeiten. Akustische Sensornetzwerke beispielsweise könnten ebenfalls als Beobachtungssensoren mit einem begrenzten Erfassungsbereich modelliert werden und Beobachtungsinformationen einem Multisensor-Verarbeitungsknoten zur Verfügung stellen.

6.2 Ausblick

Hohe Sensorverfügbarkeit durch zuverlässige Objektdetektion und -segmentierung

Im Kapitel 4.5.3 hat sich gezeigt, dass die Sensorverfügbarkeit einen entscheidenden Faktor für die resultierende Clustergröße darstellt, wobei die Anzahl an Clustersensoren wiederum über die benötigten Gesamtressourcen eines Auftragsprozesses entscheidet. Es gilt somit als ein grundlegendes Ziel zukünftiger Arbeiten, die Zuverlässigkeit der Objektdetektion und -segmentierung weiter zu steigern, insbesondere für den Einsatz des Personentracking-Verfahrens bei mittlerer bis hoher Personendichte. Hierbei gilt es primär, Verdeckungen von Personen zuverlässig zu erkennen, entsprechend zu analysieren und das gesuchte Objekt ggf. auch anhand von Teilsignaturen wiederzuerkennen. Arbeiten zum Thema *Occlusion Handling* [Yang 05, Grinberg 09, Grinberg 10, Khansari 07, Rodriguez 07] zeigen hierzu vielversprechende Ergebnisse, welche die Gesamtleistung des hier vorgestellten Ansatzes gerade in Szenen mit höheren Personendichten signifikant steigen könnten. Weitere Untersuchungen verfolgen den Ansatz, Personen anhand lokaler Merkmale zu modellieren [Jüngling 10, Metzler 09], welche auch bei Teilverdeckungen eine Wiedererkennung und somit ggf. gültige Beobachtung ermöglichen.

Extraktion und Analyse von biometrischen und softbiometrischen Merkmalen zur eindeutigen Personenwiedererkennung

Im Rahmen der vorliegenden Arbeit wurden Farbsignaturen zur Korrespondenzfindung (Datenassoziation) einzelner Objektbeobachtungen verwendet. Die Wiedererkennung einer Person wurde exemplarisch auf Basis von Übereinstimmungsmaßen der Kleidungsfarben der beobachteten Personen durchgeführt, was allerdings in vielen Fällen keine ausreichend eindeutige Identifikation der zu verfolgenden Person erlaubt. Vielmehr ermöglicht die vorgestellte Methode die zuverlässige Bestimmung von Objektkandidaten mit ähnlicher Erscheinung, die es im Detail weiter zu analysieren gilt. Für die eindeutige Identifiaktion von Personen bieten sich softbiometrische Merkmale wie Haarfarbe, Körpermaße usw., sowie biometrische Informationen wie Gesichts- oder Stimmmerkmale an. Für „kooperative Umgebungen" wie bei Zutrittskontrollsystemen existieren bereits ausgereifte und kommerziell erhältliche Verfahren mit hoher Erkennungsleistung. In „nichtkooperativen Umgebungen", wie es in der klassischen Videoüberwachung hingegen der Fall ist, besteht noch dringender Forschungsbedarf, um aus der Distanz und unter erschwerten Aufnahmebedingungen (komplexe Beleuchtung, niedrige Auflösung, Objektverdeckungen, Bewegungsunschärfe, usw.) eine robuste Extraktion solcher Merkmale zu ermöglichen. Erste Ergebnisse einiger Forschungsgruppen lassen allerdings darauf schließen, dass in absehbarer Zeit auch hierfür Methoden zur Verfügung stehen werden [Bäuml 10, Tistarelli 09, Yu 07]. Das im Rahmen dieser Arbeit vorgestellte Konzept könnte in diesem Fall durch zusätzliche Merkmalsextraktionsverfahren in den IVPs und einer um biometrische und softbiometrische Merkmale erweiterten Datenassoziation in den PRCs eine signifikante Leistungssteigerung erfahren.

Kollaboratives Verhalten der auftragsorientierten Prozesse

Die vorgestellte Prozessarchitektur und das vorgestellte Verfahren zur Sensorselektion wurden in dieser Forschungsarbeit unter „konservativen" Rahmenbedingungen entwickelt. Darunter wurde kategorisch eine Kommunikation zwischen Auftragsprozessen ausgeschlossen. Dies wurde gefordert, um die völlig autonome Durchführung von Aufträgen durch einen Auftragsprozess nachzuweisen. Dennoch wäre eine Kommunikation zwischen diesen Prozessen prinzipiell möglich und würde ggf. zu einer gesteigerten Systemleistung führen. Am Beispiel des Multikamera-Personen-Tracking könnte etwa ein Austausch von Personentrajektorien unterschiedlicher Aufträge zu einer verbesserten Objekterkennung und Datenassoziation insbesondere in Konfliktsituationen führen. Plausibilitätsprüfungen bzgl. Objektposition und Aufenthaltsbereich könnten dadurch auftragsübergreifend kombiniert und beispielsweise durch probabilistische Ansätze optimiert werden.

Ein Informationsaustausch zwischen Auftragsprozessen könnte neben den Beobachtungs- und Objektzustandsinformationen auch Sensorzustandsinformationen umfassen. Neben der Aktualisierung der Informationen auftragsfremder Clustersensoren wäre theoretisch eine kollaborative Instandhaltung eines gemeinsamen Linienarrangements denkbar. Dadurch könnte selbst in hochdynamischen Sensornetzwerken der Aufwand für die Instandhaltung dieser Wissensrepräsentation auf mehrere Auftragsprozesse verteilt werden.

Aktive Sensorsteuerung/-planung

Die in dieser Arbeit eingesetzten Netzwerke bestanden aus statischen und dynamischen Sensoren. Allerdings wurden selbst die beweglichen Sensoren als passive Komponenten betrachtet. Hiermit ist gemeint, dass der Auftragsprozess keinen aktiven Eingriff in die Ausrichtung und Positionierung der Kameras vorgenommen hat. Im Zusammenhang mit kollaborativen Auftragsprozessen ist eine aktive Sensoransteuerung ebenfalls möglich. Hierbei wäre es am Beispiel des Multikamera-Personentrackings möglich, Personen in Kameralücken ggf. durch Nachführen von Pan/Tilt-Kameras zu erfassen und somit die Überwachungsaufgabe zu optimieren. Ein kollaboratives Verhalten der Auftragsprozesse ist hierfür allerdings notwendig, um Konflikte zwischen aktiven Auftragsprozessen optimal zu lösen, da ein aktives Eingreifen eines Auftragsprozesses sich direkt auf die Informationsgewinnung anderer auswirken kann.

Optimale Sensorpositionierung

Ist ein kollaboratives Verhalten gegeben und eine aktive Sensorpositionierung möglich, so bleibt die Frage nach einer mit der Sensorselektion konsistenten Sensoreinsatzplanung offen. Hierfür erscheinen globale Verfahren zur optimalen Sensorpositionierung und Bestimmung der maximalen Sensorabdeckung vielversprechend. Dies ist insbesondere durch den Einfluss der Sensorerfassungsbereiche auf die Größe des Sensorclusters begründet. Eine verbesserte Sensorpositionierung kann sich sehr günstig auf die Anzahl auftragsrelevanter Sensoren auswirken und somit auf die benötigten Rechenressourcen. Allerdings können zwischen Sensoreinsatz (Schließen von Lücken) auf der einen Seite und optimaler Clustergröße auf der anderen Seite Konflikte entstehen, die es in einer Optimierungsaufgabe zu lösen gilt. Diese Optimierungsaufgabe kann ebenfalls auftragsübergreifend zweckmäßig sein und sollte somit im Kontext der kollaborativen auftragsorientierten Auswertung untersucht werden.

Literaturverzeichnis

[Agarwal 05] A. Agarwal, C. V. Jawahar, P. J. Narayanan. A survey of planar homography estimation techniques. Technical Reports, International Institute of Information Technology, 2005.

[Aghajan 09] H. Aghajan, A. Cavallaro. Multi-Camera Networks: Principles and Applications. Elsevier Inc., May 2009.

[Arth 06] Clemens Arth, Horst Bischof, Christian Leistner. Tricam - an embedded platform for remote traffic surveillance. Tagungsband: CVPRW '06: Proceedings of the 2006 Conference on Computer Vision and Pattern Recognition Workshop, Seite 125, Washington, DC, USA, 2006. IEEE Computer Society.

[Azad 04] P. Azad, A. Ude, R. Dillmann, G. Cheng. A full body human motion capture system using particle filtering and on-the-fly edge detection. Tagungsband: 4th IEEE/RAS International Conference on Humanoid Robots, Band 2, Seiten 941 – 959, Nov. 2004.

[Azad 07] P. Azad, A. Ude, T. Asfour, R. Dillmann. Stereo-based markerless human motion capture for humanoid robot systems. Tagungsband: IEEE International Conference on Robotics and Automation, Seiten 3951 –3956, April 2007.

[Azzari 05] P. Azzari, L. Di Stefano, A. Bevilacqua. An effective real-time mosaicing algorithm apt to detect motion through background subtraction using a ptz camera. Tagungsband: IEEE Conference on Advanced Video and Signal Based Surveillance (AVSS)., Seiten 511–516, Sept. 2005.

[Bar-Shalom 88] Y. Bar-Shalom, T. E. Fortmann. Tracking and Data Association. Acadenmic Press, 1988.

[Bar-Shalom 93] Y. Bar-Shalom, X.R. Li. Estimation and Tracking: Principles, Techniques, and Software. Artech House, 1993.

[Bar-Shalom 95] Y. Bar-Shalom, X.R. Li. Multitarget-multisensor tracking: principles and techniques. YBS Publishing, 1995.

[Bauer 08] Alexander Bauer, Susanne Eckel, Thomas Emter, Astrid Laubenheimer, Eduardo Monari, Jürgen Moßgraber, Frank Reinert. N.e.s.t. - network enabled surveillance and tracking. Proc. of the Future security: 3rd Security Research Conference, Seiten 349–353, Sept. 2008.

[Bauer 09] Alexander Bauer, Thomas Emter, Hauke Vagts, Jürgen Beyerer. Object oriented world model for surveillance systems. In Peter Elsner, Hrsg., Tagungsband: Proc. of the Future Security: 4th Security Research Conference, Karlsruhe, Okt. 2009. Fraunhofer Verlag.

[Bauer 10] Alexander Bauer, Yvonne Fischer. Task-oriented situation recognition. In John Buford, Gabriel Jakobson, John Erickson, William Tolone, William Ribarsky, Hrsg., Tagungsband: Cyber Security, Situation Management, and Impact Assessment II; and Visual Analytics for Homeland Defense and Security II, Proceedings of SPIE Vol. 7709, Orlando, USA, Mai 2010.

[Bäuml 10] Martin Bäuml, Mika Fischer, Keni Bernardin, Hazim K. Ekenel, Rainer Stiefelhagen. Interactive person-retrieval in tv series and distributed surveillance video. Tagungsband: Proceedings of the international conference on Multimedia, MM '10, Seiten 1637–1638, New York, NY, USA, 2010. ACM.

[Bevilacqua 06] A. Bevilacqua, P. Azzari. High-quality real time motion detection using ptz cameras. Tagungsband: IEEE International Conference on Video and Signal Based Surveillance (AVSS), Seiten 23–23, Nov. 2006.

[Biswas 06] P. K. Biswas, S. Phoha. Self-organizing sensor networks for integrated target surveillance. IEEE_J_C, 55(8):1033–1047, Aug. 2006.

[Board 07] CGAL Editorial Board. CGAL, Computational Geometry Algorithms Library. http://www.cgal.org, 2008.12.13.

[Bradley 97] A.P. Bradley. The use of the area under the ROC curve in the evaluation of machine learning algorithms. Pattern Recognition, 30(7):1145–1159, 1997.

[Bramberger 06] Michael Bramberger, Andreas Doblander, Arnold Maier, Bernhard Rinner, Helmut Schwabach. Distributed embedded smart cameras for surveillance applications. Computer, 39:68–75, 2006.

[Cai 99] Q. Cai, J. K. Aggarwal. Tracking human motion in structured environments using a distributed-camera system. IEEE Transactions on Pattern Analysis Machine Intelligence, 21(11):1241–1247, Nov. 1999.

[Chang 95] Kuo-Chu Chang, Chee-Yee Chong, Yaakov Bar-Shalom. Multisensor integration and fusion for intelligent machines and systems. Kapitel Joint probabilistic data association in distributed sensor networks, Seiten 611–635. Ablex Publishing Corp., Norwood, NJ, USA, 1995.

[Chen 08] Kuan-Wen Chen, Chih-Chuan Lai, Yi-Ping Hung, Chu-Song Chen. An adaptive learning method for target tracking across multiple cameras. IEEE Computer Society Conference on Computer Vision and Pattern Recognition, 0:1–8, 2008.

[Cheung 00] Kong Man Cheung, Takeo Kanade, J.-Y. Bouguet, M. Holler. A real time system for robust 3d voxel reconstruction of human motions. 2:714 – 720, June 2000.

[Collins 01] R. T. Collins, A. J. Lipton, H. Fujiyoshi, T. Kanade. Algorithms for cooperative multisensor surveillance. IEEE_J_PROC, 89(10):1456–1477, Oct. 2001.

[Colombo 08] Alberto Colombo, James Orwell, Sergio Velastin. Colour Constancy Techniques for Re-Recognition of Pedestrians from Multiple Surveillance Cameras. Tagungsband: Workshop on Multi-camera and Multimodal Sensor Fusion Algorithms and Applications - M2SFA2 2008, Marseille France, 2008. Andrea Cavallaro and Hamid Aghajan.

[Comaniciu 97] D. Comaniciu, P. Meer. Robust analysis of feature spaces: color image segmentation. Tagungsband: Proc. IEEE Computer Society Conference on Computer Vision and Pattern Recognition, Seiten 750–755, 17–19 June 1997.

[Dalal 05] Navneet Dalal, Bill Triggs. Histograms of oriented gradients for human detection. Tagungsband: CVPR '05: Proceedings of the 2005 IEEE Computer Society Conference on Computer Vision and Pattern Recognition (CVPR'05) - Volume 1, Seiten 886–893, Washington, DC, USA, 2005. IEEE Computer Society.

[de Berg 08] M. de Berg, O. Cheong, M. van Kreveld, M. Overmars. Computational Geometry - Algorithms and Applications. Springer, 3rd Auflage, 2008.

[Dijkstra 59] E. W. Dijkstra. A note on two problems in connexion with graphs. Numerische Mathematik, 1(1):269–271, December 1959.

[Ebner 09] Marc Ebner. Color Constancy. Wiley & Sons Ltd., March 2009.

[Ercan 03] A. O. Ercan, A. El Gamal, L. J. Guibas. Optimal placement and selection of camera network nodes for target localization. 2003.

[Ercan 06] A.O. Ercan, A. El Gamal, L. Guibas. Camera network node selection for target localization in the presence of occlusions. Tagungsband: ACM SenSys Workshop on Distributed Smart Cameras, Nov. 2006.

[Felsner 04] S. Felsner. Geometric Graphs and Arrangements: Some Chapters from Combinatorial Geometry. Vieweg+Teubner Verlag, 2004.

[Fillbrandt 07] Holger Fillbrandt. Videobasiertes Multi-Personentracking in komplexen Innenräumen. Phdthesis, RWTH Aachen, Fakultät für Elektrotechnik und Informationstechnik, Lehrstuhl und Institut für Mensch-Maschine-Interaktion, November 2007.

[Fleck 08] Sven Fleck, Wolfgang Straßer. Smart camera based monitoring system and its application to assisted living. 10, 2008.

[Foresti 05] G.L. Foresti, C. Micheloni, C. Piciarelli. Detecting moving people in video streams. Pattern Recognition Letters, 26(14):2232 – 2243, 2005.

[Fox 88] M. S. Fox. An organizational view of distributed systems. In A. H. Bond, L. Gasser, Hrsg., Readings in Distributed Artificial Intelligence, Seiten 140–150. Kaufmann, San Mateo, CA, 1988.

[Frietsch 07] Natalie Frietsch, Oliver Meister, Christian Schlaile, Jan Wendel, Gert F. Trommer. Detection and tracking of objects in an image sequence captured by a vtol-uav. Band 6561, Seite 65611H. SPIE, 2007.

[Garrett 89] Robert G. Garrett. The chi-square plot: a tool for multivariate outlier recognition. Journal of Geochemical Exploration, 32(1-3):319 – 341, 1989. 12th International Geochemical Exploration Symposium and the 4th Symposium on Methods of Geochemical Prospecting.

[Gavrila 07] D. M. Gavrila, S. Munder. Multi-cue pedestrian detection and tracking from a moving vehicle. Int. J. Comput. Vision, 73(1):41–59, 2007.

[Gilbert 06] Andrew Gilbert, Richard Bowden. Tracking objects across cameras by incrementally learning inter-camera colour calibration and patterns of activity. LNCS - Proceedings of the European Conference Computer Vision (ECCV), 3952/2006:125–136, 2006.

[Goodman 97] Jacob E. Goodman, Joseph O'Rourke, Hrsg. Handbook of discrete and computational geometry. CRC Press, Inc., Boca Raton, FL, USA, 1997.

[Grinberg 09] Michael Grinberg, Florian Ohr, Jürgen Beyerer. Feature-based probabilistic data association (fbpda) for visual multi-target detection and tracking under occlusions and split and merge effects. Tagungsband: Proceedings of the 12th International IEEE Conference on Intelligent Transportation Systems, Seiten 291–298, St. Louis, USA, Okt. 2009.

[Grinberg 10] Michael Grinberg, Florian Ohr. Handling of split-and-merge effects and occlusions using feature-based probabilistic data association. In David Casasent, Ernest Hall, Juha Röning, Hrsg., Tagungsband: Intelligent Robots and Computer Vision XXVII: Algorithms and Techniques, Proceedings of SPIE, Band 7539, San Jose, USA, Feb. 2010.

[Haines 94] E. Haines. Point in polygon strategies. In Paul Heckbert, Hrsg., Graphics Gems IV, Seiten 24–46. Academic Press, 1994.

[Herrero 09] Sonsoles Herrero, Jesús Bescós. Background subtraction techniques: Systematic evaluation and comparative analysis. In Jacques Blanc-Talon, Wilfried Philips, Dan Popescu, Paul Scheunders, Hrsg., Advanced Concepts for Intelligent Vision Systems, Band 5807 of Lecture Notes in Computer Science, Seiten 33–42. Springer Berlin / Heidelberg, 2009.

[Hoffmann 08] M. Hoffmann, M. Wittke, Y. Bernard, R. Soleymani, J. Hahner. Dmctrac: Distributed multi camera tracking. Tagungsband: Second ACM/IEEE International Conference on Distributed Smart Cameras, Seiten 1–10, Sept. 2008.

[Horprasert 99] T. Horprasert, D. Harwood, L.S. Davis. A statistical approach for real-time robust background subtraction and shadow detection. Tagungsband: IEEE ICCV, Band 99, Seiten 1–19, 1999.

[Iyengar 94] S. S. Iyengar, D. N. Jayasimha, D. Nadig. A versatile architecture for the distributed sensor integration problem. IEEE Transactions on Circuits and Systems, 43(2):175–185, Feb. 1994.

[Javed 03] O. Javed, Z. Rasheed, O. Alatas, M. Shah. Knight& a real time surveillance system for multiple and non-overlapping cameras. Tagungsband: Proc. International Conference on Multimedia and Expo ICME '03, Band 1, Seiten I–649–52, 6–9 Jul. 2003.

[Javed 05] O. Javed, K. Shafique, M. Shah.   Appearance modeling for tracking in multiple non-overlapping cameras. Tagungsband: Proc. IEEE Computer Society Conference on Computer Vision and Pattern Recognition CVPR 2005, Band 2, Seiten 26–33, 20–25 Jun. 2005.

[Javed 08] O. Javed, K. Shafique, Z. Rasheed, M. Shah. Modeling inter-camera space-time and appearance relationships for tracking across non-overlapping views. Computer Vision and Image Understanding, 109(2):146–162, 2008.

[Jayasimha 91] D. N. Jayasimha, S. S. Iyengar, R. L. Kashyap. Information integration and synchronization in distributed sensor networks. IEEE Transactions on Systems, Man, and Cybernetics, 21(5):1032–1043, Sept.–Oct. 1991.

[Jüngling 09] K. Jüngling, M. Arens. Detection and tracking of objects with direct integration of perception and expectation. Tagungsband: IEEE 12th International Conference on Computer Vision Workshops (ICCV), Seiten 1129 –1136, Oct. 2009.

[Jüngling 10] Kai Jüngling, Michael Arens. Local feature based person reidentification in infrared image sequences. IEEE Conference on Advanced Video and Signal Based Surveillance (AVSS), 0:448–455, 2010.

[Kalman 60] Rudolph Emil Kalman. A new approach to linear filtering and prediction problems. Transactions of the ASME–Journal of Basic Engineering, 82(Series D):35–45, 1960.

[Kanade 98] T. Kanade, R. Collins, A. Lipton, Burt P., Wixson L. Advances in cooperative multi-sensor video surveillance. Tagungsband: Darpa Image Understanding Workshop, Seiten 3–24. Morgan Kaufmann, Nov. 1998.

[Kaneko 02] T. Kaneko, O. Hori. Template update criterion for template matching of image sequences. Tagungsband: 16th International Conference on Pattern Recognition (ICPR), Band 2, Seiten 1–5. IEEE, 2002.

[Kelly 06] Damien Kelly, Frank Boland. Motion model selection in tracking humans. Tagungsband: Proc. IET Irish Signals and Systems Conference, Seiten 363–368, 28–30 June 2006.

[Khan 01] S. Khan, O. Javed, Z. Rasheed, M. Shah. Human tracking in multiple cameras. Tagungsband: Proc. Eighth IEEE International Conference on Computer Vision ICCV 2001, Band 1, Seiten 331–336, 7–14 Jul. 2001.

[Khan 03] Sohaib Khan, Mubarak Shah. Consistent labeling of tracked objects in multiple cameras with overlapping fields of view. IEEE Transactions on Pattern Analysis and Machine Intelligence, 25:1355–1360, 2003.

[Khansari 07] M. Khansari, H. R. Rabiee, M. Asadi, M. Ghanbari. Occlusion handling for object tracking in crowded video scenes based on the undecimated wavelet features. ACS/IEEE International Conference on Computer Systems and Applications, 0:692–699, 2007.

[Klappstein 08] Jens Klappstein. Optical-Flow Based Detection of Moving Objects in Traffic Scenes. Dissertation, Universität Heidelberg, 2008.

[Klein 05] Rolf Klein. Algorithmische Geometrie: Grundlagen, Methoden, Anwendungen. Springer, 2005.

[Koenig 02] S. Koenig, M. Likhachev. Incremental a*. Tagungsband: In Proceedings of the Neural Information Processing Systems. MIT Press, 2002.

[Krüger 01] Wolfgang Krüger. Robust and efficient map-to-image registration with line segments. Mach. Vision Appl., 13(1):38–50, 2001.

[Kullback 51] S. Kullback, R. A. Leibler. On Information and Sufficiency. The Annals of Mathematical Statistics, 22(1):79–86, 1951.

[Leibe 08] Bastian Leibe, Aleš Leonardis, Bernt Schiele. Robust object detection with interleaved categorization and segmentation. Int. J. Comput. Vision, 77:259–289, May 2008.

[Li 10] Zhenning Li, Dana Kulic? A stereo camera based full body human motion capture system using a partitioned particle filter. Tagungsband: IEEE/RSJ International Conference on Intelligent Robots and Systems (IROS), Seiten 3428 –3434, 2010.

[Manzanera 04] A. Manzanera, J.C. Richefeu. A robust and computationally efficient motion detection algorithm based on $\sigma - \delta$ background estimation. Tagungsband: Proc. ICVGIP, Dec. 2004.

[Matthews 04] L. Matthews, T. Ishikawa, S. Baker. The template update problem. IEEE Transactions on Pattern Analysis and Machine Intelligence, 26(6):810–815, 2004.

[Metzler 09] Jürgen Metzler, Dieter Willersinn. Robust tracking of people in crowds with covariance descriptors. Band 7341. SPIE, 2009.

[Miller 08] Andrew Miller, Pavel Babenko, Min Hu, Mubarak Shah. Person tracking in uav video. Seiten 215–220, 2008.

[Mitchell 97] Joseph S. B. Mitchell. Shortest paths and networks. Seiten 445–466, 1997.

[Moßgraber 10] J. Moßgraber, F. Reinert, H. Vagts. An architecture for a task-oriented surveillance system: A service- and event-based approach. Tagungsband: Proc. of the Fifth International Conference on Systems, ICONS 2010, Seiten 146–151, 11–16 April 2010.

[Monari 07] E. Monari, C. Pasqual. Fusion of background estimation approaches for motion detection in non-static backgrounds. Tagungsband: Proc. IEEE International Conference on Advanced Video and Signal Based Surveillance AVSS, Seiten 347–352, 5–7 Sept. 2007.

[Monari 08] E. Monari, S. Voth, K. Kroschel. An object- and task-oriented architecture for automated video surveillance in distributed sensor network. Tagungsband: Proc. IEEE International Conference on Advanced Video and Signal based Surveillance AVSS, Seiten 339–346, 1–3 Sept. 2008.

[Monari 09a] E. Monari, K. Kroschel. A knowledge-based camera selection approach for object tracking in large sensor networks. Tagungsband: Proc. ACM/IEEE International Conference on Distributed Smart Cameras ICDSC, 30 Aug.-2 Sept. 2009.

[Monari 09b] E. Monari, J. Maerker, K. Kroschel. A robust and efficient approach for human tracking in multi-camera systems. Tagungsband: Proc. IEEE International Conference on Advanced Video and Signal Based Surveillance AVSS, 2–4 Sept. 2009.

[Monari 10a] Eduardo Monari. Auftragsorientierte videoauswertung zur sensorübergreifenden objektverfolgung in großen verteilten kamerasystemen. In F. et al. Puente Leon, Hrsg., Tagungsband: Verteilte Messsysteme, VDI/VDE-GMA-Expertenforum Verteilte Messsysteme, Seiten 85–96. KIT Scientific Publishing, 2010.

[Monari 10b] Eduardo Monari, Kristian Kroschel. Dynamic sensor selection for single target tracking in large video surveillance networks. IEEE Conference on Advanced Video and Signal Based Surveillance (AVSS), 0:539–546, 2010.

[Monari 10c] Eduardo Monari, Kristian Kroschel. Ein auftragsorientierter ansatz zur kamerauebergreifenden personenverfolgung in verteilten kameranetzwerken. tm – Technisches Messen, 77(10):530–537, 2010.

[Monari 10d] Eduardo Monari, Kristian Kroschel. Task-oriented object tracking in large distributed camera networks. IEEE Conference on Advanced Video and Signal Based Surveillance (AVSS), 0:40–47, 2010.

[Monari 11] Eduardo Monari, Thomas Pollok. A real-time image-to-panorama registration approach for background subtraction using pan-tilt-cameras. IEEE Conference on Advanced Video and Signal Based Surveillance, 2011.

[Müller 09] Thomas Müller, Thomas Honke, Markus Müller. Cart iii: improved camouflage assessment using moving target indication. Band 7300, Seite 73000N. SPIE, 2009.

[Müller 10] Jürgen Müller, Michael Arens. Human pose estimation with implicit shape models. Tagungsband: Proceedings of the first ACM international workshop on Analysis and retrieval of tracked events and motion in imagery streams, ARTEMIS '10, Seiten 9–14, New York, NY, USA, 2010. ACM.

[NAS 08] Nasa msis vol. i: Anthropometry and biomechanics. http://msis.jsc.nasa.gov/sections/section03.htm, 2008.12.13.

[Obermeyer 08] Karl J. Obermeyer. The VisiLibity library. http://www.VisiLibity.org. R-1.

[Obermeyer 10] K. J. Obermeyer. Visibility Problems for Sensor Networks and Unmanned Air Vehicles. Dissertation, Mechanical Engineering Department, University of California at Santa Barbara, Juni 2010.

[O'Rourke 97] Joseph O'Rourke. Visibility. Seiten 467–479, 1997.

[O'Rourke 98] Joseph O'Rourke. Computational Geometry in C. Cambridge University Press, 2 Auflage, 1998.

[Park 06] J. Park, C. Bhat, A. C. Kak. A look-up table based approach for solving the camera selection problem in large camera networks. Tagungsband: Workshop on Distributed Smart Cameras (ACM SenSys'06), 2006.

[Perše 05] M. Perše, J. Perš, M. Kristan, G. Vučkovič, S. Kovačič. Physics-based modelling of human motion using kalman filter and collision avoidance algorithm. Tagungsband: International Symposium on Image and Signal Processing and Analysis, ISPA05, Zagreb, Croatia, Seiten 328–333. Citeseer, 2005.

[Phong 75] B.T. Phong. Illumination for computer generated pictures. Communications of the ACM, 18(6):311–317, 1975.

[Piccardi 04] M. Piccardi. Background subtraction techniques: a review. Tagungsband: Proc. IEEE International Conference on Systems, Man and Cybernetics, Band 4, Seiten 3099–3104, 10–13 Oct. 2004.

[Porikli 03] F. Porikli. Multi-camera surveillance: Object-based summarization approach. In Technical Report 2003-145. Mitsubishi Electric Research Laboratories (MERL), 2003.

[Prasad 91] L. Prasad, S. S. Iyengar, R. L. Kashyap, R. N. Madan. Functional characterization of sensor integration in distributed sensor networks. Tagungsband: Proc. Fifth International Parallel Processing Symposium, Seiten 186–193, 30 Apr.–2 May 1991.

[Prosser 08] B. Prosser, S. Gong, T. Xiang, Q. Mary. Multi-camera matching using bi-directional cumulative brightness transfer functions. Tagungsband: Proceedings of the British Machine Vision Conference. Citeseer, 2008.

[Puhuluwutta 04] P.V. Puhuluwutta, T.N. Puppus, A.K. Kutsuggelos. Optimal sensor selection for video-based target tracking in a wireless sensor network. Tagungsband: International Conference on Image Processing ICIP, Band 5, Seiten 3073 – 3076, 24-27 Oct. 2004.

[Reid 79] D. Reid. An algorithm for tracking multiple targets. IEEE Transactions on Automatic Control, 24(6):843 – 854, Dez. 1979.

[Rodriguez 07] Mikel D. Rodriguez, Mubarak Shah. Detecting and segmenting humans in crowded scenes. Tagungsband: Proceedings of the 15th international conference on Multimedia, MULTIMEDIA '07, Seiten 353–356, New York, NY, USA, 2007. ACM.

[Rougier 07] Caroline Rougier, Jean Meunier, Alain St-Arnaud, Jacqueline Rousseau. Fall detection from human shape and motion history using video surveillance. International Conference on Advanced Information Networking and Applications Workshops, 2:875–880, 2007.

[Rubner 00] Y. Rubner, C. Tomasi, L. J. Guibas. The earth mover's distance as a metric for image retrieval. International Journal of Computer Vision, 40:99–121, Nov. 2000.

[Sanders 07] Peter Sanders, Dominik Schultes. Engineering fast route planning algorithms. Tagungsband: Proceedings of the 6th international conference on Experimental algorithms, WEA'07, Seiten 23–36, Berlin, Heidelberg, 2007. Springer-Verlag.

[Sato 94] K. Sato, T. Maeda, H. Kato, S. Inokuchi. Cad-based object tracking with distributed monocular camera for security monitoring. Tagungsband: CAD-Based Vision Workshop, 1994., Proceedings of the 1994 Second, Seiten 291–297, Feb 1994.

[Schanda 07] Janos Schanda, Hrsg. Colorimetry: Understanding the CIE System. John Wiley & Sons, 2007.

[Schroder 08] J. Schroder, T. Gindele, D. Jagszent, R. Dillmann. Path planning for cognitive vehicles using risk maps. Tagungsband: Intelligent Vehicles Symposium, 2008 IEEE, Seiten 1119 –1124, 2008.

[Seemann 07] E. Seemann, M. Fritz, B. Schiele. Towards robust pedestrian detection in crowded image sequences. Tagungsband: IEEE Conference on Computer Vision and Pattern Recognition (CVPR), Seiten 1 –8, 2007.

[Siebel 04] Nils Siebel, Maybank Steve. The advisor visual surveillance system. Band 80-01-02977-8, Seiten 103–111, May 2004.

[Siebler 10] Clemens Siebler, Keni Bernardin, Rainer Stiefelhagen. Adaptive color transformation for person re-identification in camera networks. Tagungsband: Proceedings of the Fourth ACM/IEEE International Conference on Distributed Smart Cameras, ICDSC '10, Seiten 199–205, New York, NY, USA, 2010. ACM.

[Smith 88] R. G. Smith, R. Davis. Frameworks for cooperation in distributed problem solving. In A. H. Bond, L. Gasser, Hrsg., Readings in Distributed Artificial Intelligence, Seiten 61–70. Kaufmann, San Mateo, CA, 1988.

[Snidaro 03] L. Snidaro, R. Niu, P. K. Varshney, G. L. Foresti. Automatic camera selection and fusion for outdoor surveillance under changing weather conditions. Tagungsband: Proc. IEEE Conference on Advanced Video and Signal Based Surveillance, Seiten 364–369, 21–22 Jul. 2003.

[Stockman 01] George Stockman, Linda G. Shapiro. Computer Vision. Prentice Hall PTR, Upper Saddle River, NJ, USA, 1 Auflage, 2001.

[Sugaya 05] Yasuyuki Sugaya, Kenichi Kanatani. Extracting moving objects from a moving camera video sequence. Memoirs of the Faculty of Engineering, Okayama University, 39:56–62, 2005.

[Tistarelli 09] Massimo Tistarelli, Stan Z. Li, Rama Chellappa. Handbook of Remote Biometrics: for Surveillance and Security. Springer Publishing Company, Incorporated, 1st Auflage, 2009.

[Ukita 03] N. Ukita, T. Matsuyama. Real-time cooperative multi-target tracking by communicating active vision agents. Tagungsband: Proc. Sixth International Conference of Information Fusion, Band 1, Seiten 439–446, 2003.

[Ukita 05] N. Ukita. Real-time cooperative multi-target tracking by dense communication among active vision agents. Tagungsband: Proc. IEEE/WIC/ACM International Conference on Intelligent Agent Technology, Seiten 664–671, 19–22 Sept. 2005.

[Vagts 10] H. Vagts, A. Bauer. Privacy-aware object representation for surveillance systems. Tagungsband: 7th IEEE International Conference on Advanced Video and Signal Based Surveillance (AVSS), Seiten 601 –608, Sept. 2010.

[Viola 03] Paul Viola, Michael J. Jones, Daniel Snow. Detecting pedestrians using patterns of motion and appearance. Tagungsband: ICCV '03: Proceedings of the Ninth IEEE International Conference on Computer Vision, Seite 734, Washington, DC, USA, 2003. IEEE Computer Society.

[Wachter 99] S. Wachter, H.-H. Nagel. Tracking persons in monocular image sequences. Comput. Vis. Image Underst., 74:174–192, June 1999.

[Wein 07] R. Wein, F. Fogel, B. Zukerman, D. Halperin. 2D Arrangements, 3.3 Auflage, 2007.

[Welch 07] G. Welch, D. Allen, B., A. Ilie, G. Bishop. Measurement sample time optimization for human motion tracking/capture systems. Tagungsband: Proc. of Trends and Issues in Tracking for Virtual Environments, Workshop at the IEEE Virtual Reality Conference, 2007.

[Wesson 81] R. Wesson, F. Hayes-Roth, J. W. Burge, C. Stasz, C. A. Sunshine. Network structures for distributed situation assessment. IEEE Transactions on Systems, Man and Cybernetics, 11(1):5–23, Jan. 1981.

[Woelk 05] Felix Woelk, Stefan Gehrig, Reinhard Koch. A monocular collision warning system. Tagungsband: CRV '05: Proceedings of the 2nd Canadian conference on Computer and Robot Vision, Seiten 220–227, Washington, DC, USA, 2005. IEEE Computer Society.

[Yang 05] Tao Yang, Stan Z. Li, Quan Pan, Jing Li. Real-time multiple objects tracking with occlusion handling in dynamic scenes. Tagungsband: Proceedings of the 2005 IEEE Computer Society Conference on Computer Vision and Pattern Recognition (CVPR'05) - Volume 1 - Volume 01, CVPR '05, Seiten 970–975, Washington, DC, USA, 2005. IEEE Computer Society.

[Yu 07] Jiangang Yu. Super-resolution and facial expression for face recognition in video. Dissertation, USA, 2007. AAI3298271.

[Zhou 06] Q. Zhou, JK Aggarwal. Object tracking in an outdoor environment using fusion of features and cameras. Image and Vision Computing, 24(11):1244–1255, 2006.

[Zou 07] Xiaotao Zou, Bir Bhanu, Bi Song, A. K. Roy-Chowdhury. Determining topology in a distributed camera network. Tagungsband: Proc. IEEE International Conference on Image Processing ICIP 2007, Band 5, Seiten V–133–V–136, 16 Sept.– 19 Oct. 2007.

Eigene Publikationen

[Monari 07] E. Monari, C. Pasqual. Fusion of background estimation approaches for motion detection in non-static backgrounds. Tagungsband: Proc. IEEE International Conference on Advanced Video and Signal Based Surveillance (AVSS), Seiten 347–352, 5–7 Sept. 2007.

[Monari 08] E. Monari, S. Voth, K. Kroschel. An object- and task-oriented architecture for automated video surveillance in distributed sensor network. Tagungsband: Proc. IEEE International Conference on Advanced Video and Signal based Surveillance (AVSS), Seiten 339–346, 1–3 Sept. 2008.

[Bauer 08] Alexander Bauer, Susanne Eckel, Thomas Emter, Astrid Laubenheimer, Eduardo Monari, Jürgen Moßgraber, Frank Reinert. N.e.s.t. - network enabled surveillance and tracking. Proc. of the Future security: 3rd Security Research Conference, Seiten 349–353, Sept. 2008.

[Monari 09a] E. Monari, K. Kroschel. A knowledge-based camera selection approach for object tracking in large sensor networks. Tagungsband: Proc. ACM/IEEE International Conference on Distributed Smart Cameras (ICDSC), 30 Aug.-2 Sept. 2009.

[Monari 09b] E. Monari, J. Maerker, K. Kroschel. A robust and efficient approach for human tracking in multi-camera systems. Tagungsband: Proc. IEEE International Conference on Advanced Video and Signal Based Surveillance (AVSS), 2–4 Sept. 2009.

[Monari 10a] Eduardo Monari. Auftragsorientierte Videoauswertung zur sensorübergreifenden Objektverfolgung in großen verteilten Kamerasystemen. In F. et al. Puente Leon, Hrsg., Tagungsband: Verteilte Messsysteme, VDI/VDE-GMA-Expertenforum Verteilte Messsysteme, Seiten 85–96. KIT Scientific Publishing, 2010.

[Monari 10b] Eduardo Monari, Kristian Kroschel. Dynamic sensor selection for single target tracking in large video surveillance networks. IEEE Conference on Advanced Video and Signal Based Surveillance (AVSS), 0:539–546, 2010.

[Monari 10c] Eduardo Monari, Kristian Kroschel. Ein auftragsorientierter Ansatz zur kameraübergreifenden Personenverfolgung in verteilten Kameranetzwerken. tm – Technisches Messen, 77(10):530–537, 2010.

[Monari 10d] Eduardo Monari, Kristian Kroschel. Task-oriented object tracking in large distributed camera networks. IEEE Conference on Advanced Video and Signal Based Surveillance (AVSS), 0:40–47, 2010.

[Monari 11] Eduardo Monari, Thomas Pollok. A real-time image-to-panorama registration approach for background subtraction using pan-tilt-cameras. IEEE Conference on Advanced Video and Signal Based Surveillance (AVSS), 2011.

Karlsruher Schriftenreihe zur Anthropomatik
(ISSN 1863-6489)

Herausgeber: Prof. Dr.-Ing. Jürgen Beyerer

Die Bände sind unter www.ksp.kit.edu als PDF frei verfügbar oder
als Druckausgabe bestellbar.

Band 1   Jürgen Geisler
Leistung des Menschen am Bildschirmarbeitsplatz. 2006
ISBN 3-86644-070-7

Band 2   Elisabeth Peinsipp-Byma
**Leistungserhöhung durch Assistenz in interaktiven Systemen zur
Szenenanalyse.** 2007
ISBN 978-3-86644-149-1

Band 3   Jürgen Geisler, Jürgen Beyerer (Hrsg.)
Mensch-Maschine-Systeme. 2010
ISBN 978-3-86644-457-7

Band 4   Jürgen Beyerer, Marco Huber (Hrsg.)
**Proceedings of the 2009 Joint Workshop of Fraunhofer IOSB and
Institute for Anthropomatics, Vision and Fusion Laboratory.** 2010
ISBN 978-3-86644-469-0

Band 5   Thomas Usländer
Service-oriented design of environmental information systems. 2010
ISBN 978-3-86644-499-7

Band 6   Giulio Milighetti
**Multisensorielle diskret-kontinuierliche Überwachung und Regelung
humanoider Roboter.** 2010
ISBN 978-3-86644-568-0

Band 7   Jürgen Beyerer, Marco Huber (Hrsg.)
**Proceedings of the 2010 Joint Workshop of Fraunhofer IOSB
and Institute for Anthropomatics, Vision and Fusion Laboratory**
ISBN 978-3-86644-609-0

Band 8   Eduardo Monari
**Dynamische Sensorselektion zur auftragsorientierten Objektverfolgung
in Kameranetzwerken**
ISBN 978-3-86644-729-5